AngularJS 从入门到项目实战

裴雨龙　编著

U0378515

清华大学出版社

北　京

内 容 简 介

本书以零基础讲解为宗旨,用实例引导读者深入学习,深入浅出地介绍Angular框架的各项实战技能。

本书共16章,主要内容有:流行的开发框架Angular 8、掌握TypeScript基础、熟悉模板语法、精通核心组件、玩转核心指令、转换数据的管道、表单的应用、精通组件跳转的路由、自定义服务及DOM操作、模块和懒加载、借用Bootstrap的组件等。最后讲述了5个行业热点项目实训,包括摄影相册、Web设计与定制网站、仿星巴克网站、仿支付宝"淘票票电影"APP、仿网易云音乐网站。

本书适合任何想学习Angular框架的人员,无论您是否从事计算机相关行业,无论您是否接触过Angular框架,通过学习本书内容均可快速掌握Angular框架设计的方法和技巧。

图书在版编目(CIP)数据

AngularJS 从入门到项目实战 / 裴雨龙编著 . —北京:清华大学出版社,2020.7

ISBN 978-7-302-55811-8

Ⅰ . ① A… Ⅱ . ①裴… Ⅲ . ①超文本标记语言-程序设计 Ⅳ . ① TP312

中国版本图书馆 CIP 数据核字 (2020) 第 103159 号

责任编辑:张彦青
封面设计:李 坤
责任校对:王明明
责任印制:沈 露

出版发行:清华大学出版社

网 址:http://www.tup.com.cn,http://www.wqbook.com
地 址:北京清华大学学研大厦 A 座   邮 编:100084
社 总 机:010-62770175   邮 购:010-62786544
投稿与读者服务:010-62776969,c-service@tup.tsinghua.edu.cn
质 量 反 馈:010-62772015,zhiliang@tup.tsinghua.edu.cn

印 装 者:北京鑫丰华彩印有限公司
经 销:全国新华书店
开 本:185mm×260mm   印 张:22.25   字 数:540 千字
版 次:2020 年 7 月第 1 版   印 次:2020 年 7 月第 1 次印刷
定 价:68.00 元

产品编号:082915-01

前　言

"从入门到项目实战"系列图书是专门为网站开发、移动开发和大数据初学者量身定做的一套学习用书。整套书具有以下特点。

前沿科技

无论是网页框架、移动开发还是大数据，精选的都是较为前沿或者用户群最多的领域，可以帮助大家认识和了解最新动态。

权威的作者团队

组织国家重点实验室和资深应用专家联手编著该套图书，融合了丰富的教学经验与优秀的管理理念。

学习型案例设计

以技术的实际应用过程为主线，全程采用图解和多媒体同步结合的教学方式，生动、直观、全面地剖析使用过程中的各种应用技能，以降低难度，提升学习效率。

为什么要写这样一本书

AngularJS 是 Google 公司开发的一款 Web 前端框架，其源码目前托管在 Github 上，从其源码的关注度就可以看出 AngularJS 框架的火热程度。AngularJS 提供了一些优秀的特性，例如双向数据绑定、MVC 架构模式、指令等，能够在很大程度上降低 Web 前端开发的难度，因此深受广大 Web 前端开发人员的喜爱。AngularJS 框架的功能虽然强大，但是对于初学者来说入门比较困难，主要是因为 AngularJS 有别于传统的 Web 前端框架，指令、路由、服务等概念都是其他前端框架所不具备的。纵观 AngularJS 图书市场，英文图书居多，而中文图书则以翻译为主，缺少一本真正适合初学者入门的书籍。因此选择精通掌握 AngularJS 技术作为本书编写的思路，本书知识点从易到难，讲解详细且透彻，结构合理，非常适合没有基础的读者学习。

本书特色

零基础、入门级的讲解

无论您是否从事计算机相关行业，无论您是否接触过 Angular 框架，都能从本书中找到最佳起点。

实用、专业的范例和项目

本书从 Angular 框架基本操作开始，带领读者逐步学习 Angular 框架的各种应用技巧，侧重实战技能，使用简单易懂的实际案例进行分析和操作指导，让读者学起来简明轻松，操作起来有章可循。

随时随地学习

本书提供了微课视频，通过手机扫码即可观看，随时随地解决学习中的困惑。

细致入微、贴心提示

本书在讲解过程中，安排了"注意""提示""技巧"等小栏目，使读者在学习过程中能更清楚地了解相关操作、理解相关概念，并轻松掌握各种操作技巧。

超值资源大放送

全程同步教学录像

涵盖本书所有知识点，详细讲解每个实例及项目的过程及技术关键点。比看书更轻松地掌握书中所有的网页制作和设计知识，而且扩展的讲解部分使您得到比书中更多的收获。

超多容量王牌资源

赠送大量王牌资源，包括实例源代码、教学幻灯片、本书精品教学视频、88 个实用类网页模板、12 部网页开发必备参考手册、HTML5 标签速查手册、精选的 JavaScript 实例、CSS3 属性速查表、JavaScript 函数速查手册、CSS+DIV 布局赏析案例、精彩网站配色方案赏析、网页样式与布局案例赏析、Web 前端工程师常见面试题等。

超值赠送资源　　精美教学幻灯片　　本书案例源代码　　1-9 章教学视频　　10-16 章教学视频

读者对象

- 没有任何 AngularJS 框架开发基础的初学者。
- 有一定的 AngularJS 框架开发基础，想精通前端框架开发的人员。
- 有一定的网页前端设计基础，没有项目经验的人员。
- 大专院校及培训学校的老师和学生。

创作团队

本书由裴雨龙编著，参加编写的人员还有李艳恩、刘春茂、李佳康、刘尧、刘辉。在编写过程中，我们虽竭尽所能将最好的讲解呈现给读者，但难免有疏漏和不妥之处，敬请读者不吝指正。

编　者

目　录

Contents

第16章　仿网易云音乐网站···290

第1章

Angular 的基础知识

Angular 诞生于 2009 年，是一款优秀的前端框架，也是 SPA(single page application，单页应用) 框架，已经应用于 Google 的多款产品当中。它不但体积小，而且功能强大，极大地简化了前端开发的负担，可以帮助开发者更好地从事 Web 开发。从 2009 年到今天，发展了十多年，是现在最流行的三大框架之一。

1.1 Angular 简介

Angular 其实就是 AngularJS，在 Angular1 的时候叫 AngularJS，从 Angular 2+ 开始叫 Angular，随着版本的不断更新升级，现已经历了 Angular 4、5、6、7、8 等版本。Angular1 基于 JavaScript 框架，主要用于 PC 端的 Web 开发。Angular 2+ 基于 TypeScript 框架，对于移动应用，Angular 2+ 版本有更佳的用户体验。

1.1.1 AngularJS 是什么

AngularJS 是一个开发动态 Web 应用的框架。它有着诸多特性，最为核心的是 MVC、模块化、双向数据绑定、语义化标签、依赖注入等。

它可以使用 HTML 作为模板语言，并且可以通过扩展的 HTML 语法使应用组件更加清晰和简洁。它的创新之处在于，通过数据绑定和依赖注入减少了大量代码，而这些都在浏览器端通过 JavaScript 实现，能够和任何服务器技术完美结合。

Angular 是为了扩展 HTML 在构建应用时本应具备的能力而设计的。对于静态文档，HTML 是一门很好的声明式语言，但对于构建动态 Web 应用，它却无能为力。因为构建动态 Web 应用往往需要一些技巧才能让浏览器配合我们工作。

通常，我们通过以下手段来解决动态应用和静态文档之间不匹配的问题。

● 类库：是开发 Web 应用时非常有用的函数的集合。代码起主导作用，并且决定何时调用类库的方法，如 jQuery。

● 框架：一种 Web 应用的特殊实现，代码只需要填充一些具体信息。框架起主导作用，并且决定何时调用代码，如 Knockout、Ember 等。

Angular 另辟蹊径，它尝试通过扩展 HTML 的结构来跨越以文档为中心的 HTML 与实际 Web 应用所需要的 HTML 之间的鸿沟。Angular 通过指令（directive）扩展 HTML 的语法。例如：

● 通过 {{}} 进行数据绑定。
● 使用 DOM 控制结构进行迭代或隐藏 DOM 片段。
● 支持表单和表单验证。
● 将逻辑代码关联到 DOM 元素上。
● 将一组 HTML 做成可重用的组件。

1.1.2 Angular+ 和 AngularJS 的区别

这里以 Angular 2 为例，介绍 Angular+ 与 AngularJS 的不同之处。

（1）Angular 2 不是从 AngularJS 升级过来的，Angular 2 是重写的，所以它们之间的差别比较大，不是用过 AngularJS 就能直接上手 Angular 2 的，可以将它们看作是不同的框架。

（2）Angular 2 使用了 JavaScript 的超集 TypeScript，所以 AngularJS 和 Angular2 从设计之初就是不一样的。

（3）Angular JS 在设计之初主要是针对 PC 端的，对移动端支持较少（当然也有其他一些衍生框架如 ionic），而 Angular 2 的设计包含移动端。

（4）AngularJS 的核心概念是 scope，但是 Angular 2 中没有 scope，Angular 2 使用 zone.js 来记录监测变化。

（5）AngularJS 中的控制器在 Angular2 中不再使用，也可以说控制器在 Angular 2 中被 Component 组件所替代。

1.1.3 Angular 的发展历程

Angular 一般意义上是指 Angular 2 及以后的版本。它是一种前端应用框架，使用 TypeScript 语言。第一个版本实际使用 JavaScript，因此被称为 AngularJS。

1. AngularJS

作为最早的版本，AngularJS 于 2009 年开始开发，于 2010 年发布初始版本。由于 Angular 和 AngularJS 的开发语言不同，因此 AngularJS 仍在维护，1.7.5 版本于 2018 年 10 月发布。

2. Angular 2

Angular 2 于 2014 年 10 月宣布，于 2016 年 5 月推出第一个发布版。该版本不再受 JavaScript 的作用域、控制器等特性要求，而是使用组件等更适应开发阶段的特性。

3. Angular 4

由于路由包已经占用了版本编号 V3.3.0，为了避免混淆，Angular 直接从 2 跳到 4 版本。第一个发布版于 2017 年 3 月发布，并完全向下兼容 Angular 2。

4. Angular 5

Angular 5 于 2017 年 11 月发布。新特性包括支持渐进式网站应用（PWA），并对 Material 设计框架等有更好的支持。

5. Angular 6

Angular 6 于 2018 年 5 月发布。该版本主要改进了工具链，使其对开发者更加友好。

6. Angular 7

Angular 7 于 2018 年 10 月发布。该版本同步依赖 TypeScript 3.1、RxJS 6.3 和 Node10（兼容 Node8）。

7. Angular 8

Angular 8 显著减少了在现代浏览器中应用程序的启动时间、提供了用于定制 CLI 的新的 API，并让 Angular 与生态系统以及更多的 Web 标准保持一致。

1.2　环境搭建

在开发 Angular 应用的时候，当然也离不开基于 Node.js 的大量工具，需要 TypeScript、Compiler、Webpack、Karma、Jasmine、Protracter 等模块。

有相关经验的读者都知道，自己从头开始搭建一套基于 Webpack 的开发环境是一件非常麻烦的事情，很多初学者在搭建环境这一步就消耗了过多的精力，导致学习热情受到沉重的打击。

Angular 项目组从一开始就注意到了这个问题，所以有了 Angular-cli 这个神器，它的底层基于 Webpack，集成了以上提到的所有 Node.js 组件，只要安装好 Angular-cli 就够了，不需要自己从头一步一步安装那些 Node.js 插件。

因为 Angular-cli 是基于 node.js 环境的，所以需要先安装 node.js，然后再安装 Angular-cli。安装好 Node.js 之后就可以安装 Angular-cli 了，由于 npm 会自动访问海外的服务器，因而强烈推荐使用 cnpm 来安装 Node.js 和 Angular-cli。

cnpm 是淘宝发布的一款工具，会自动把 npm 上面的所有包定时同步到国内的服务器，cnpm 本身也是一款 Node.js 模块，安装 cnpm 的命令如下：

```
npm install -g cnpm --registry=https://registry.npm.taobao.org
```

1.2.1　安装 Node.js

首先在 IE 浏览器中打开 Node.js 官网 https: //nodejs.org/en/，下载推荐版本，如图 1-1 所示。

图 1-1　node 官网

下载完成后，双击进行安装。安装过程很简单，直接单击 Next 按钮即可，具体的安装流程如图 1-2~ 图 1-8 所示。

图 1-2　安装欢迎界面

图 1-3　选中接受复选框

图 1-4　更改安装路径

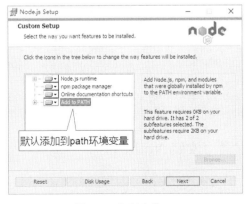

图 1-5　定制安装

图 1-6　单击 Install 按钮

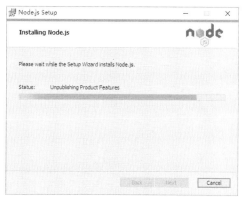

图 1-7　显示安装进度

图 1-8　安装完成界面

安装完成后，需要检测是否安装成功，具体步骤如下。

（1）打开"命令提示符"窗口。使用 Window+R 组合键打开"运行"对话框，然后输入"cmd"，如图 1-9 所示；单击"确定"按钮即可打开"控制台"窗口，如图 1-10 所示。

图 1-9　"运行"对话框

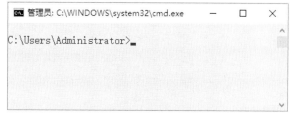

图 1-10　"控制台"窗口

（2）在"控制台"窗口中输入命令"node -v"，然后按 Enter 键，如果出现 node 对应的版本号，说明安装成功，如图 1-11 所示。

图 1-11　检查 node 版本

因为 Node.js 自带 NPM（包管理工具），所以可以直接在"控制台"窗口中输入"npm -v"来查看其版本号，如图 1-12 所示。

图 1-12　检查 npm 版本

1.2.2　安装 Angular-cli

Angular-cli 自动化了一系列任务，例如创建项目、添加新的控制器等。大多数情况下，都使用 Angular-cli 来创建项目、生成应用和库代码，以及执行各种持续开发任务，例如测试、打包和部署。

打开"控制台"窗口，然后使用 NPM 或 CNPM 全局安装 Angular-cli，命令如下：

```
npm install -g @angular/cli          //使用npm
cnpm install -g @angular/cli         //使用cnpm
```

按 Enter 键进行安装，效果如图 1-13 所示。

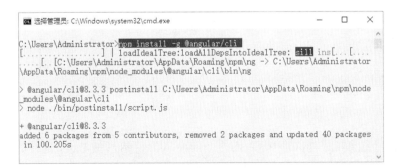

图 1-13　安装 Angular-cli

Angular-cli 安装成功之后，在"控制台"窗口中将会多出一个名叫 ng 的命令，输入"ng"命令，并按 Enter 键，将会显示完整的帮助文档，如图 1-14 所示。

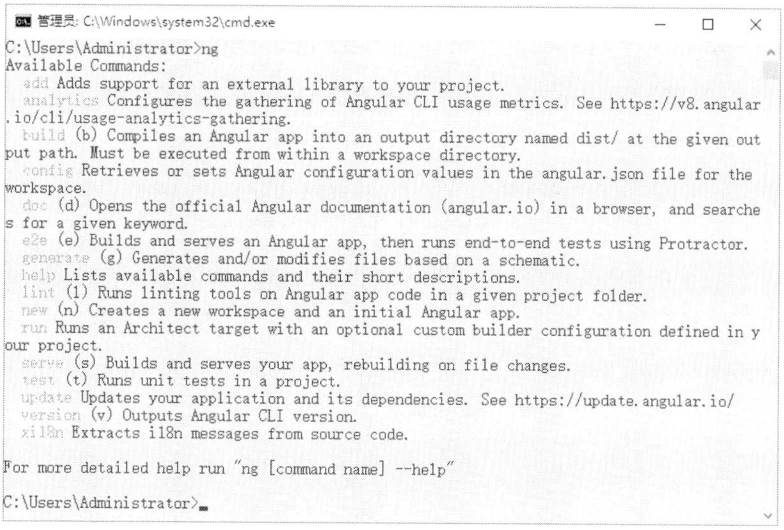

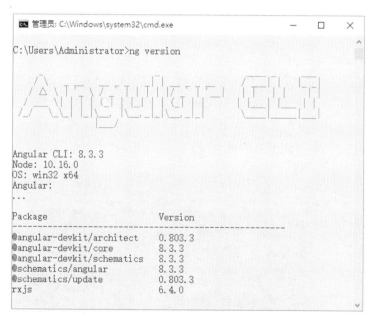

图 1-14　帮助文档

在"控制台"窗口中输入"ng version"命令可以检测安装的版本，如图 1-15 所示。

图 1-15　检测安装的版本

1.2.3　安装开发工具

对于开发人员来说，选择一个合适的开发工具，可以事半功倍。下面就来介绍几款开发工具。

1. WebStorm

WebStorm 是一款专业的 HTML 编辑工具，在编辑 HTML5 和 JavaScript 代码方面很出色。可以说，WebStorm 是"Web 前端开发神器"，也是"强大的 HTML5 编辑器"，更是"智能的 JavaScript 编辑器"。最新版本的 WebStorm 对 JavaScript、TypeScript 和 CSS 支持更好。WebStorm 2019 的工作界面如图 1-16 所示。

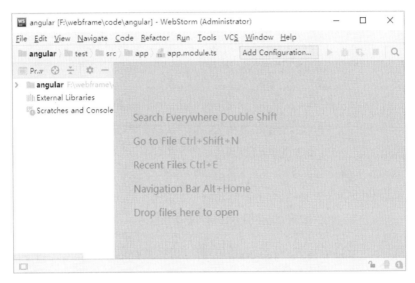

图 1-16　WebStorm 2019 的工作界面

2. Sublime Text

Sublime Text 是一个跨平台的代码编辑器，支持 Windows、Linux、Mac OS X 等操作系统。Sublime Text 具有漂亮的用户界面和强大的功能，其主要功能包括：拼写检查、书签、完整的 Python API、多选择、多窗口等。Sublime Text 同时拥有优秀的代码自动补全功能，界面简约美观，深受开发者喜爱。Sublime Text 软件的工作界面如图 1-17 所示。

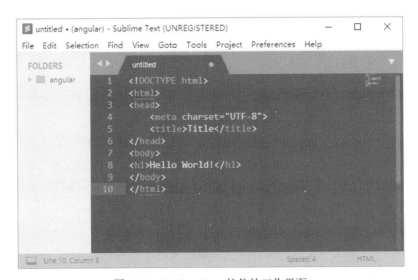

图 1-17　Sublime Text 软件的工作界面

3. 记事本编辑器

记事本是 Windows 系统自带的文本编辑器，也是最简洁方便的文本编辑器，由于记事本的功能过于单一，所以要求开发者必须熟练掌握 JavaScript 与 Angular 的应用语法、对象、方法和属性等。这对于初学者是个极大的挑战，因此不建议使用记事本。但是由于记事本简单方便、打开速度快，所以常用来做局部修改，如图 1-18 所示。

图 1-18　记事本编辑器

1.3　创建第一个项目

Angular-cli 安装完成以后，就可以创建项目了。

1.3.1　创建项目

下面来创建第一个入门项目 angular-project，在"控制台"窗口中运行如下命令：

```
ng new angular-project
```

运行命令后，首先提示是否要安装路由模块，然后提示选择 CSS 的扩展语言，如图 1-19 所示。

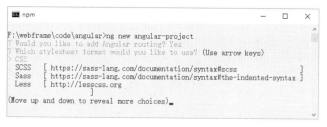

图 1-19　创建项目

之后 Angular-cli 会自动创建目录结构，并自动生成一些模板化的文件，如图 1-20 所示。

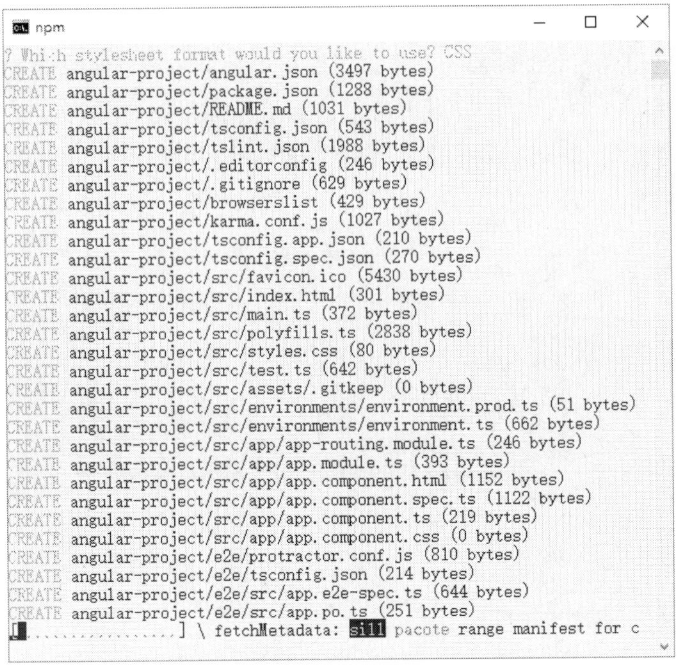

图 1-20　创建项目过程

Angular-cli 在自动生成项目骨架之后，会立即自动使用 NPM 来安装所依赖的 Node 模块。如果想快速安装，可以使用 CNPM，方法是用组合键 Ctrl+C 终止 NPM 的安装过程，然后进入项目的根目录，使用 CNPM 命令来进行安装，命令如下：

```
cd angular-project      //进入项目
cnpm install            //安装模块
```

1.3.2　运行项目

模块安装完成之后，使用 ng serve 命令启动项目，启动成功后，界面如图 1-21 所示。

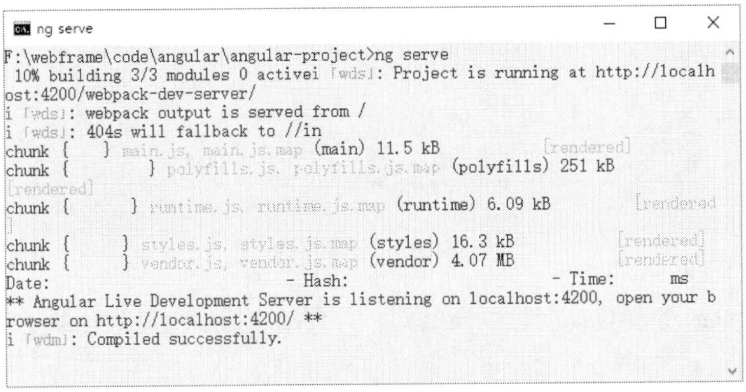

图 1-21　启动项目

在图 1-21 中已经给出了默认的访问端口：http://localhost:4200/，打开浏览器，访问默认端口，即可运行项目，若看到如图 1-22 所示的界面，就说明环境搭建成功。

图 1-22　运行项目成功

注意

● 命令中的 serve，并不是 server，一些初学者会出错。

● 如果需要修改端口号，可以用 ng serve –port xxxx 命令来进行指定。

● ng serve –open 命令可以自动打开默认的浏览器。

ng 提供了很多非常好用的工具，ng new 命令不仅可以自动创建项目结构，它还可以帮助我们创建 Angular 中涉及的很多模块，最常用的有以下几个。

1. 自动创建组件

```
ng generate component MyComponent
ng g c MyComponent            //缩写形式
```

创建组件的时候也可以带路径，例如：ng generate component mydir/MyComponent。

2. 自动创建指令

```
ng g directive MyDirective
ng g d MyDirective            //缩写形式
```

3. 自动创建服务

```
ng g service MyService
ng g s MyService              //缩写形式
```

1.3.3　项目结构介绍

使用 Webstorm 打开 angular-project 项目，项目目录结构如图 1-23 所示，src 目录结构如图 1-24 所示。

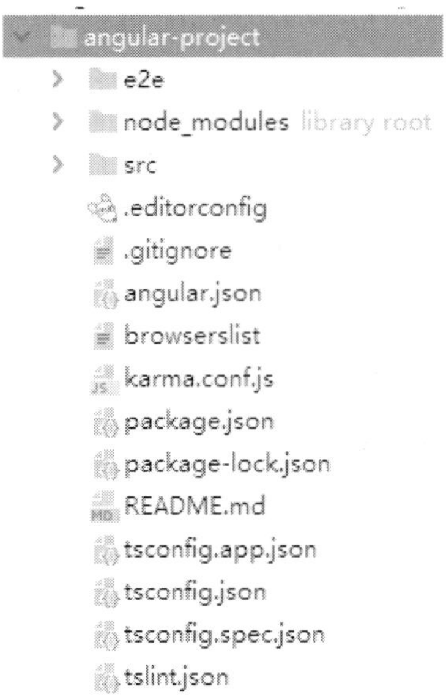

图 1-23　项目目录结构 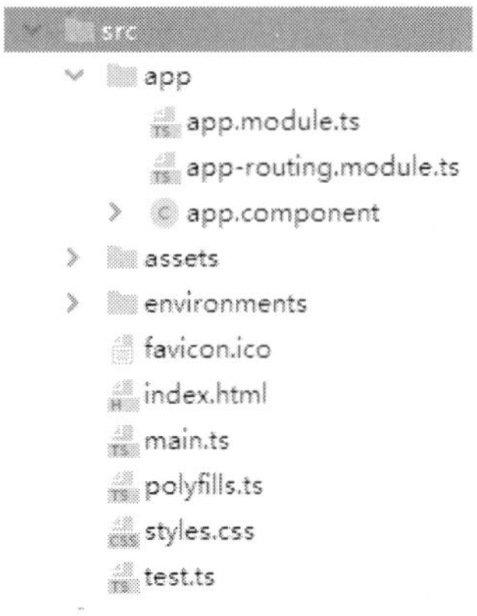　　　图 1-24　src 目录结构

项目目录结构部分说明如下。

● e2e：端到端的测试目录，用来做自动测试。

● node_modules：第三方依赖包存放目录。

● src：应用源代码目录。

● .angular-cli.json：Angular 命令行工具的配置文件。后期可能会去修改它，引用一些其他的第三方的包，如 jQuery、Bootstrap 等，以便在 Angular 中使用它们，完成相应的功能。

● karma.conf.js：karma 是单元测试的执行器，karma.conf.js 是 karma 的配置文件。

● package.json：一个标准的 npm 工具的配置文件，这个文件里面列出了该应用程序所使用的第三方依赖包。

● protractor.conf.js：做自动化测试的配置文件。

● README.md：说明文件。

src 目录结构说明如下。

● app 文件夹：包含应用的组件和模块，我们要写的代码都在这里。其中 app.module.ts 是项目的根模块，app.component 是项目根组件。

● assets 文件夹：资源目录，存储静态资源，例如图片。

● environments 文件夹：环境配置。Angular 是支持多环境开发的，可以在不同的环境下（开发环境、测试环境、生产环境）共用一套代码，主要用来配置环境。

➢ index.html：整个应用的根 HTML，程序启动就是访问这个页面。

➢ main.ts：整个项目的入口点，Angular 通过这个文件来启动项目。

➢ polyfills.ts：主要用来导入一些必要库，目的是让 Angular 能在老版本的浏览器上正常运行。

> styles.css：主要是放一些全局的样式。

> test.ts：也是自动化测试用的。

注意

在后面的章节中，所有的案例都在 Angular-cli 创建的项目中进行演示。

说明根模块的具体代码如下：

```
// 这个文件是Angular根模块，告诉Angular如何组装应用
// BrowserModule是浏览器解析模块
import { BrowserModule } from '@angular/platform-browser';
// Angular的核心模块
import { NgModule } from '@angular/core';
// 根组件
import { AppComponent } from './app.component';
// @NgModule装饰器，@NgModule接受一个元数据对象，告诉Angular如何编译和启动应用
@NgModule({
  declarations: [   //配置当前项目运行的组件
    AppComponent
  ],
  imports: [      //配置当前模块运行依赖的其他模块
    BrowserModule,
  ],
  providers: [],    //配置项目所需要的服务
  bootstrap: [AppComponent] // 应用的主视图: 只有根模块需要这个属性
})
//根模块不需要导出任何东西，因为其他组件不需要导入根模块
export class AppModule { }
```

第2章

TypeScript基础知识

TypeScript 具有类型系统，且是 JavaScript 的超集。它可以编译成普通的 JavaScript 代码。TypeScript 支持任意浏览器、任意环境、任意系统并且是开源的。TypeScript 目前还在积极的开发完善之中，不断地会有新的特性加入进来。

2.1 基础类型

最简单的数据单元包括数字、字符串、结构体、布尔值等。TypeScript 几乎支持与 JavaScript 相同的数据类型，此外还提供了实用的枚举类型。

1. 布尔值

布尔类型（boolean）的值有 true（真）和 false（假）两个。

```
let girl:boolean=false;
```

2. 数字

TypeScript 里的所有数字都是浮点数，这些浮点数的类型是 number。除了支持十进制和十六进制字面量，TypeScript 还支持 ECMAScript 2015 中引入的二进制和八进制字面量。

```
var age:number=18;
```

3. 字符串

和 JavaScript 一样，可以使用双引号（"）或单引号（'）表示字符串。例如：

```
let name:string="小明";
```

还可以使用模板字符串，它可以定义多行文本和内嵌表达式。这种字符串被反引号包围（`），并且以${expr}这种形式嵌入表达式。

```
let name: string =`小明`;
let age: number = 18;
let message: string = `你好,我的名字叫${name}，下个月我就${age+1}岁了`;
```

这与下面定义语句的方式效果相同：

```
let message: string = "你好,我的名字叫"+name+", "+
    "下个月我就"+(age +1)+"岁了";
```

4. 数组

有两种方式可以定义数组。

第一种，可以在元素类型后面添加 []，表示由此类型元素组成的一个数组：

```
let list:number[]=[1,2,3];
let list:string[]=['苹果', '香蕉','橘子'];
```

第二种，使用数组泛型，Array< 元素类型 >：

```
let list:Array<number> =[1,2,3];
let list:Array<string> =['苹果', '香蕉','橘子'];
```

5. 元组（Tuple）

元组是允许表示一个已知元素数量和类型的数组，各元素的类型不必相同。例如，可以定义一对值分别为 string 和 number 类型的元组。

```
// 声明一个元组类型
let x:[string, number];
// 初始化元组
x = ['hello', 10];  // 正确
// 初始化错误
x = [10, 'hello'];  // 错误
```
当访问一个已知索引的元素时，会得到正确的类型：
```
console.log(x[0].substr(1)); // 正确
console.log(x[1].substr(1)); // 错误, x[1]是number类型，无法提取字符串
```

6. 枚举

枚举类型是对 JavaScript 标准数据类型的一个补充。像 C# 等其他语言一样，使用枚举类型可以为一组数值赋予友好的名字。

```
enum Fruits {Banana, Apple, Orange};
let F: Fruits = Fruits.Banana;
```

默认情况下，从 0 开始为元素编号，枚举中的值是依次递增的，意味着 Apple 为 1，Orange 为 2。也可以手动指定成员的数值。例如，将上面的例子改成从 1 开始编号：

```
enum Fruits { Banana = 1, Apple, Orange};
let F:Fruits = Fruits. Banana;
```

全部都采用手动赋值：

```
enum Fruits {Banana = 1, Apple=3, Orange=8 };
let F:Fruits = Fruits. Banana;
```

枚举类型提供的一个便利是可以根据枚举的值得到它的名字。例如，知道数值为2，但是不确定它映射到 Fruits 里的哪个名字，则可以查找相应的名字：

```
enum Fruits { Banana = 1, Apple, Orange};
let fruitsName:string = Fruits[2];
alert(fruitsName);
```

7. 任意值

如果我们没有为变量指定类型，那它的默认类型就是 any。在 TypeScript 中，any 类型的变量能够接收任意类型的数据：

```
var something:any='你好';      //字符串
something=1;                  //数字
something=[1,2,3];            //数组
```

当只知道一部分数组的数据类型时，便可以使用 any 类型来表示数组的类型。例如，有一个数组，它包含不同类型的数据：

```
let list: any[] = [1, true, "free"];
list[1] = 100;
```

8. 空值

某种程度上来说，void 类型与 any 类型相反，它表示没有任何类型。当一个函数没有返回值时，通常会见到其返回值类型是 void：

```
function warnMessage():void{
    alert("这是我的警告信息!");
}
```

声明一个 void 类型的变量没有什么大用，因为只能为它赋予 undefined 和 null：

```
let trashy: void = undefined;
```

9. null 和 undefined

TypeScript 里，undefined 和 null 二者都有自己的类型，分别叫做 undefined 和 null。和 void 相似，它们本身的类型用处不是很大：

```
//不能给这些变量赋值
let u: undefined = undefined;
let n: null = null;
```

默认情况下，null 和 undefined 是所有类型的子类型，所以可以把 null 和 undefined 赋值给 number 类型的变量。

2.2 变量声明

let 和 const 是 JavaScript 里相对较新的变量声明方式。let 在很多方面与 var 相似，但是可以帮助大家避免在 JavaScript 里碰到的一些常见问题。const 是对 let 的一个增强，它能阻止对一个变量再次赋值。

因为 TypeScript 是 JavaScript 的超集，所以它本身就支持 let 和 const。

2.2.1 var 声明

一直以来都是通过 var 关键字定义 JavaScript 变量。例如：

```
var a= 10;
```

大家都能理解，这里定义了一个名为 a、值为 10 的变量。

也可以在函数内部定义变量：

```
function fn() {
    var message = "你好，小明";
    return message;
}
```

并且我们也可以在其他函数内部访问相同的变量。

```
function fn() {
    var a = 10;
    return function gn() {
        var b = a + 1;
        return b;
    }
}
var gn = fn();
gn();   // returns 11;
```

在上面的示例中，gn 可以获取 fn 函数里定义的 a 变量。每当 gn 被调用时，它都可以访问 fn 里的 a 变量。即使 gn 在 fn 已经执行完后才被调用，它仍然可以访问及修改 a 变量。

```
function fn() {
    var a = 1;
    a = 2;
    var b = gn();
    a = 3;
    return b;
    function gn() {
        return a;
    }
}
fn();    // returns 2
```

1. 作用域规则

对于熟悉其他语言的人来说，var 声明有些奇怪的作用域规则。例如下面的例子：

```
function f(value: boolean) {
    if (value) {
        var x = 100;
    }
    return x;
}
f(true);  // returns '100'
f(false); // returns 'undefined'
```

其中，变量 x 在 if 语句中定义，但是却可以在 if 语句的外面访问它。这是因为 var 声明可以在包含它的函数、模块、命名空间或全局作用域内部任意位置被访问，有人称此为 var 作用域或函数作用域，函数参数也使用函数作用域。

2. 变量获取怪异之处

下面代码会返回什么结果？

```
for (var i = 0; i < 10; i++) {
    setTimeout(function() {console.log(i); }, 10* i);
}
```

其中，setTimeout 会在若干毫秒的延时后执行一个函数（等待其他代码执行完毕），结果如下：

```
10
10
10
10
10
10
10
10
10
10
```

对于上面的示例，大多数人认为应该输出下面的结果：

```
0
1
2
3
4
5
6
7
8
9
```

setTimeout 在若干毫秒后执行一个函数，并且是在 for 循环结束后。for 循环结束后，i 的值为 10。所以当函数被调用的时候，它会打印出 10。

一个通常的解决方法是使用立即执行的函数表达式来捕获每次迭代时 i 的值：

```
for (var i = 0; i < 10; i++) {
    // capture the current state of 'i'
    // by invoking a function with its current value
```

```
    (function(i) {
        setTimeout(function() { console.log(i); }, 10 * i);
    })(i);
}
```

参数 i 会覆盖 for 循环里的 i，但是因为起了同样的名字，所以不用修改 for 循环体
里的代码。

2.2.2　let 声明

前面已经介绍了 var 存在的一些问题，这恰好说明了为什么要用 let 语句声明变量。
除了名字不同外，let 与 var 的写法一致。

```
let hello ="Hello!";
```

主要的区别不在语法，而是语义，接下来我们深入地研究。

1. 块作用域

当用 let 声明一个变量时，它使用的是词法作用域或块作用域。不同于使用 var 声明
的变量那样可以在包含它们的函数外访问，块作用域变量在包含它们的块或 for 循环之
外是不能访问的。

```
function fn(input: boolean) {
    let a = 100;
    if (input) {
        // 仍然可以引用a
        let b = a + 1;
        return b;
    }
    // 错误:这里不存在"b"
    return b;
}
```

这里定义了两个变量 a 和 b。a 的作用域是 fn 函数体，而 b 的作用域是 if 语句块。
在 catch 语句里声明的变量也具有同样的作用域规则。例如下面代码：

```
try {
    throw "不好";
}
catch (e) {
    console.log("好的");
}
// 错误:这里不存在e
console.log(e);
```

拥有块级作用域的变量的另一个特点是，它们不能在被声明之前读或写。虽然这些
变量始终"存在"于它们的作用域里，但直到声明它的代码之前的区域都属于时间死区。
它只是用来说明我们不能在 let 语句之前访问它们，幸运的是，TypeScript 可以告诉我们
这些信息。

```
a++; //在声明前使用"a"是非法的;
let a;
```

2. 重定义及屏蔽

用 var 声明时,不管声明多少次,只会得到最后一次定义的值。

```
function fn(x) {
    var x;
    var x;
    if (true) {
        var x;
    }
}
```

在上面的示例中,所有 x 的声明实际上都引用一个相同的 x,并且这是完全有效的代码。这经常会成为 bug 的来源。然而 let 声明就不会这么宽松。

```
let x = 10;
let x = 20;                //错误,不能在一个作用域里多次声明'x'
```

并不是说两个均是块级作用域的声明,TypeScript 才会给出一个错误的警告。

```
function fn(x) {
    let x = 100;     //错误,干扰参数声明
}
function gn() {
    let x = 100;
    var x = 100;     //错误,不能同时声明'x'
}
```

也不是说块级作用域变量不能在函数作用域内声明,而是块级作用域变量需要在不同的块里声明。

```
function fn(condition, x) {
    if (condition) {
        let x = 100;
        return x;
    }
    return x;
}
fn(false, 0);  // returns 0
fn(true, 0);   // returns 100
```

3. 块级作用域变量的获取

直观地讲,每次进入一个作用域时,它就创建了一个变量的环境,例如下面的 theCity 函数,就算函数内代码已经执行完毕,这个环境与其捕获的变量依然存在。

```
function theCity () {
    let getCity;
    if (true) {
        let city = "北京";
        getCity = function() {
            return city;
        }
    }
```

```
        return getCity();
}
```

因为已经在 city 的环境里获取到了 city，所以 if 语句执行结束后仍然可以访问它。

回看一下前面 setTimeout 的示例，最后需要使用立即执行的函数表达式来获取每次 for 循环迭代里的状态。其实这样做，是为获取到的变量创建了一个新的变量环境。但在 TypeScript 中不必要这样做。

当 let 声明出现在循环体里时，拥有完全不同的行为。不是在循环里引入了一个新的变量环境，而且针对每次迭代都会创建这样一个新的作用域。这就是在前面案例中使用立即执行的函数表达式时做的事，所以在 setTimeout 例子里仅使用 let 声明就可以了。

```
for (let i = 0; i < 10 ; i++) {
    setTimeout(function() {console.log(i); }, 100 * i);
}
```

输出结果如下：

```
0
1
2
3
4
5
6
7
8
9
```

2.3　类

ECMAScript 5 采用的是基于原型的面向对象设计。这种设计模型不使用类，而是依赖于原型。但这对于习惯使用面向对象方式的程序员来说就有些棘手，因为他们使用的是基于类的继承并且对象是从类构建出来的。

不过在 ECMAScript 6 中，JavaScript 终于有了内置的类。在 TypeScript 里，允许开发者使用类，并且编译后的 JavaScript 可以在所有主流浏览器和平台上运行。

用 class 关键字来定义一个类，紧随其后的是类名和类的代码块：

```
class name{
    //代码块
}
```

类可以包含属性、方法以及构造函数。

2.3.1　属性

属性是用来定义类实例对象的数据。例如名叫 Person 的类可能有 name、sex 和 age

属性。

类中的每个属性都可以包含一个可选的类型，例如，把 name 和 sex 定义为字符串类型（string），把 age 定义为数字类型（number）。Person 类的定义如下：

```
class Person{
    name:string;
    sex:男;
    age:number;
}
```

2.3.2　方法

方法是运行在类对象实例上下文中的函数。在调用对象的方法之前，必须要有这个对象的实例。

提示

　　要实例化一个类，使用 new 关键字。例如 new Person() 会创建一个 Person 类的实例对象。

例如定义一个 get() 方法，打印类中的属性，代码如下：

```
class Person{
    name:string;
    sex:男;
    age:number;
    get(){
        console.log("hello",this.name)
    }
}
```

注意

　　借助 this 关键字，能使用 this.name 表达式访问 Person 类的 name 属性。

如果没有显示方法的返回类型和返回值，就会假定它可能返回任何类型（即 any 类型）。因为这里没有任何显示的 return 语句，所以实际返回的类型是 void。

注意

　　void 类型也是一种合法的 any 类型。

调用 get（）方法之前，需要有一个 Person 类的实例对象。代码如下：

```
//定义Person类型的变量
var p:Person;
//实例化一个新的Person实例
```

```
p=new Person();
//定义一个name值
p.name='小明';
//调用get方法
p.get()
```

还可以将对象的声明和实例化缩写为一行代码：

```
var p:Person=new Person();
```

假设希望 Person 类有一个带返回值的方法。例如，要获取某个 Person 在数年后的年龄，可以这样写：

```
class Person{
    name:string;
    sex:男;
    age:number;
    get(){
        console.log("hello",this.name)
    }
    return Value(years:number):number{
        return this.age + years;
    }
}
//实例化一个新的Person实例
var p:Person=new Person();
//设定初始的年龄
p.age=6;
//12年后他多大
p.returnValue(12)    //18
```

2.3.3　构造函数

构造函数是当类进行实例化时执行的特殊函数。通常会在构造函数中对新对象进行初始化工作。构造函数必须命名为 constructor。因为构造函数是在类被实例化时调用的，所以它们可以有输入参数，但没有任何返回值。

提示

需要通过调用 new ClassName() 来执行构造函数，以完成类的实例化。

当类没有显示地定义构造函数时，将自动创建一个无参构造函数：

```
class Person{}
var v=new Vehicle();
//它等价于：
class Person{
    constructor(){
    }
}
var v=new Person ();
```

还可以使用带参数的构造函数将对象的创建工作参数化。例如，使用构造函数来初始化 Person 类的数据。

```
class Person{
        name:string;
        sex:string;
        age:number;
        constructor(name:string,sex:string,age:number){
            this.name=name;
            this.sex=sex;
            this.age=age;
        }
        get(){
            console.log("hello",this.name)
        }
        returnValue(years:number):number{
            return this.age + years;
        }
    }
```

用下面这种方法重写前面的例子要容易些：

```
var p:Person=new Person('小明','男','18')
p.get();
```

当创建这个对象的时候，其姓名、性别和年龄都会被初始化。

2.3.4 继承

面向对象的另一个重要特性就是继承。继承表明子类能够得到父类的行为，然后可以在这个子类中重写、修改以及添加行为。

TypeScript 是完全支持继承特性的，并不像 ECMAScript5 那样要靠原型链实现。继承是 TypeScript 的核心语法，用 extends 关键字实现。

下面通过创建一个 News 类来说明继承特性。

```
class News{
    data:Array<string>;
    constructor(data:Array<string>){
        this.data=data;
    }
    run(){
        this.data.forEach(function(line){
            console.log(line);
        })
    }
}
```

这个 News 类有一个字符串数组类型的 data 属性。当调用 run 方法时，它会循环 data 数组中的每一项数据，然后用 console.log 打印出来。

forEach 是 Array 中的一个方法，它接收一个函数作为参数，并对数组中的每一个条目逐个调用该函数。

给 News 增加几行数据，并调用 run 方法把这些数据打印到控制台：

```
var n: News = new News (['one_line', 'two_line']);
n.run();
```

运行结果如下：

```
one_line
two_line
```

现在假设有第二个新闻，它需要增加一些头信息和数据，但仍然复用现有 News 类的 run 方法来向用户展示数据。

```
class AnotherNews extends News {
    headers: Array<string>;
    constructor(headers: string[], values: string[]) {
      super(values);
      this.headers = headers;
     }
    run() {
      console.log(this.headers);
      super.run();
    }
  }
var headers: string[] = ['Name'];
var data: string[]=['Sport','Life',film''];
var n: AnotherNews = new AnotherNews(headers, data);
n.run();
```

　　通过 super 来调用父类的方法和属性。

2.3.5　修饰符

1. public 修饰符

如果你对其他语言中的类比较了解，就会注意前面的代码里并没有使用 public 来做修饰。例如，C# 要求必须明确地使用 public 指定成员是可见的。在 TypeScript 里，每个成员默认为 public。

也可以明确地将一个成员标记成 public。例如重写上面的 Person 类：

```
class Person{
    public name:string;
    public sex:string;
    public age:number;
```

```
    public constructor(name:string,sex:string,age:number){
        this.name=name;
        this.sex=sex;
        this.age=age;
    }
    public get(){
        console.log("hello",this.name)
    }
    public returnValue(years:number):number{
        return this.age + years;
    }
}
```

2. private 修饰符

当成员被标记成 private 时，则不能在声明它的类的外部访问。例如：

```
class Person{
    private name:string;
    public sex:string;
    public age:number;
    public constructor(name:string,sex:string,age:number){
        this.name=name;
        this.sex=sex;
        this.age=age;
    }
    public get(){
        console.log("hello",this.name)
    }
    public returnValue(years:number):number{
        return this.age + years;
    }
}
```

此时，下面代码就是错误的，因为 name 是私有的。

```
new Person("小明").name; //错误，name是私有的。
```

3. protected 修饰符

protected 修饰符与 private 修饰符的行为相似，但有一点不同，protected 成员在派生类中仍然可以访问。例如：

```
class Person{
    protected name:string;
    constructor(name: string) { this.name = name; }
}
class Worker extends Person {
    private department: string;
    constructor(name: string, department: string) {
        super(name)
        this.department = department;
    }
    public getMessage() {
        return `你好，我的名字叫${this.name}，我在做${this.department}。`;
    }
}
let Ming= new Worker("小明", "搬砖工人");
```

```
console.log(Ming.getMessage());
console.log(Ming.name); // 错误
```

注意

　　不能在 Person 类外使用 name，但是可以通过 Worker 类的实例方法访问，因为 Worker 是由 Person 派生出来的。

　　构造函数也可以被标记成 protected。这意味着这个构造函数不能在包含它的类外被实例化，但是能被继承。例如：

```
class Person {
    protected name: string;
    protected constructor(theName:string){
        this.name = theName;
    }
}
class Worker extends Person {
    private department: string;
    constructor(name: string, department: string) {
        super(name);
        this.department = department;
    }
    public getMessage(){
        return `你好，我的名字叫${this.name}，我在做 ${this.department}。`;
    }
}
let ming = new Worker("小明", "搬砖工人");
let hong = new Person("小红"); //错误:"Person"构造函数受到保护
```

4. readonly 修饰符

　　可以使用 readonly 关键字将属性设置为只读的。只读属性必须在声明时或构造函数里被初始化。

```
class Person{
  readonly name:string;
  readonly age: number= 8;
  constructor (theName: string){
    this.name = theName;
  }
}
let ming = new Person("我叫小明");
ming ad.name = "我的英文名字叫xiaoming"; // 错误!名字是只读的。
```

2.4　函数

　　函数是 JavaScript 应用程序的基础，用于实现抽象层、模拟类、信息隐藏和模块。在 TypeScript 里，虽然已经支持类、命名空间和模块，但函数仍然是主要的定义行为的地方。TypeScript 为 JavaScript 函数添加了额外的功能，让我们可以更容易地使用。

　　和 JavaScript 一样，TypeScript 可以创建有名字的函数和匿名函数。可以随意选择适合应用程序的方式，不论是定义一系列 API 函数还是只使用一次的函数。

通过下面的例子可以迅速回想起 JavaScript 中的这两种函数：

```
// 命名函数
function fn(x, y) {
  return x + y;
}
// 匿名函数
let myFn = function(x, y){
  return x + y;
};
```

2.4.1 函数类型

函数的类型由参数类型和返回值组成。

1. 为函数定义类型

为上面的函数添加类型：

```
function fn(x: number, y: number): number {
    return x + y;
}
let myFn = function(x: number, y: number): number {
 return x+y;
};
```

可以给每个参数添加类型之后再为函数本身添加返回值类型。TypeScript 能够根据返回语句自动推断出返回值类型，因此通常省略它。

2. 书写完整函数类型

现在已经为函数指定了类型，下面写出函数的完整类型：

```
let myFn: (x:number, y:number)=>number=
    function(x: number, y: number): number { return x+y; };
```

函数类型包含两部分：参数类型和返回值类型。当写出完整函数类型的时候，这两部分都是需要的。以参数列表的形式写出参数类型，为每个参数指定一个名字和类型。这个名字只是为了增加可读性。也可以这么写：

```
let myFn: (baseValue:number, increment:number) => number =
    function(x: number, y: number): number { return x + y; };
```

只要参数类型是匹配的，那么就认为它是有效的函数类型，而不在乎参数名是否正确。

第二部分是返回值类型。对于返回值，在函数和返回值类型之前使用 (=>) 符号，使之清晰明了。返回值类型是函数类型的必要部分，如果函数没有返回任何值，也必须指定返回值类型为 void，而不能留空。

3. 推断类型

如果在赋值语句的一边指定了类型，但是另一边没有类型的话，TypeScript 编译器会自动识别出类型：

```
// myFn具有完整的函数类型
let myFn = function(x: number, y: number): number { return x + y; };
// 参数"x"和"y"具有类型号
let myFn: (baseValue:number, increment:number) => number =
  function(x, y) { return x + y; };
```

2.4.2　可选参数和默认参数

TypeScript 里的每个函数参数都是必须的。这并非指不能传递 null 或 undefined 作为参数，而是说编译器将检查用户是否为每个参数都传入了值。编译器还会假设只有这些参数会被传递进函数。简单地说，传递给一个函数的参数个数必须与函数期望的参数个数一致。

```
function buildName(firstName: string, lastName: string) {
    return firstName + " " + lastName;
}
let result1 = buildName("小明");                    // 错误，参数太少
let result2 = buildName("小明", "小红", "小华");      // 错误，参数太多
let result3 = buildName("小明", "小红");             // 正确
```

在 JavaScript 里，每个参数都是可选的，可传可不传。没传参数的时候，它的值就是 und efined。在 TypeScript 里可以在参数名旁使用 "？" 实现可选参数的功能。例如，想让 lastName 是可选的：

```
function buildName(firstName: string, lastName?: string) {
    if (lastName)
        return firstName + " " + lastName;
    else
        return firstName;
}
let result1 = buildName("小明");                    // 正确
let result2 = buildName("小明", "小红", "小华");      // 错误，参数太多
let result3 = buildName("小明", "小红");             // 正确
```

可选参数必须跟在必须参数后面。如果上例想让 firstName 是可选的，那么就必须调整它们的位置，把 firstName 放在后面。

在 TypeScript 里，也可以为参数提供一个默认值，当用户没有传递这个参数或传递的值是 undefined 时。它们叫做有默认初始化值的参数。修改上例，把 lastName 的默认值设置为 "张三"。

```
function buildName(firstName: string, lastName = "张三") {
    return firstName + " " + lastName;
}
let result1 = buildName("小明");                      // 正确，返回"小明、张三"
let result2 = buildName("小明", undefined);           // 正确，返回"小明、张三"
let result3 = buildName("小明", "小红", "小华");       // 错误，参数过多
let result4 = buildName("小明", "小红");              // 正确
```

在所有必须参数的后面，带默认初始化的参数都是可选的，与可选参数一样，在调用函数的时候可以省略。可选参数与末尾的默认参数共享参数类型。

```
function buildName(firstName: string, lastName?: string) {
    // ...
}
```

和

```
function buildName(firstName: string, lastName = "张三") {
    // ...
}
```

共享同样的类型(firstName: string，lastName?: string) =>string。默认参数的默认值消失了，只保留了它是一个可选参数的信息。

与普通可选参数不同的是，带默认值的参数不需要放在必须参数的后面。如果带默认值的参数出现在必须参数前面，用户必须明确地传入 undefined 值来获得默认值。例如，重写最后一个例子，让 firstName 成为带默认值的参数：

```
function buildName(firstName = "Will", lastName: string) {
    return firstName + " " + lastName;
}
let result1 = buildName("小明");                      // 错误，参数太少
let result2 = buildName("小明", "小红", "小华");        // 错误，参数太多
let result3 = buildName("小明", "小红");               // 正确，返回"小明、小红"
let result4 = buildName(undefined, "小红");            // 正确，返回"张三、小红"
```

2.4.3 剩余参数

必须参数、默认参数和可选参数有个共同点：它们表示某一个参数。有时，想同时操作多个参数，或者并不知道会有多少参数传递进来，在 JavaScript 里，可以使用 arguments 来访问所有传入的参数。

在 TypeScript 里，可以把所有参数收集到一个变量里：

```
function buildName(firstName: string, ...unlimitedName: string[]) {
  return firstName + " " + unlimitedName.join(" ");
}
let workerName =buildName("小明","小红","小华","张三");
```

剩余参数会被当做个数不限的可选参数。可以一个都没有，也可以有任意个。编译器创建参数数组，名字是在省略号 (...) 后面给定的名字，可以在函数体内使用这个数组。

这个省略号也会在带有剩余参数的函数类型定义上用到：

```
function buildName(firstName: string,...unlimitedName: string[]) {
  return firstName+" " + unlimitedName.join(" ");
}
let buildNameFun: (fname: string, ...rest: string[]) => string = buildName;
```

第3章

熟悉模板语法

Angular 应用管理着用户的所见和所为，并通过 Component 类的实例（组件）和面向用户的模板交互来实现这一点。

从使用模型 - 视图 - 控制器 (MVC) 或模型 - 视图 - 视图模型 (MVVM) 的经验中，很多开发人员都熟悉了组件和模板这两个概念。在 Angular 中，组件扮演着控制器或视图模型的角色，模板则扮演着视图的角色。本章将介绍 Angular 中的模板语法。

3.1　模板中的 HTML

HTML 是 Angular 模板的语言。几乎所有的 HTML 语法都是有效的模板语法。但值得注意的例外是 \<script\> 元素，它被禁用了，以阻止脚本注入攻击的风险。

有些合法的 HTML 用在模板中是没有意义的，例如 \<html\>、\<body\> 和 \<base\>，剩下的所有元素基本上就都有用了。

可以通过组件和指令来扩展模板中的 HTML 词汇。它们看上去就是新元素和属性。接下来介绍如何通过数据绑定来动态获取 / 设置 DOM(文档对象模型) 的值。

提示

在介绍下面的内容前，先使用 Angular-cli 创建一个项目 demo，并创建一个组件 home，本章所有的内容将通过这个项目进行介绍。创建命令如下：

```
ng new demo
ng g component components/home
```

在根组件模板 (app.component.html) 中引入 home 组件：

```
<app-home></app-home>
```

3.2 插值与模板表达式

插值能把计算后的字符串合并到 HTML 元素标签之间和属性赋值语句内的文本中，模板表达式用来求出这些字符串。

3.2.1 插值表达式

所谓"插值"是指将表达式嵌入标记文本中。默认情况下，插值表达式用双花括号（{{}}）作为分隔符。

在下面的代码中，{{name}} 就是插值表达式的例子：

```
<h3>它的名字叫:{{name}}</h3>
```

插值表达式可以把计算后的字符串插入 HTML 元素标签内的文本或对标签的属性进行赋值：

```
<p>{{title}}</p>
<div><img src="{{imageUrl}}"></div>
```

在括号之间通常是组件属性的名字。Angular 会用组件中相应属性的字符串值，替换这个名字。上例中，Angular 计算 title 和 imageUrl 属性的值，并把它们填在空白处。首先显示应用标题，然后显示图片。

在 home.component.ts 文件中分别定义 name、title 和 imageUrl 属性：

```
name='张三';
title='阳光下的小狗';
imageUrl='assets/images/01.png';
```

上面示例在谷歌浏览器中运行，效果如图 3-1 所示。

图 3-1　插值表达式效果

一般来说，括号间的内容是一个模板表达式，Angular 先对它求值，再把它转换成字符串。下列的插值表达式通过把括号中的两个数字相加说明了这一点：

```
<!-- "1+1的和等于2" -->
<p>1+1的和等于{{1 + 1}}</p>
```

这个表达式可以调用宿主组件的方法，就像下面用的 getVal()：

```
<!--"1+1的和不等于4" -->
<p>1+1的和不等于{{1 + 1 + getVal()}}</p>
```

Angular 对所有双花括号中的表达式求值，把求值的结果转换成字符串，并把它们跟相邻的字符串字面量连接。最后，把这个组合出来的插值结果赋给元素或指令的属性。

从表面上看，就像是在元素标签之间插入了结果并对标签的属性进行了赋值。

但其实插值是一个特殊语法，Angular 会把它转换为属性绑定。

如果想用别的分隔符来代替 {{}}，也可以通过 Component 元数据中的 interpolation 选项来配置插值分隔符。

3.2.2　模板表达式

模板表达式会产生一个值，并出现在双花括号 {{}} 中。Angular 执行这个表达式，并把它赋值给绑定目标的属性，这个绑定目标可能是 HTML 元素、组件或指令。

{{1+1}} 中所包含的模板表达式是 1+1。在属性绑定中会再次看到模板表达式，它出现在 "=" 右侧的引号中，例如：[property]="expression"。

在语法上，Angular 的模板表达式与 JavaScript 很像。很多 JavaScript 表达式都是合法的模板表达式，但也有一些例外。不能使用那些具有或可能引发副作用的 JavaScript 表达式，例如：

● 赋值 (=, +=, -=, ...)。
● new、typeof、instanceof 等操作符。
● 使用 ";" 或 "," 串联起来的表达式。
● 自增和自减运算符：++ 和 --。
● 一些 ES2015+ 版本的操作符。

和 JavaScript 语法的其他显著差异如下：

● 不支持位运算，比如 "|" 和 "&"。
● 新的模板表达式运算符，比如 "|"、"?". 和 "!"。

3.2.3　表达式上下文

典型的表达式上下文就是这个组件实例，它是各种绑定值的来源。在下面的代码中，双花括号中的 title 和引号中的 imageUrl2 所引用的都是 HomeComponent 中的属性。

```
<h4>{{title}}</h4>
<img [src]="imageUrl2">
```

表达式的上下文可以包括组件之外的对象。例如，模板输入变量 (let customer) 和模板引用变量 (#customerInput) 就是备选的上下文对象之一。

```
<ul>
  <li *ngFor="let customer of customers">{{customer.name}}</li>
</ul>
<label>Type something:
  <input #customerInput>{{customerInput.value}}
</label>
```

表达式中的上下文变量是由模板变量、指令的上下文变量（如果有）和组件的成员叠加而成的。如果要引用的变量名存在于一个以上的命名空间中，那么，模板变量是最优先的，其次是指令的上下文变量，最后是组件的成员。

上一个例子中就体现了这种命名冲突。组件具有一个名叫 customer 的属性，而 *ngFor 也声明了一个叫 customer 的模板变量。

在 {{customer.name}} 表达式中的 customer 实际引用的是模板变量，而不是组件的属性。

模板表达式不能引用全局命名空间中的任何内容，例如 window 或 document。它们也不能调用 console.log 或 Math.max，它们只能引用表达式上下文中的成员。

3.3　模板语句

模板语句用来响应由绑定目标 (例如 HTML 元素、组件或指令) 触发的事件，它出现在 "=" 号右侧的引号中，例如下面的 delete()：

```
<button (click)="delete()">Delete </button>
```

模板语句有副作用，这是事件处理的关键。因为要根据用户的输入更新应用状态。

响应事件是 Angular 中"单向数据流"的另一方面。在一次事件循环中，可以随意改变任何地方的任何内容。

和模板表达式一样，模板语句使用的语言也像 JavaScript。模板语句解析器和模板表达式解析器有所不同，特别之处在于它支持基本赋值 (=) 和表达式链 (; 和，)。

在模板语句中，下面一些 JavaScript 语法是不被允许的：

● new 运算符。

● 自增和自减运算符：++ 和 --。

● 操作并赋值，如 += 和 -=。

● 位操作符 | 和 &。

● 模板表达式运算符。

和在表达式中一样，语句只能引用在语句上下文中——通常是正在绑定事件的那个组件实例。

典型的语句上下文就是当前组件的实例。(click)="delete()" 中的 delete 就是这个数据绑定组件上的一个方法。

```
<button (click)="delete()">Delete </button>
```

语句上下文可以引用模板自身上下文中的属性。在下面的例子中，就把模板的 $event 对象、模板输入变量 (let hero) 和模板引用变量 (#itemForm) 传给了组件中的一个事件处理器方法。

```
<button (click)="onSave($event)">Save</button>
<button *ngFor="let item of items" (click)="delete(item)">{{item.name}}</button>
<form #itemForm (ngSubmit)="onSubmit(itemForm)"> ... </form>
```

模板上下文中变量名的优先级高于组件上下文中的变量名。在上面的 delete(item) 中，item 是一个模板输入变量，而不是组件中的 item 属性。

模板语句不能引用全局命名空间的任何内容。例如，不能引用 window 或 document，也不能调用 console.log 或 Math.max。

注意

和表达式一样，避免写复杂的模板语句，常规是函数调用或者属性赋值。

3.4 绑定语法

除插值外，Angular 还提供了其他的数据绑定，下面将逐一介绍。

数据绑定是一种机制，用来协调用户所见和应用的数据。虽然能向 HTML 推送值或者从 HTML 拉取值，但如果把这些琐事交给数据绑定框架处理，则应用会更容易编写、阅读和维护。只要简单地在绑定源和目标 HTML 元素之间声明绑定，框架就会完成这项工作。

绑定的类型可以根据数据流的方向分成三类：从数据源到视图、从视图到数据源以及双向的从视图到数据源再到视图。

由于 HTML attribute 和 DOM property 都被翻译成"属性"，无法区分。本章中，如果提到属性的地方，一定是指 property，因为在 Angular 中，实际上很少涉及 attribute。

除了插值之外的绑定类型，在等号左边是目标名，无论是包在括号中 ([]、()) 还是用前缀形式 (bind-、on-、bindon-)。这个目标名就是属性（property）的名字。虽然它可能看起来像是元素属性（attribute）的名字，但它不是。

我们可以把 Angular 中的模板 HTML 当成 HTML+，但它也与曾经使用的 HTML 有着显著的不同，这是一种新的思维模型。

在正常的 HTML 开发过程中，使用 HTML 元素来创建视觉结构，通过把字符串常量设置为元素的 attribute 来修改元素：

```
<div class="special">新的思维模型</div>
```

```
<img src="assets/images/dog.png">
```

在 Angular 模板中，仍使用同样的方式创建结构和初始化 attribute 值。

然后用封装了 HTML 的组件创建新元素，并把它们当作原生 HTML 元素在模板中使用，例如：

```
<!--正常HTML-->
<div class="special">新的思维模型</div>
<!--一个新的元素-->
<app-home></app-home>
<app-home></app-home>就是HTML+。
```

例如下面的数据绑定：

```
<!--将按钮禁用状态绑定到"ischanged"属性上-->
<button [disabled]="isUnchanged">Save</button>
```

这里不是设置元素的 attribute，而是设置 DOM 元素、组件和指令的 property。

数据绑定的目标是 DOM 中的某些东西。这个目标可能是元素、组件、指令的 property、元素、组件、指令的事件或极少数情况下的 attribute 名。具体的汇总如表 3-1 所示。

表 3-1　数据绑定的目标

绑定类型	目　　标	范　　例

属性	元素的 property
	组件的 property
	指令的 property
		`<img [src]="imageUrl">`
		`<app-home [title]="content"></app-home>`
		`<div [ngClass]="{'special': isSpecial}"></div>`

事件	元素的事件
	组件的事件
	指令的事件
		`<button (click)="onSave()">Save</button>`
		`<app-home (deleteRequest)="delete()"></app-home>`
		`<div (myClick)="clicked=$event" clickable> 单击我 </div>`

双向	事件与 property	`<input [(ngModel)]="name">`
Attribute	attribute	`<button [attr.aria-label]="help">help</button>`
CSS 类	class property	`<div [class.special]="isSpecial"> 特别的 </div>`
样式	style property	`<button [style.color]="isSpecial ? 'red' : 'green'">`

3.5　属性绑定 ([属性名])

当要把视图元素的属性 (property) 设置为模板表达式时，就要写模板的属性 (property) 绑定。最常用的属性绑定方式是把元素属性设置为组件属性的值，例如在下面的例子中，image 元素的 src 属性会被绑定到组件的 imageUrl 属性上：

```
<img [src]="imageUrl">
```

下面的代码用于设置指令的属性：

```
<div [ngClass]="classes">[ngClass]是绑定到类属性</div>
```

下面的代码用于设置自定义组件的模型属性 (这是父子组件之间通信的重要途径)：

```
<app-home [custom]="current"></app-home>
```

3.5.1　单向输入

有些人经常把属性绑定描述成单向数据绑定，因为值的流动是单向的，从组件的数据属性流动到目标元素的属性。

不能使用属性绑定从目标元素拉取值，也不能绑定到目标元素的属性来读取它，只能对它进行设置。也不能使用属性绑定来调用目标元素上的方法。如果这个元素触发了事件，可以通过事件绑定来监听它们。

提示

　　如果必须读取目标元素上的属性或调用它的某个方法，需要使用另一种技术：ViewChild 和 ContentChild。

3.5.2　绑定目标

包裹在方括号中的元素属性名标记着目标属性。下列代码中的目标属性是 image 元素的 src 属性。

```
<img [src]="imageUrl">
```

有些人喜欢用 bind- 前缀的可选形式：

```
<img bind-src="imageUrl">
```

目标的名字总是 property 的名字，即 image 元素的 property 名字。

元素属性可能是最常见的绑定目标，但 Angular 会先去看这个名字是否是某个已知指令的属性名，就像下面的例子一样：

```
<div [ngClass]="classes">[ngClass]绑定到classes属性上</div>
```

严格来说，Angular 正在匹配指令的输入属性的名字。这个名字是指令的 inputs 数组中所列的名字，或者是带有 @Input() 装饰器的属性。这些输入属性被映射为指令自己的属性。

如果名字与已知指令或元素的属性不匹配，Angular 就会报告"未知指令"的错误。

注意

　　方括号告诉 Angular 要计算模板表达式。如果忘了加方括号，Angular 会把这个表达式当做字符串常量，并用该字符串来初始化目标属性，而不会计算这个字符串。

不要出现下面这样的错误：

```
<app-home hero="currentHero"></app-home>
```

3.5.3　选择属性绑定还是插值

通常我们需要在插值和属性绑定之间做出选择。下列这两组做的事情完全相同：

```
<p><img src="{{imageUrl}}">插值</p>
<p><img [src]="imageUrl"> 属性绑定</p>
<br/>
<p><span>"{{title}}"--插值</span></p>
<p>"<span [innerHTML]="title"></span>--属性绑定</p>
```

在多数情况下，插值是更方便的备选项。当要渲染的数据类型是字符串时，没有技术上的理由证明哪种形式更好。因为可读性，所以倾向于插值。建议读者建立自己的代码风格规则，选择一种形式，这样，既遵循了规则，又能让手上的任务做起来更自然。

但数据类型不是字符串时，就必须使用属性绑定了。

上面示例在谷歌浏览器中运行，效果如图 3-2 所示。

图 3-2　插值和属性绑定比较效果

3.6　attribute、class 和 style 绑定

模板语法为那些不适合使用属性绑定的场景提供了专门的单向数据绑定形式。

3.6.1　attribute 绑定

可以通过 attribute 绑定来直接设置 attribute 的值。

这是"绑定到目标属性 (property)"规则中唯一的例外，也是唯一的能创建和设置 attribute 的绑定形式。本章中，通篇都在说通过属性绑定来设置元素的属性总是好于用字符串设置 attribute。为什么 Angular 还提供了 attribute 绑定呢？

因为当元素没有属性可绑的时候，就必须使用 attribute 绑定。

考虑 ARIA、SVG 和 table 中的 colspan/rowspan 等 attribute。它们是纯粹的 attribute，没有对应的属性可供绑定。例如下面的内容，就暴露出了其缺点：

```
<tr><td colspan="{{1 + 1}}">Three-Four</td></tr>
```

会得到这个错误：

```
Template parse errors:Can't bind to 'colspan' since it isn't a known native property
```

正如提示中所说，<td> 元素没有 colspan 属性。但是插值和属性绑定只能设置属性，不能设置 attribute。这时需要 attribute 绑定来创建和绑定到这样的 attribute。

attribute 绑定的语法与属性绑定类似，但其方括号中的部分不是元素的属性名，而是由 attr 前缀、一个点 (.) 和 attribute 的名字组成的。可以通过值为字符串的表达式来设置 attribute 的值。

这里把 [attr.colspan] 绑定到一个计算值：

```
<table border=1>
  <!--表达式计算colspan = 2-->
  <tr><td [attr.colspan]="1 + 1">高三 (1) 班</td></tr>
  <tr><td>姓名</td><td>成绩</td></tr>
</table>
```

在谷歌浏览器中，表格渲染的效果如图 3-3 所示。

图 3-3　表格渲染效果

attribute 绑定的主要用例之一是设置 ARIA attribute(译注：ARIA 指可访问性，用于给残障人士访问互联网提供便利)，就像这个例子中一样：

```
<!--为辅助技术创建和设置aria属性-->
<button [attr.aria-label]="actionName">{{actionName}}小心</button>
```

3.6.2　CSS 类绑定

借助 CSS 类绑定，可以从元素的 class attribute 上添加和移除 CSS 类名。

CSS 类绑定的语法与属性绑定类似，但其方括号中的部分不是元素的属性名，而是由 class 前缀、一个点 (.) 和 CSS 类的名字组成的，其中后两部分是可选的。形如：[class.class-name]。

下面例子示范了如何通过 CSS 类绑定来添加和移除应用的 special 类。不用绑定直接设置 attribute 时是这样的：

```
<!--标准类属性设置-->
<div class="bad curly special">设置Bad curly special等类</div>
```

可以把上例改写为绑定到所需 CSS 类名；这是一个或者全有或者全无的替换型绑定。

注意　　当 cover 有值时，class 这个 attribute 设置的内容会被完全覆盖。

```
<!--使用绑定重置/覆盖所有类名-->
<div class="bad curly special" [class]="cover">cover</div>
```

最后，可以绑定到特定的类名。当模板表达式的求值结果是真值时，Angular 会添加这个类，反之则移除它。

```
<!--用属性来切换"特殊"类的开/关-->
<div [class.special]="isSpecial">类绑定的是special</div>
<!--绑定类special胜过class属性-->
<div class="special" [class.special]="!isSpecial">绑定类special胜过class属性</div>
```

虽然上述代码是切换单一类名的好办法，但通常使用 NgClass 指令来同时管理多个类名。

3.6.3　样式绑定

通过样式绑定，可以设置内联样式。样式绑定的语法与属性绑定类似，但其方括号中的部分不是元素的属性名，而是由 style 前缀、一个点 (.) 和 CSS 样式的属性名组成的。形如：[style.style-property]。

```
<button [style.color]="isSpecial ? 'red': 'green'">Red</button>
<button [style.background-color]="canSave ? 'cyan': 'grey'" >Save</button>
```

有些样式绑定中的样式带有单位。在这里，可以根据条件用"em"和"%"来设置字体大小的单位。

```
<button [style.font-size.em]="isSpecial ? 3 : 1" >Big</button>
```

```
<button [style.font-size.%]="!isSpecial ? 150 : 50" >Small</button>
```

虽然上述代码是设置单一样式的好办法，但通常使用 NgStyle 指令来同时设置多个内联样式。

注意

　　样式属性命名方法可以用中线命名法，例如 font-size；也可以用驼峰式命名法，例如 fontSize。

3.7　事件绑定 (event)

事件绑定允许侦听某些事件，例如按键、鼠标移动、单击和触屏。

Angular 的事件绑定语法由等号左侧带圆括号的目标事件和右侧引号中的模板语句组成。如图 3-4 所示，事件绑定监听按钮的单击事件，每当单击发生时，都会调用组件的 onSave() 方法。

图 3-4　事件绑定单击事件

其目标就是此按钮的单击事件。

```
<button (click)="onSave($event)">Save</button>
```

也可以用带 on- 前缀的备选形式：

```
<button on-click="onSave($event)">on-click Save</button>
```

在事件绑定中，Angular 会为目标事件设置事件处理器。

当事件发生时，这个处理器会执行模板语句。典型的模板语句通常涉及响应事件执行动作的接收器，例如从 HTML 控件中取得值，并存入模型。

绑定会通过名叫 $event 的事件对象传递关于此事件的信息 (包括数据值)。

事件对象的形态取决于目标事件。如果目标事件是原生 DOM 元素事件，$event 就是 DOM 事件对象，它有像 target 和 target.value 这样的属性。

考虑这个范例：

```
<input [value]="currentItem.name" (input)="currentItem.name=$event.target.value">
```

上面的代码在把输入框的 value 属性绑定到 name 属性。要监听对值的修改，必须要把代码绑定到输入框的 input 事件。当用户更改值时，input 事件被触发，并在包含 DOM 事件对象 ($event) 的上下文中执行这条语句。

要更新 name 属性，就要通过路径 $event.target.value 来获取更改后的值。

3.8 双向数据绑定 ([(...)])

在应用中经常需要显示数据属性，并在用户作出更改时更新该属性。

在元素层面，既要设置元素属性，又要监听元素事件变化。Angular 为此提供一种特殊的双向数据绑定语法：[(x)]。[(x)] 语法结合了属性绑定的方括号 [x] 和事件绑定的圆括号 (x)。

```
import { Component } from '@angular/core';
@Component({
  selector: 'app-home',
  template: `
   <input type="text" [(ngModel)]="name">
    <p>{{name}}</p>
  `
})
export class HomeComponent{
  name="tom"
}
```

在谷歌浏览器中运行，并更改输入框的内容，可以看到下面的对象也发生改变，效果如图 3-5 所示。

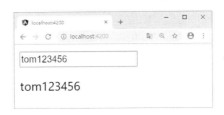

图 3-5　双向数据绑定

下面来看一个人员登记表，使用 ngModel 双向数据绑定，来获取人员登记的信息。

首先使用 angular cli 创建项目 registration，在命令控制台中执行 "ng new registration"，按 Enter 键，使用默认配置即可。项目完成后，会创建一个 form 组件，在命令行中执行 "ng g component conponents/form"，在项目的 src 文件夹下将创建一个 components 文件夹，其中包含 form 组件。

提示
在命令控制台中，使用命令创建的组件，在项目中将自动进行配置。如果是手动创建的组件，需要自己手动在 app.module.ts 文件中配置。

```
import { FormComponent } from './components/form/form.component'; //引入form组件
declarations: [
      FormComponent     //注册组件
  ],
```

组件引用完成后，把根组件 app.component.html 文件中的内容清空，然后引入组件 app-form。

提示

这里的 app-form 是在 form.component.ts 文件中定义的名称，它是 form 组件引用的名称，引用形式为 <app-form></app-form>。

在根组件 app.component.html 文件中引入 <app-form></app-form>。

接下来在命令行执行 "ng serve" 命令，运行项目。在谷歌浏览器中，打开默认的地址 http://localhost:4200/，如果效果如图 3-6 所示，说明 form 组件引入成功。

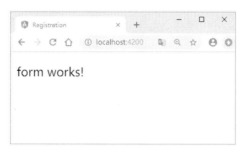

图 3-6　form 组件效果

接下来，在 form.component.html 文件中设计登记表，并使用 "[(ngModel)]" 绑定对象数据。对象数据在 form.component.ts 文件中定义。

具体代码如下：

```html
<h2>人员登记表</h2>
<div class="person_list">
  <ul>
    <!--输入框（text）表单双向数据绑定-->
    <li>姓名：<input type="text" [(ngModel)]="persionInfo.username" class="user_
        input" placeholder="姓名"></li>
    <!--单选按钮（radio）双向数据绑定-->
    <li>性别：
      <input type="radio" value="1" name="sex" id="sex1" [(ngModel)]="persionInfo.sex">
      <label for="sex1">男</label>  
      <input type="radio" value="2" name="sex" id="sex2" [(ngModel)]="persionInfo.sex">
      <label for="sex2">女</label>
    </li>
    <li>
      <!--选择列表（select）双向数据绑定-->
      城市：<select name="city" id="city" [(ngModel)]="persionInfo.city">
      <option [value]="item" *ngFor="let item of persionInfo.cityList">{{item}}</
      option>
        </select>
    </li>
    <li>
      <!--多选按钮（checkbox）双向数据绑定-->
      爱好：<span *ngFor="let item of persionInfo.interest;let key=index;">
          <input type="checkbox" [id]="'check'+key" [(ngModel)]="item.checked">
          <label [for]="'check'+key">{{item.name}}</label>
            
        </span>
    </li>
    <li>
      <!--文本域（textarea）数据双向绑定-->
```

```
    备注: <textarea name="mark" id="mark" cols="32" rows="5"
          [(ngModel)]="persionInfo.mark">
</textarea>
    </li>
    <li class="center1">
      <!--单击登记按钮，触发doSubmit事件，打印登记的数据-->
      <button (click)="doSubmit()">登记</button>
    </li>
  </ul>
</div>
```

在 form.component.css 文件中设计登记表的 CSS 样式，具体代码如下：

```
h2{
  text-align: center;
}
.person_list{
  width: 400px;
  margin: 20px auto;
  padding: 20px;
  border: 1px solid #702fee;
}
.person_list li{
  height:50px;
  line-height: 50px;
}
.person_list .user_input{
  width: 300px;
  height: 28px;
  text-indent: 1em;
}
.person_list button{
  width: 100px;
  height: 30px;
  margin-top:80px;
}
.center1{
  text-align: center;
  margin-bottom: 80px;
}
```

在 form.component.ts 文件中定义一个对象和对象数据，具体代码如下：

```
export class FormComponent implements OnInit {
  public persionInfo:any={
    username:'',
    sex:"1",
    cityList:['北京','上海','广州'],
    city:'北京',
    interest:[
      {
        name:'唱歌',
        checked:false
      },
      {
        name:'跳舞',
        checked:false
      },
      {
```

```
            name:'画画',
            checked:true
        }
    ],
    mark:'',
}
constructor() { }
ngOnInit() {}
doSubmit(){
    console.log(this.persionInfo)    //打印获取的数据
}
}
```

  这样就完成了登记表的设计，在谷歌浏览器中运行，默认页面效果如图 3-7 所示。当登记人员登记信息时，如图 3-8 所示，单击"登记"按钮，触发 doSubmit 事件，在谷歌浏览器控制台打印登记的信息，如图 3-9 所示。

图 3-7　默认页面效果　　　　　　　　　图 3-8　登记信息效果

```
{username: "李清照", sex: "2", cityList: Array(3), city: "北京", interest: Array(3),
}
  city: "北京"
▶ cityList: (3) ["北京", "上海", "广州"]
▼ interest: Array(3)
  ▶ 0: {name: "唱歌", checked: true}
  ▶ 1: {name: "跳舞", checked: false}
  ▶ 2: {name: "画画", checked: true}
    length: 3
  ▶ __proto__: Array(0)
  mark: "李清照号易安居士，汉族，宋代女词人，婉约词派代表，有"千古第一才女"之称。"
  sex: "2"
  username: "李清照"
▶ __proto__: Object
```

图 3-9　控制台打印登记的信息

3.9　内置模板函数

有时候，绑定表达式可能会在编译时报类型错误，并且不能或很难指定类型。要消除这种报错，可以使用 $any() 转换函数把表达式转换成 any 类型，范例如下：

```
<p>这个项目申报的最佳日期是：{{$any(item).bestByDate}}</p>
```

当 Angular 编译器把模板转换成 TypeScript 代码时，$any 表达式可以防止 TypeScript 编译器在进行类型检查时报错说 bestByDate 不是 item 对象的成员。

$any() 转换函数可以和 this 联合使用，以便访问组件中未声明过的成员。

```
<p>这个项目申报的最佳日期是：{{$any(this).bestByDate}}</p>
```

$any() 转换函数可以用在绑定表达式中任何可以进行方法调用的地方。

3.10　生命周期

每个组件都有一个被 Angular 管理的生命周期。

Angular 可以创建和渲染组件及其子组件，在组件被绑定的属性发生变化时进行检查，并在组件从 DOM 中移除前进行销毁。

Angular 提供了生命周期钩子，可以把这些关键生命时刻暴露出来，使我们在生命周期钩子触发时，执行一些操作。

除了那些组件内容和视图相关的钩子外，指令也有相同的生命周期钩子。

当 Angular 使用构造函数新建一个组件或指令后，就会按一定的顺序在特定时刻调用这些生命周期钩子的方法。在 home.component.ts 文件中定义生命周期函数的代码如下：

```typescript
export class HomeComponent implements OnInit {
  constructor(){
    console.log('构造函数执行了')
  }
  ngOnChanges(){
    console.log('ngOnChanges执行了')
  }
  ngOnInit() {
    console.log('ngOnInit执行了')
  }
  ngDoCheck(){
    console.log('ngDoCheck执行了')
  }
  ngAfterContentInit(){
    console.log('ngAfterContentInit执行了')
  }
  ngAfterContentChecked(){
    console.log('ngAfterContentChecked执行了')
  }
  ngAfterViewInit(){
    console.log('ngAfterViewInit执行了')
```

```
  }
  ngAfterViewChecked(){
    console.log('ngAfterViewChecked执行了')
  }
  ngOnDestroy(){
    console.log('ngOnDestroy执行了')
  }
}
```

在谷歌浏览器中运行上述代码，打开控制台，生命周期函数调用效果如图 3-10 所示。

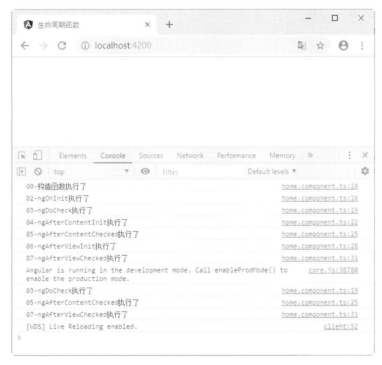

图 3-10　生命周期函数调用效果

提示

export class HomeComponent implements OnInit {} 中的 OnInit 是生命周期接口。每个接口都有唯一的钩子方法，它们的名字是由接口名再加上 ng 前缀构成的。例如，OnInit 接口的钩子方法叫做 ngOnInit，Angular 在创建组件后会立刻调用它。接口并不是必须的，在指令和组件上不添加生命周期钩子接口也能获得钩子带来的好处。Angular 会检测这些指令和组件的类，一旦发现钩子方法被定义了，就调用它们。Angular 会找到并调用像 ngOnInit() 这样的钩子方法，有没有接口无所谓。

从图 3-10 可以发现，在页面加载完，所有的生命周期函数触发以后，又触发了03、05、07 这三个生命周期函数，这是因为项目在数据绑定后又触发的原因。

下面在项目中创建一个方法，改变一个属性的值，然后再来看一下触发的情况。首先在组件模板 (home.component.html) 中定义一个按钮，用插值显示一个属性的值：

```
<p>{{date}}</p>
<button (click)="change()">改变date的值</button>
```

然后在 home.component.ts 中定义 date 属性和 change() 方法：

```
public date:string='我是一个生命周期演示';
  change(){
    this.date="数据发生改变了"
  }
```

在谷歌浏览器中运行项目，单击按钮之后，将触发如图 3-11 所示的生命周期函数。

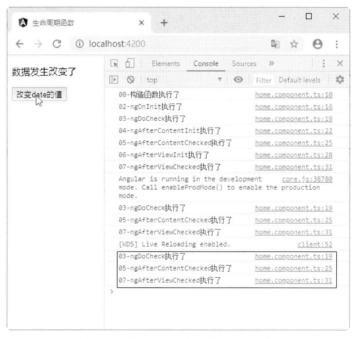

图 3-11　单击按钮触发的生命周期函数

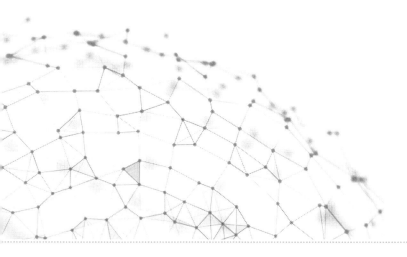

第4章

精通核心组件

组件就是 HTML+CSS+JavaScript 的集合体，它可以是一个按钮，一个输入框，一个弹层，或者一个页面，每个组件都有自己的外观和行为。

组件 (Component) 是构成 Angular 应用的基础和核心。通俗来说，组件用来包装特定的功能，应用程序的有序运行依赖于组件之间的协调工作。Angular 项目就是一棵组件树，模块化其实就是组件化，把项目以组件的形式构建。本章就来具体介绍组件的内容。

4.1 了解组件

浏览器只认识统一规定好的标签，例如 <header>、<div> 和 <span> 等，它们的功能也都是由浏览器的开发者预先定义好的。

想让浏览器认识一个新标签，该怎么办呢？例如，想用 <weather> 标签来表示天气又或者想用 <register> 标签创建一个注册面板。

这就是组件化背后的基本思想，要让浏览器认识一些拥有自定义功能的新标签。

4.1.1 创建组件

本节使用 angular-cli 创建一个项目 demo。首先创建第一个 login 组件，在命令提示行中运行如下命令：

```
ng g component components/login
```

login 组件创建完成后，效果如图 4-1 所示。

图 4-1　创建 login 组件

在 app\components 目录中可看到创建的 login 组件，如图 4-2 所示。

图 4-2　login 组件目录

提示

在 ng g component components/login 命令中，components/login 是组件的创建目录，用户可以自定义。

接下来在 login.component.html 中编写一个登录表单，代码如下：

```
<p>姓名: <input type="text"></p>
<p>密码: <input type="password"></p>
<p><button>登录</button></p>
```

然后在 login 组件的 .ts 文件中，可以看到如下代码：

```
import { Component, OnInit } from '@angular/core';
@Component({
  selector: 'app-login',
  templateUrl: './login.component.html',
  styleUrls: ['./login.component.css']
})
export class LoginComponent implements OnInit {
  constructor() { }
  ngOnInit() {
  }
}
```

其中，selector:'app-login' 是组件的名称，相当于一个 HTML 标签，可以在 app.component.html 中引入它，代码如下：

```
<app-login></app-login>
```

最后运行 angular-project 项目，在谷歌浏览器中打开 http://localhost:4200/，运行效

果如图 4-3 所示。

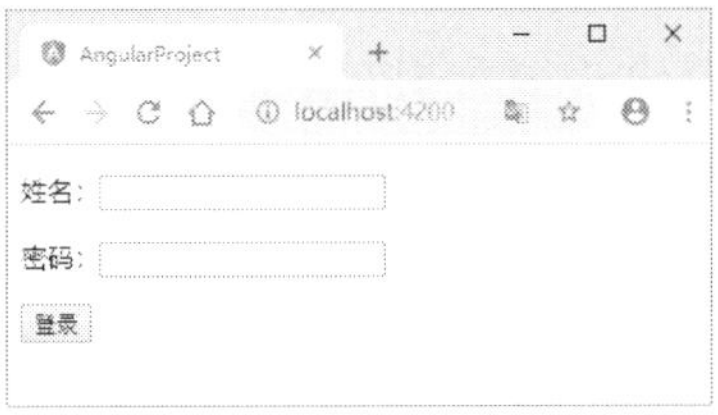

图 4-3 login 组件效果

4.1.2 导入依赖

import 语句定义了写代码时要用到的模块。这里导入了 Component 和 OnInit，代码如下：

```
import { Component, OnInit } from '@angular/core';
```

从 @angular/core 模块中导入组件 (import Component)。@angular/core 告诉程序到哪里查找所需要的这些依赖。在这个例子中，告诉编译器：@angular/core 定义并导出了两个 JavaScript/TypeScript 对象，名字分别是 Component 和 OnInit。

同样，还从这个模块中带入了 OnInit(import OnInit)，OnInit 能帮我们在组件的初始化阶段运行某些代码。

注意

这个 import 语句的结构是 import {things} from wherever 格式。{things } 这部分的写法叫作解构，解构是由 ES6 和 TypeScript 提供的一项特性。

import 的用法很像 Java 中的 import 或 Ruby 中的 require：从另一个模块中拉取这些依赖，并且让这些依赖在当前文件中可用。

4.1.3 Component 注解

导入依赖后，还要声明该组件。

```
@Component({
  selector: 'app-login',
  templateUrl: './login.component.html',
  styleUrls: ['./login.component.css']
})
```

如果习惯用 JavaScript 编程，那么下面这段代码看起来可能有点怪异：

```
@Component ( {
  //…
} )
```

可以把注解看作添加到代码上的元数据。当在 login 类上使用 @Component 时，就把 login "装饰"成了一个 Component。

<app-login> 标签表示我们希望在 HTML 中使用该组件。要实现它，就得配置 @Component，并把 selector 指定为 app-login。

```
@Component({
  selector: 'app-login',
  //…more here
})
```

这里的 selector 属性用来指出该组件将使用哪个 DOM 元素。如果模板中有 <app-login></app-login> 标签，就用该 component 类及其组件定义信息对其进行编译。

4.1.4　添加 template

有两种定义模板的方式：使用 @Component 对象中的 template 属性；指定 templateUrl 属性。

可以通过传入 template 选项来为 @Component 添加一个模板：

```
@Component({
  selector: 'app-login',
  template:`
    <p>姓名: <input type="text"></p>
    <p>密码: <input type="password"></p>
    <p><button>注册</button></p>
  `,
})
```

注意　　在反引号（`…`）中定义了 template 字符串。这是 ES6 中的一个新特性（而且很棒），允许使用多行字符串。使用反引号定义多行字符串，可以更轻松地把模板放到代码文件中。

提示　　应该把模板放进代码文件中吗？可以视情况而定。在很长一段时间里，大家都觉得最好把代码和模板分开。这对于一些开发团队来说确实更容易，不过在某些项目中会增加成本，因为将不得不在一大堆文件之间切换。

如果模板行数短于一页，应该更倾向于把模板和代码放在一起(也就是 .ts 文件中)。这样就能同时看到逻辑和视图部分，同时也便于理解它们之间如何互动。

4.1.5　用 styleUrls 添加 CSS 样式

注意 styleUrls 属性：

```
styleUrls: ['./login.component.css']
```

这段代码的意思是，要使用 login.component.css 文件中的 CSS 作为组件的样式。Angular 使用一项叫作样式封装 (style-encapsulation) 的技术，它意味着在特定组件中指定的样式只会应用于该组件本身。

提示

　　styleUrls 属性与 template 有个不同点：它接收数组型参数，这是因为可以为同一个组件加载多个样式表。

4.2　挂载组件

首先使用 angular-cli 创建一个项目 Demo01，具体的步骤请参考 angular-cli 的介绍。项目创建完成以后，紧接着创建一个组件，使用控制台命令进行创建，命令如下：

```
ng g component components/home
```

在控制台中创建效果如图 4-4 所示。

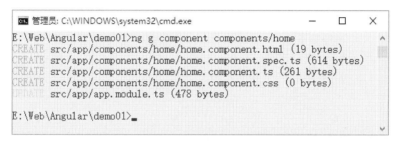

图 4-4　创建 home 组件

提示

　　在使用组件时，需要在根模块中引入才能使用。使用控制台命令创建组件时，项目会自动在根模块（app.module.ts）中引入配置，配置如下：

```
//引入组件
import { HomeComponent } from './components/home/home.component';
declarations: [
    ...
    //注册组件
    HomeComponent
],
```

如果手动创建组件，则也需要我们手动进行配置。

接下来把 home 组件挂载到根组件上，看一下组件是否创建成功。

首先在 home.component.html 中添加一些内容，代码如下：

```
<p>我是home组件</p>
```

然后在 home.component.ts 中找到它的名字 app-home：

```
@Component({
  selector: 'app-home',
  templateUrl: './home.component.html',
  styleUrls: ['./home.component.css']
})
```

最后在根组件的 app.component.ts 中挂载它：

```
<p>我是根组件</p>
<hr/>
//挂载home组件
<app-home></app-home>
```

执行 ng serve 命令运行项目，然后在谷歌浏览器中打开默认的地址 http://localhost:4200/，
页面效果如图 4-5 所示，说明 home 组件挂载成功。

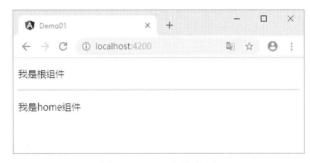

图 4-5　home 组件效果

4.3　组件中的模板

组件创建完成并挂载后，需要在业务逻辑中创建数据属性，来满足项目的需要。

4.3.1　绑定数据

例如，在 home 组件中声明一个 title 属性，代码如下：

```
public title='我是home组件的属性';
```

然后在 home.component.html 中绑定它，使用插值语法：

```
<p>我是home组件</p>
//绑定title属性
<h3>{{title}}</h3>
```

再次运行项目，页面效果如图 4-6 所示。

图 4-6　项目运行效果

在定义 title 时，如果省略 public，例如：

```
title='我是home组件的属性';
```

这种方式也是正确的，如果省略 public，系统默认为添加了 public。

由于 Angular 是基于 TypeScript 的，要求定义属性时指定类型。例如：

```
public title:string ='我是home组件的属性';
```

这里把 title 定义为 string 类型，所以它的值只能是 string 类型。在 Angular 中推荐使用这种方式来定义属性。

在定义属性时，如果不确定类型，可以使用 any，它表示任何类型。例如：

```
public title:any ='我是home组件的属性';
```

在定义属性时可以不进行赋值，在构造函数中进行赋值；在构造函数中，除了可以定义属性的值以外，还可以改变属性的值，例如把 title 的值改成"我是 title 属性"：

```
public title:string ='我是home组件的属性';
//定义message属性，不进行赋值
  public message:any;
//在构造函数中定义属性值
  constructor() {
    //修改title的属性值
    this.title='我是title属性';
    //给message属性赋值
    this.message='我是message属性';
  }
```

提示

上述代码中，this 表示 home 组件。

然后在 home 组件中绑定数据：

```
<p>我是home组件</p>
<h3>{{title}}</h3>
<h3>{{message}}</h3>
```

在谷歌浏览器中运行项目，效果如图 4-7 所示。

图 4-7　运行效果

除了 public 属性声明方式以外，还有 protected 和 private 两种，具体介绍如下。

● public：默认类型，可以在类里使用，也可以在类外使用。

● protected：保护类型，只在当前类及其子类里可以访问。

● private：私有类型，只有在当前类里才可以使用。

4.3.2　绑定属性

先把 Demo01 项目中的 home 组件的模板内容清除，然后定义一个 div，并添加 title 属性，代码如下：

```
<div title="唐代诗人，被后人称为诗仙">
  李白
</div>
```

在谷歌浏览器中运行项目，效果如图 4-8 所示。

图 4-8　显示效果

这里 title 是一个静态属性，在 Angular 中可以使用 [] 动态绑定目标属性，在业务逻辑 (home.component.ts) 中定义被绑定的属性。

例如，在 home.component.html 中动态绑定目标属性 title，被绑定的属性为 content。

```
<div [title]='content'>
  李白
</div>
```

然后在 home.component.ts 中定义 content 属性及其内容：

```
public content:string='唐代诗人，被后人称为诗仙';
```

再次运行项目，可以发现其效果和上面效果相同。

4.3.3 绑定 HTML

有时在绑定数据时，后台的数据会带有标签，如果直接使用插值的方式，标签的效果将不会显示。例如，在 home.component.html 中定义一个 div，使用插值语法绑定 data 数据。

```
<div >
  {{data}}
</div>
```

在 home.component.ts 中定义 data 属性：

```
public data:any='<h3>我是一个HTML内容</h3>';
```

再次运行项目，效果如图 4-9 所示。

图 4-9　显示效果

可以看到 <h3> 标签并没有起到效果。

在 Angular 中，可以绑定 [innerHTML] 属性来实现标签的效果。

在 home.component.html 中更改内容：

```
<div [innerHTML]="data" ></div>
```

再次运行项目，页面效果如图 4-10 所示。

图 4-10　显示效果

在 Angular 模板 (home.component.html) 中，还可以做简单的运算，例如下面的代码：

```
100/10+50-10={{100/10+50-10}}
```

上面的代码将会计算出 100/10+50—10 的结果，在谷歌浏览器中再次运行项目，效果如图 4-11 所示。

图 4-11　运算结果

4.3.4　引入图片

如果需要在组件模板中引入本地图片资源，注意要把它放在 assets 文件夹中。在 assets 文件夹中创建一个 images 文件夹，用来存放图片资源，目录结构如图 4-12 所示。

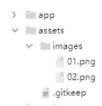

图 4-12　assets 文件夹目录结构

在 home 组件模板中引入图片，代码如下：

```
<img src="assets/images/01.png" alt="">
<img src="assets/images/02.png" alt="">
```

4.4　父子组件之间的通信

本节主要介绍父子组件之间的通信。Angular 中的父子组件是相对的关系，而不是绝对的。如图 4-13 所示，首页组件相对于 APP 组件是子组件，而相对于购物车组件和用户名组件是父组件。

图 4-13　父子组件示意图

下面具体介绍父子组件之间的传值以及非父子组件之间的传值。

4.4.1 父组件给子组件传值

为什么要使用父子组件传值呢？

例如，在一个 APP 应用中，有一个头部组件，需要在首页和详情页中引用它，如图 4-14 所示。在首页中头部组件显示为首页，在详情页中头部组件显示为详情页。这里就是父组件（首页和详情页组件）在引用子组件（头部组件）时，对子组件进行了传值，这样就实现了父子组件的通信。

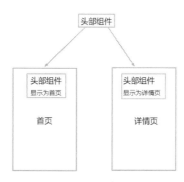

图 4-14　引入组件

对于父组件给子组件传值，Angular 提供了 @Input 让子组件可以接受父组件传递过来的值。父组件不仅可以给子组件传递简单的数据，还可以把自己的方法以及整个父组件传递给子组件。

1. 传递属性

下面首先使用 angular-cli 命令创建一个项目 ByValue。项目创建完成后，创建 home、about、header 和 footer 这 4 个组件，控制台命令如下：

```
ng g component components/home
ng g component components/about
ng g component components/header
ng g component components/footer
```

接下来在此项目的基础之上实现父组件给子组件的传值。这里首先使用 home 组件（父组件）和 header 组件（子组件）演示传值效果。在 home 组件中引入 header 组件时给它传入值，使 header 组件的内容动态地改变。下面看一下具体的步骤。

(1) 首先在根组件 app.component.html 中挂载 home 组件：

```
<app-home></app-home>
```

在 home 组件 (home.component.html) 中挂载 header 组件：

```
<app-header></app-header>
<hr/>
<p>我是home组件</p>
```

header 组件页面的内容如下：

```
<p>我是header组件</p>
```

此时在谷歌浏览器中运行项目，效果如图 4-15 所示。

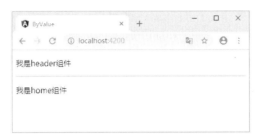

图 4-15　显示效果

(2) 在 home 组件 (home.component.ts) 中定义一个数据 title。

```
export class HomeComponent implements OnInit {
public title:string="home组件的标题";
}
```

(3) 在 home 组件中调用 header 组件的时候，定义 title 属性，它的值等于在 home 组件中创建的 title 属性。

```
<!--挂载时，定义title属性-->
<app-header [title]="title"></app-header>
<hr>
<p>我是home组件</p>
```

(4) 上面完成了传值，还需要在子组件 header 中接受传过来的值。在 header.component.ts 组件中首先引入 Input 装饰器，然后用 @Input 进行接受。

```
import { Component, OnInit ,Input} from '@angular/core';
export class HeaderComponent implements OnInit {
//接受父组件传递过来的值
  @Input() title:any;
}
```

(5) 最后在 headercomponent.html 中使用插值语法渲染 title：

```
<p>{{title}}</p>
```

在谷歌浏览器中运行项目，效果如图 4-16 所示。

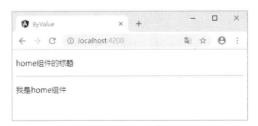

图 4-16　传递属性

2. 传递方法

父组件不仅可以传值，还可以传递自身的方法。下面来看一下实现方法传递的步骤。

(1) 先在 home 组件中定义一个 get 方法。

```
get(){
    alert("我是home组件的get方法")
}
```

(2) 在 home 组件中调用 header 组件的时候，定义 get 属性，它等于在 home 组件中创建的 get() 方法。

```
<!--挂载时，定义title属性，定义get属性-->
<app-header [title]="title" [get]="get()"></app-header>
<hr>
<p>我是home组件</p>
```

(3) 在 header.component.ts 组件中接收方法：

```
//接收父组件传递过来的方法
@Input() get:any;
//定义一个getFun方法，接收home组件的get方法
getFun(){
    this.get;
}
```

(4) 在 header.component.html 中使用 home 组件传递的方法：

```
<p>{{title}}</p>
<button (click)="getFun()">执行home组件中的方法</button>
```

在谷歌浏览器中运行项目，单击按钮将会执行传递的方法，效果如图 4-17 所示。

图 4-17　传递方法

3. 传递整个组件

除了传递数据和方法外，还可以将整个父组件 (home 组件) 传递给子组件 (header 组件)。

(1) 在 home 组件中调用 header 组件的时候，定义 home 属性，让它的值等于 this。

```
<!--挂载时，定义title属性，定义get属性，定义home属性-->
<app-header [title]="title" [get]="get()" [home]="this"></app-header>
<hr>
<p>我是home组件</p>
```

提示

这里的 this 指的是整个 home 组件。

(2) 在 header.component.ts 组件中接收 home：

```
//接收整个父组件
  @Input() home:any;
```

这样就把整个父组件传递给了子组件。这时可以直接在子组件中调用父组件的数据或者方法。例如调用父组件的数据：

header.component.ts：

```
//定义getDate方法弹出home组件的数据
getDate(){
    alert(this.home.title)
  }
```

header.component.html：

```
<button (click)="getDate()">执行home组件中的方法</button>
```

4.4.2 父组件通过 @ViewChild 主动获取子组件的数据和方法

下面在 about 组件和 footer 组件中实现父组件主动获取子组件的数据和方法。

更改根组件 (app.component.html) 中挂载的内容，代码如下：

```
<app-about></app-about>
```

在 about 组件中引入 footer 组件：

```
<app-footer></app-footer>
<hr/>
<p>我是about组件</p>
```

在 footer 组件中定义内容如下：

```
<p>我是footer组件</p>
```

这样又创建了一对父子组件，父组件为 about，子组件为 footer。接下来要实现在父组件中获取子组件的数据和方法。

首先，在子组件 footer.component.ts 中定义一个 message 值和一个 get 方法。

```
public message:string='我是子组件的message';
  get(){
    alert("我是子组件的get方法")
  }
```

在父组件中挂载 footer 组件时，定义一个 id，使用 ViewChild 获取 DOM 节点的方式获取子组件：

```
<app-footer #footer></app-footer>
<hr/>
<p>我是about组件</p>
<hr/>
<button (click)="getdata()">获取子组件的message</button><br/><br/>
<button (click)="getFun()">执行子组件的方法</button>
```

在 (about.component.ts) 中首先引入 ViewChild：

```
import { Component, OnInit,ViewChild } from '@angular/core';
@ViewChild('footer') footer:any;
```

然后定义 getdata 和 getFun 两个方法，获取并弹出子组件的 message 值和 get 方法：

```
getdata(){
    alert(this.footer.message)
}
  getFun(){
    alert(this.footer.get())
  }
```

在谷歌浏览器中运行项目，获取子组件的 message 值，效果如图 4-18 所示；执行子组件的方法，效果如图 4-19 所示。

图 4-18　获取子组件的 message 值

图 4-19　执行子组件的方法

第5章

玩转核心指令

Angular 的核心指令数量很少，但却能通过组合这些简单的指令来创建各种应用。本章主要来介绍内置指令和自定义指令的内容。

5.1　内置指令

Angular 提供了若干内置指令。因为内置指令是已经导入过的，故可以在组件中直接使用。

5.1.1　ngIf

如果希望根据某个条件来决定显示或隐藏一个元素，可以使用 ngIf 指令。这个条件是由传给指令的表达式的结果决定的。

如果表达式的结果返回一个假值，那么元素会从 DOM 上被移除。

例如，在模板中定义两个 div 标签，并嵌套 img 标签，给第一个元素添加 ngIf 指令，并设置为 false。

```
<div>
  <img *ngIf="false" src="assets/images/123.png" alt="女孩">
</div>
<div>
  <img src="assets/images/456.png" alt="男孩">
</div>
```

在谷歌浏览器中运行，第一张图片将不会显示，效果如图 5-1 所示。

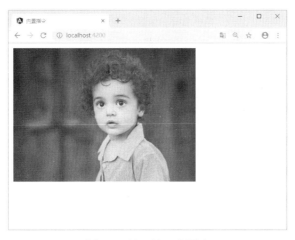

图 5-1　显示第二张图片

还可以使用以下几种情况来设置 img 元素的显示或隐藏：

```
<div *ngIf="a>b"></div>                  <!--如果a大于b，则显示-->
<div *ngIf="str == 'yes'"></div>         <!--如果str等于字符串"yes"，则显示-->
<div *ngIf="myFunc()"></div>             <!--如果myFunc返回一个真值，则显示-->
```

5.1.2　ngSwitch

有时需要根据一个给定的条件来渲染不同的元素。遇到这种情况时，可能会像下面这样多次使用 ngIf：

```
<div class="container">
    <div *ngIf="myVar=='A'">变量等于A</div>
    <div *ngIf="myVar=='B'">变量等于B</div>
    <div *ngIf="myVar!='A' && myVar!='B'">Var是另外一回事</div>
 </div>
```

当 myVar 的值既不是 A 也不是 B 时，代码变得相当烦琐，其实真正想表达的只是一个 else。随着添加的值越来越多，ngIf 的条件也会变得越来越烦琐。对于这种情况，Angular 引入了 ngSwitch 指令。

ngSwitch 对表达式进行一次求值，然后根据其结果来决定如何显示指令内的嵌套元素。一旦有了结果，就可以：

(1) 使用 ngSwitchCase 指令描述已知结果；

(2) 使用 ngSwitchDefault 指令处理所有其他未知情况。

使用这组新的指令来重写上面的例子：

```
<div class="container" [ngSwitch]="myVar">
    <div *ngSwitchCase="'A'">变量是A</div>
    <div *ngSwitchCase="'B'">变量是B</div>
    <div *ngSwitchDefault>变量是其他</div>
</div>
```

使用此指令扩展很方便，如果想处理新值 C，只需要插入一行：

```
<div class="container" [ngSwitch]="myVar">
    <div *ngSwitchCase="'A'">变量是A</div>
    <div *ngSwitchCase="'B'">变量是B</div>
    <div *ngSwitchCase="'C'">变量是C</div>
    <div *ngSwitchDefault>变量是其他 </div>
</div>
```

ngSwitchDefault 元素是可选的。如果不用它，那么当 myVar 没有匹配到任何期望的值时就不会渲染任何内容。

5.1.3　ngStyle

使用 ngStyle 指令，可以通过 Angular 表达式给特定的 DOM 元素设定 CSS 属性。该指令最简单的用法就是 [style.<cssproperty>]=value 的形式，例如下面的示例：

```
<div [style.background-color]="'yellow'">
   背景颜色为黄色
</div>
```

在谷歌浏览器中运行的效果如图 5-2 所示。

图 5-2　显示效果

这个代码片段就是使用 ngStyle 指令把 CSS 的 background-color 属性设置为字面量 yellow。

另一种设置固定值的方式就是使用 ngStyle 属性，即使用键值对来设置每个属性，例如下面示例：

```
<div [ngStyle]="{ 'background-color': 'red','color':'#fff'}">
   背景颜色为红色，字体颜色为白色
</div>
```

在谷歌浏览器中运行的效果如图 5-3 所示。

图 5-3　显示效果

注意 在 ngStyle 的说明中，对 background-color 使用了单引号，但却没有对 color 使用。这是为什么呢？因为 ngStyle 的参数是一个 JavaScript 对象，而 color 是一个合法的键，不需要引号。但是在 background-color 中，连字符是不允许出现在对象的键名当中的，除非它是一个字符串，因此使用了引号。

5.1.4　ngClass

ngClass 指令能动态设置和改变一个给定 DOM 元素的 CSS 类。

使用这个指令的第一种方式是传入一个对象字面量。该对象希望以类名作为键，而值应该是一个用来表明是否应该应用该类的真假值。

例如有一个 bordered 的 CSS 类，用来给元素添加一个黑色虚线边框。

```
.bordered {
  border: 1px dashed black;
  background-color: #eee;
}
```

在模板中定义两个 div 元素，并添加 bordered 类，分别设置为 false 和 true。

```
<div [ngClass]="{bordered:false}">
  第一个div
</div><br/>
<div [ngClass]="{bordered:true}">
  第二个div
</div>
```

在谷歌浏览器中运行，效果如图 5-4 所示。

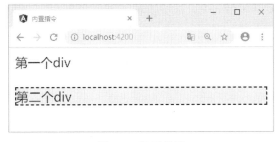

图 5-4　显示效果

可以发现，设置为 false 的 div 没有添加边框。

也可以使用一个类名列表来指定哪些类名会被添加到元素上。例如在下面示例中定义一个类名列表 ['color','font-size']：

```
<div [ngClass]="['color','font-size']">
  设置字体的颜色和大小
</div>
```

定义每个类的样式：

```
.color{
  color: red;
}
.font-size{
  font-size: 30px;
}
```

在谷歌浏览器中运行，效果如图 5-5 所示。

图 5-5　显示效果

5.1.5　ngFor

这个指令的任务是重复一个给定的 DOM 元素，每次重复都会从数组中取一个不同的值。它的语法是 *ngFor="et item of items"。

(1) let item 语法指定一个用来接收 items 数组中每个元素的变量。

(2) items 是来自组件控制器的一个集合。

下面来看一个简单的示例，在根组件的 .ts 文件中声明一个城市的数组：

```
public cities = ['北京', '上海', '广州'];
```

然后在根组件模板中使用 ngFor 把城市循环渲染出来。

```
<ul>
  <li *ngFor="let item of cities">
      {{item}}
  </li>
</ul>
```

在谷歌浏览器中运行，效果如图 5-6 所示。

图 5-6　显示效果

还可以使用 ngFor 来迭代一个数组对象，例如在根组件的 .ts 文件中创建一个数组对象：

```
public people:any=[
    {name:'张三',age:'15',class:'高二'},
    {name:'李四',age:'16',class:'高二'},
    {name:'王五',age:'15',class:'高二'},
    {name:'马六',age:'14',class:'高二'}
  ]
```

然后根据每一行数据在根组件模板中渲染出一个表格：

```
<table border="1">
  <tr>
    <th>name</th>
    <th>age</th>
    <th>class</th>
  </tr>
  <tr *ngFor="let p of people">
    <td>{{p.name}}</td>
    <td>{{p.age}}</td>
    <td>{{p.class}}</td>
  </tr>
</table>
```

在谷歌浏览器中运行，效果如图 5-7 所示。

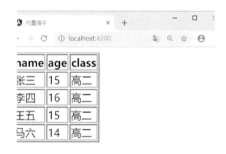

图 5-7　表格效果

还可以使用嵌套数组，如果想根据班级进行分组，可以定义一个新的对象数组：

```
public peopleClass:any=[
    {
      class:'高二',
      people:[
        {name:'张三',age:'15'},
        {name:'李四',age:'16'},
      ]
    },
    {
      class:'高一',
      people:[
        {name:'王五',age:'15'},
        {name:'马六',age:'14'}
      ]
    },
  ];
```

然后在模板中渲染。其中循环了两次，第一次把 class 循环出来，第二次把姓名和年龄循环出来。

注意

第二次循环的数据是在第一次循环数据的基础上实现的。

```
<div *ngFor="let p of peopleClass" >
  <h3>{{p.class}}</h3>
<table border="1">
  <tr>
    <th>name</th>
    <th>age</th>
  </tr>
  <tr *ngFor="let item of p.people">
    <td>{{item.name}}</td>
    <td>{{item.age}}</td>
  </tr>
</table>
</div>
```

在谷歌浏览器中运行，效果如图 5-8 所示。

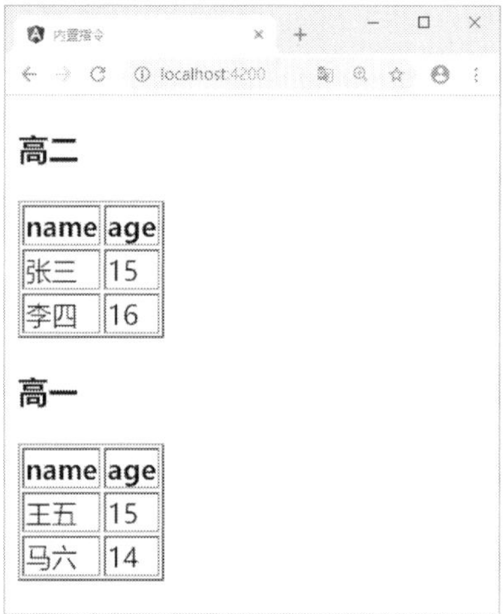

图 5-8　显示效果

在迭代数组时，有时可能也要获取每一项的索引。我们可以在 ngFor 指令的值中插入语法 let indexValue=index，并用分号分隔，这样就可以获取索引了。这时，Angular 会把当前的索引分配给提供的变量 indexValue。

注意

和 JavaScript 一样，索引都是从 0 开始的。因此第一个元素的索引是 0，第二个是 1，以此类推。

例如，更改本小节的第一个例子，代码如下：

```
<ul>
  <li *ngFor="let item of cities;let indexValue=index">
    {{indexValue+1}}-{{item}}
  </li>
</ul>
```

在谷歌浏览器中运行，在城市的前面会添加序号，效果如图 5-9 所示。

图 5-9　索引效果

5.1.6　ngNonBindable

有时想在模板中渲染纯文本 {{content}}，通常情况下，这段文本会被绑定到变量 content 的值上，因为使用了 {{}} 模板语法。若想告诉 Angular 不要编译或者绑定页面中的某个特殊部分，可以使用 ngNonBindable 指令。

例如下面的示例，创建两个 div，分别使用 {{}} 模板语法渲染，在第二个 div 中添加 ngNonBindable 指令。

```
<div>{{ content }}</div>
<div ngNonBindable>{{ content }}</div>
```

定义 content：

```
public content:any=`<h2>我是一个标题</h2>`;
```

有了 ngNonBindable，Angular 不会编译第二个 div 里的内容，而是原封不动地将其显示出来。在谷歌浏览器中运行，效果如图 5-10 所示。

图 5-10　ngNonBindable 效果

5.2　自定义指令

Angular 中的内置指令是有限的，要想实现更多的功能，我们可以自定义指令。
下面就来自定义一个简单的指令，实现隐藏元素的功能。

(1) 创建 hide-node 指令。使用以下控制台命令创建：

```
ng g directive directives/hide-node
```

创建 hide-node 指令，效果如图 5-11 所示。

图 5-11　创建 hide-node 指令

(2) 配置 hide-node.directive.ts 文件。

首先引入 ElementRef 模块：

```
import {Directive,ElementRef} from '@angular/core';
```

然后导出模块：

```
// 导出指令的模块
export class HideNodeDirective {
  // el 代表当前的元素
  constructor(el: ElementRef) {
    //设置当前元素隐藏
    el.nativeElement.style.display = "none"
  }
```

(3) 在模板中引用自定义的指令 appHideNode：

```
<div appHideNode>
   第一个div元素
</div>
<div>
   第二个div元素
</div>
```

在谷歌浏览器中运行项目，效果如图 5-12 所示。

图 5-12　自定义指令效果

5.3 案例实战：实现任务"备忘录"

本案例是一个实现任务"备忘录"的操作，实现了添加任务、删除任务和任务状态改变(是待办任务还是已完成任务)。

首先使用 angular cli 创建项目 memo，在项目路径中执行"ng new memo"，按 Enter 键，使用默认配置即可。项目完成后，创建一个 todolist 组件，执行"ng g component components/todolist"，在项目的 src 文件夹下将创建一个 components 文件夹，其中包含 todolist 组件。

然后在根组件 app.component.html 文件中引入 <app-todolist></app-todolist>。

提示

这里的 app-todolist 是在 todolist.component.ts 文件中定义的名称，它是 search 组件引用的名称。

在 todolist.component.html 文件中设计页面内容。页面主要包括添加任务的输入框、待办任务和已完成任务的列表。使用 *ngFor、*ngIf 指令循环和判断数据。

```
<div class="todolist">
  <h2>任务"备忘录"</h2>
  <div class="search">
    <input type="text" [(ngModel)]="keyword" (keydown)="doAdd($event)"
        placeholder="添加备忘任务"/>
  </div>
  <hr>
  <h3>待办任务</h3>
  <ul class="clear">
    <!--循环todolist-->
    <li *ngFor="let item of todolist;let key=index;">
    <!--使用*ngIf指令判断item.status==0，显示status==0的item.title-->
    <span *ngIf="item.status==0">
      <span class="task_input"><input type="checkbox" [(ngModel)]="item.
          status"/>{{item.title}}</span>
      <button (click)="del(key)" class="task_button">x</button><br/>
    </span>
    </li>
  </ul>
  <h3>已完成任务</h3>
  <ul class="clear">
    <li *ngFor="let item of todolist;let key=index;">
      <!--使用*ngIf指令判断item.status==1，显示status==1的item.title-->
    <span *ngIf="item.status==1">
      <span class="task_input"><input type="checkbox" [(ngModel)]="item.
          status"/>{{item.title}}</span>
      <button (click)="del(key)" class="task_button">x</button><br/>
    </span>
    </li>
  </ul>
</div>
```

在 todolist.component.css 文件中设计 CSS 样式，具体代码如下：

```css
.todolist{
  padding: 15px;
}
h2{
  text-align: center;
  margin:20px auto;
}
.search input{
  width: 100%;
  padding: 15px;
  box-sizing: border-box;
}
h3{
  margin-top: 15px;
  background: #eabea9;
}
.clear{
  overflow: hidden;
}
.clear li{
  margin: 5px auto;
}
.clear input{
  width: 16px;
  height: 16px;
}
.task_input{
  display: inline-block;
  float: left;
}
.task_button{
  display: inline-block;
  float: right;
  padding: 2px 5px;
  border-radius: 50%;
  box-sizing: border-box;
}
```

在 todolist.component.ts 文件中编写代码逻辑。

定义键盘事件的 doAdd() 方法处理新添加的任务，这里使用 push() 方法向数组 todolist 添加对象，对象中包括任务和一个 status。status 用来标记任务的状态，通过与页面中的多选框进行双向绑定，可切换任务的状态。

定义 del() 方法，用来删除对象的内容，通过页面中传递过来的索引值 key，使用 splice() 方法删除数据。

```typescript
export class TodolistComponent implements OnInit {
  public keyword:string='';
  public todolist:any[]=[];
  // 定义键盘keydown事件的方法
  doAdd(e){
    //keyCode==13表示回车键
    if(e.keyCode==13){
      if(!this.keyword){
        alert("不能为空");
        return;
      }
```

```
    //使用push()方法向数组中添加数据时，多添加一个状态指示值，用来区分待办任务和已完成任务
      this.todolist.push({
        title:this.keyword,
        status:0           // status表示状态，0代表待办任务，1代表已完成任务
      });
      this.keyword='';    // 清空输入框中的内容
    }
  }
  del(key){
    this.todolist.splice(key,1)
  }
  constructor(){ }
  ngOnInit() {}
}
```

接下来，在命令行中进入项目路径，执行"ng serve"命令，运行项目。在谷歌浏览器中打开默认的地址 http://localhost:4200/，效果如图 5-13 所示。

在"添加备忘录"输入框中输入任务，按下 Enter 键可添加任务。添加一些任务，效果如图 5-14 所示。

图 5-13　运行效果　　　图 5-14　添加任务

在"待办任务"列表中勾选多选框，status 的值将变为 1，根据页面中的判断，任务将显示在"已完成任务"列表中，如图 5-15 所示。当单击任务列表中的删除按钮后，对应的任务将删除，效果如图 5-16 所示。

图 5-15　已完成任务列表　　　图 5-16　删除任务效果

第6章

转换数据的管道

每个应用开始的时候差不多都是一些简单任务：获取数据，转换数据，然后把它们显示给用户。获取数据可以简单到创建一个局部变量，也可能复杂到从 WebSocket 中获取数据流。

一旦取到数据，就可以把它们原始值的 toString 结果直接推入视图中，但这种做法的用户体验不好。比如，几乎人人都更喜欢简单的日期格式，例如 1988-04-15，而不是服务端传过来的原始字符串格式——Fri Apr 15 1988 00:00:00 GMT-0700 (Pacific Daylight Time)。

显然，有些值最好显示成用户习惯的格式。你会发现，在很多不同的应用中，都在重复做出某些相同的变换。几乎可以把它们看做某种 CSS 样式，在使用的位置添加它们即可。

通过引入 Angular 管道（一种编写"从显示到值"转换逻辑的途径），可以把它声明在 HTML 中。

在学习本章前，首先使用 angular-cli 创建一个项目，在项目中创建一个 home 组件，本章内容在 home 组件中进行演示。

6.1　使用管道

在绑定之前，表达式的结果可能需要进行转换。例如，可能希望把数字显示成金额、强制文本变成大写，或者过滤列表以及进行排序。

使用 Angular 管道对这样的小型转换来说是个明智的选择。管道是一个简单的函数，它接受一个输入值，并返回转换结果。管道在模板表达式中使用很简单，只要使用管道操作符 (|) 就行了。例如把组件的 birthday 属性转换成更友好的日期格式。

```
import { Component } from '@angular/core';
@Component({
  selector: 'app-home',
  template: `<p>小明的出生日期: {{ birthday | date }}</p>`
})
export class HomeComponent{
  birthday = new Date(2008, 8, 15); // Aug 15, 2008
}
```

在谷歌浏览器中运行，使用管道后效果如图 6-1 所示。

图 6-1　使用管道后效果

上面示例中使用了 date 管道来转换小明的生日格式。

6.2　内置的管道

Angular 内置了一些管道，比如 DatePipe、UpperCasePipe、LowerCasePipe、CurrencyPipe 和 PercentPipe。 它们全都可以直接用在任何模板中。

6.2.1　大小写转换管道

使用 uppercase 管道将字符串转换为大写，使用 LowerCase 管道将字符串转换为小写。

```
import { Component} from '@angular/core';
@Component({
  selector: 'app-home',
  template: `
    <h5> 转换成大写: {{str | uppercase}}</h5>
    <br/>
    <h5> 转换成小写: {{str | lowercase}}</h5>
  `
})
export class HomeComponent {
    str='Made in China';
}
```

在谷歌浏览器中运行，大小写转换效果如图 6-2 所示。

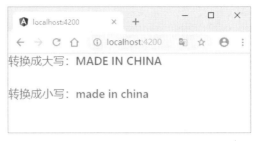

图 6-2　大小写转换效果

6.2.2　日期格式转换管道

日期管道 (date) 可以接受参数，用来规定输出日期的格式。

```
import { Component} from '@angular/core';
@Component({
  selector: 'app-home',
  template: `
    <p>现在的时间是: {{today | date:'yyyy-MM-dd HH:mm:ss'}}</p>
  `
})
export class HomeComponent {
  today= new Date();
}
```

在谷歌浏览器中运行，日期格式转换效果如图 6-3 所示。

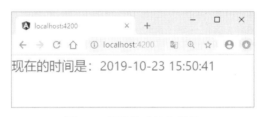

图 6-3　日期格式转换效果

6.2.3　小数位数管道

小数位数管道用来将数字处理为需要的小数格式。接受的参数格式如下：

{最少整数位数}.{最少小数位数}-{最多小数位数}

当小数位数少于规定的 { 最少小数位数 } 时，会自动补 0；当小数位数多于规定的 { 最多小数位数 } 时，会四舍五入。

```
import { Component} from '@angular/core';
@Component({
  selector: 'app-home',
  template: `
    <p>{{ decimals1| number:'3.2-4'}}</p>
    <p>{{ decimals2| number:'3.2-4'}}</p>
```

```
  `
})
export class HomeComponent {
  decimals1=88;
  decimals2=88.123456;
}
```

在谷歌浏览器中运行，小数位数转换效果如图 6-4 所示。

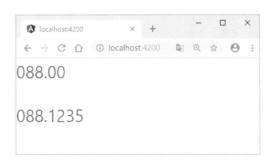

图 6-4　小数位数转换效果

6.2.4　货币管道

将数字转换为货币字符串，根据确定组的大小和分隔符，小数点字符以及其他特定于区域设置的规则进行格式化。currency 管道用来将数字转换为货币格式。当参数为 true 时显示 $ 符号。

```
import { Component} from '@angular/core';
@Component({
  selector: 'app-home',
  template: `
    <p>{{monetary | currency:'USD':false}}</p>
    <p>{{monetary | currency:'USD':true}}</p>
  `
})
export class HomeComponent {
  monetary:number = 88.88;
}
```

在谷歌浏览器中运行，货币转换效果如图 6-5 所示。

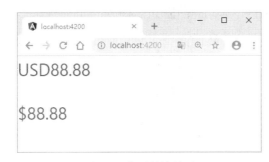

图 6-5　货币转换效果

6.2.5　对象序列化管道

使用 json 管道来实现对象序列化。这里 this 代表定义的 3 个属性。

```
import { Component} from '@angular/core';
@Component({
  selector: 'app-home',
  template: `
    <p>{{ this| json }}</p>
  `
})
export class HomeComponent {
  title="学生成绩";
  name="张三";
  grade="六年级";
}
```

在谷歌浏览器中运行，对象序列化效果如图 6-6 所示。

图 6-6　对象序列化

6.2.6　slice 管道

slice 管道用来截取字符串或者数组的内容。下面示例中用来截取字符串。

```
import { Component} from '@angular/core';
@Component({
  selector: 'app-home',
  template: `
    <p>{{ message | slice:6:9 }}</p>
  `
})
export class HomeComponent {
  message="beautiful";
}
```

在谷歌浏览器中运行，slice 管道作用的效果如图 6-7 所示。

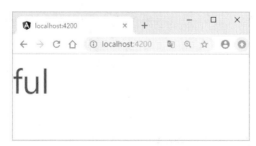

图 6-7　slice 管道作用效果

6.3　管道参数

管道可以接受任意数量的可选参数来对其输出进行微调。可以在管道名后面添加一个冒号 "："，再跟一个参数值，来为管道添加参数，如图 6-8 所示。

图 6-8　管道参数

如果这个管道可以接受多个参数，那么就用冒号来分隔这些参数值 (比如 slice:1:5)。

下面我们修改小明的生日模板，为这个日期管道提供一个格式化参数。格式化完小明的出生日期之后，它应该被渲染成 08/15/08。

```
@Component({
  selector: 'app-home',
  template: `<p>小明的出生日期: {{ birthday | date:"MM/dd/yy" }}</p>`
})
```

在谷歌浏览器中运行，使用管道参数的效果如图 6-9 所示。

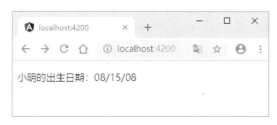

图 6-9　使用管道参数效果

参数值可以是任何有效的模板表达式，例如字符串字面量或组件的属性。换句话说，借助属性绑定，也可以像用绑定来控制出生日期的值一样，来控制出生日期的显示格式。

下面来写第二个组件，它把管道的格式参数绑定到该组件的 format 属性上。

还能在模板中添加一个按钮，并把它的单击事件绑定到组件的 toggleFormat() 方法。此方法会在短日期格式 ('shortDate') 和长日期格式 ('fullDate') 之间切换组件的 format 属性。

```
@Component({
  selector: 'app-home',
  template: `
    <p>小明的出生日期: {{ birthday | date:format }}</p>
    <button (click)="toggleFormat()">切换格式</button>
  `
})
export class HomeComponent{
  birthday = new Date(2008, 8, 15); // Aug 15, 2008
  toggle = true;
```

```
  get format() {
    return this.toggle ? 'shortDate' : 'fullDate';
  }
  toggleFormat(){
    this.toggle = !this.toggle;
  }
}
```

在谷歌浏览器中运行，短日期格式的效果如图 6-10 所示；单击"切换格式"按钮变成长日期格式，效果如图 6-11 所示。

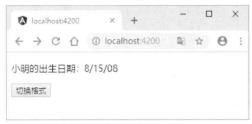

图 6-10　短日期格式　　　　　　　　　　　　图 6-11　长日期格式

6.4　链式管道

可以把管道串联在一起，组合出更有用的功能。下面这个例子中，把 birthday 串联到 date 管道，然后又串联到大写字母管道，这样就实现了出生日期大写形式，此时出生日期被显示成了 AUG 15, 2008。具体实现代码如下：

```
import { Component} from '@angular/core';
@Component({
  selector: 'app-home',
  template: `
    <p>小明的出生日期: {{ birthday | date | uppercase}}</p>
  `
})
export class HomeComponent {
  birthday=new Date(2008, 8, 15);
}
```

在谷歌浏览器中运行，使用链式管道的效果如图 6-12 所示。

图 6-12　使用链式管道的效果

下面示例用同样的方式链接两个管道，并且同时还给 date 管道传入一个参数 fullDate。

```
import { Component} from '@angular/core';
@Component({
  selector: 'app-home',
  template: `
    <p>小明的出生日期: {{ birthday | date:'fullDate'| uppercase }}</p>
  `
})
export class HomeComponent {
  birthday=new Date(2008, 8, 15);
}
```

在谷歌浏览器中运行，使用链式管道并添加参数的效果如图 6-13 所示。

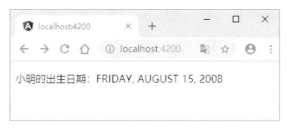

图 6-13　使用链式管道并添加参数的效果

6.5　自定义管道

除了上面介绍的内置管道以外，我们还可以根据需要自定义管道。

6.5.1　实现自定义管道

下面就来定义一个名叫 power 的管道，用以计算原数据和参数的乘积。
使用以下命令创建该管道：

```
ng g pipe pipes/power
```

创建的管道和组件一样，创建完成以后，需要在根模块中引入：

```
import { PowerPipe } from './pipes/power.pipe';
declarations: [
    AppComponent,
    HomeComponent,
    PowerPipe
  ],
```

创建完成以后，管道 power.pipe.ts 文件中的代码如下：

```
import { Pipe, PipeTransform } from '@angular/core';
@Pipe({
```

```
    name: 'power'
})
export class PowerPipe implements PipeTransform {
  transform(value: any, ...args: any[]): any {
    return null;
  }
}
```

在这个管道的定义中体现了以下几个关键点。

● 管道是一个带有"管道元数据"(pipe metadata) 装饰器的类。

● 这个管道类实现了 PipeTransform 接口的 transform() 方法，该方法接受一个输入值和一些可选参数，并返回转换后的值。

● 当每个输入值被传给 transform() 方法时，还会带上另一个参数。

● 可以通过 @Pipe 装饰器来告诉 Angular：这是一个管道。该装饰器是从 Angular 的 core 库中引入的。

● 这个 @Pipe 装饰器允许定义管道的名字，这个名字会被用在模板表达式中。它必须是一个有效的 JavaScript 标识符。例如，这个管道的名字是 power。

提示

　　transform() 方法是管道的基本要素。在 PipeTransform 接口中定义 transform() 方法，并用它指导各种工具和编译器。Angular 不会管它，而是直接查找并执行 transform() 方法。

下面在管道中定义 transform() 方法，计算原数据与参数相乘的值，代码如下：

```
export class PowerPipe implements PipeTransform {
  transform(value: number, args:number): any {
    // 判断，如果不存在args参数时，默认为2
    if(!args){
      args=2;
    }
    //计算出原数据与参数相乘的值
    return value*args;
  }
}
```

其中，value 是原数据，args 是参数。

下面在 home 组件中使用我们定义的管道。首先定义一个 sum 属性，然后在模板中使用管道：

```
import { Component } from '@angular/core';
@Component({
  selector: 'app-home',
  template: `
    <p>最终的结果是: {{sum | power}}(没有参数的情况下，默认为2)</p>
    <p>最终的结果是: {{sum | power:3}}(有参数的情况下)</p>
  `
})
export class HomeComponent{
```

```
    sum=10;
}
```

在谷歌浏览器中运行，自定义管道效果如图 6-14 所示。

图 6-14　自定义管道效果

注意

要注意以下几点。

①使用自定义管道的方式和内置管道完全相同。

②必须把管道添加到 AppModule 的 declarations 数组中。

③如果选择将管道注入 inject 类中，则必须将管道包含在 NgModule 的 providers 数组中。

6.5.2　组合双向数据绑定

还可以把上面自定义的管道和 ngModel 双向数据绑定组合起来。要使用双向数据绑定，首先在根模块中引入并声明 FormsModule 模块：

```
import { FormsModule } from '@angular/forms';
imports: [
    FormsModule
  ],
```

下面是具体实现代码：

```
import { Component } from '@angular/core';
@Component({
  selector: 'app-home',
  template: `
    <div>原数据: <input [(ngModel)]="sum"></div>
    <div>参数: <input [(ngModel)]="args"></div>
    <p>
      计算结果: {{sum |power:args}}
    </p>
  `
})
export class HomeComponent{
  sum=10;
```

```
    args=2;
}
```

在谷歌浏览器中运行，在参数输入框中，填写参数，在其下面会显示计算的结果，效果如图 6-15 所示。

图 6-15　组合双向数据绑定效果

第7章

表单的应用

用表单处理用户输入是许多应用的基础功能。应用通过表单来让用户登录、修改个人档案、输入敏感信息以及执行各种数据输入任务。

7.1 Angular 表单简介

Angular 提供了两种通过表单处理用户输入的方法：响应式表单和模板驱动表单。两者都从视图中捕获用户输入事件、验证用户输入、创建表单模型、修改数据模型，并提供跟踪这些更改的途径。

不过，响应式表单和模板驱动表单在处理和管理表单及数据方面各有优势，说明如下：

- 响应式表单更健壮，它们的可扩展性、可复用性和可测试性更强。如果表单是应用中的关键部分，或者已经准备使用响应式编程模式来构建应用，应使用响应式表单。
- 模板驱动表单在向应用中添加简单的表单时非常有用，例如邮件列表的登记表单。它们很容易添加到应用中，但是不像响应式表单那么容易扩展。如果有非常基本的表单需求和简单到能用模板管理的逻辑，推荐使用模板驱动表单。

响应式表单和模板驱动表单共享一些底层构造块，具体如下。

- FormControl 用于追踪单个表单控件的值和验证状态。
- FormGroup 用于追踪一个表单控件组的值和状态。
- FormArray 用于追踪表单控件数组的值和状态。
- ControlValueAccessor 用于在 Angular 的 FormControl 实例和原生 DOM 元素之间创建一个桥梁。

响应式表单和模板驱动表单都是用表单模型来跟踪 Angular 表单和表单输入元素之间值的变化。下面的例子展示了如何定义和创建表单模型。

在介绍前先使用 angular-cli 创建一个项目，然后创建一个组件 home，并在根组件的模板中引入 home 组件：

```
<app-home></app-home>
```

要在项目中使用响应式表单和模板驱动表单，需要在根模块 (app.module.ts) 中引入并注册它们，代码如下：

```
//引入模板驱动式表单模块和引入响应式表单模块
import {FormsModule,ReactiveFormsModule} from "@angular/forms";
imports: [
...
//注入模块
    FormsModule,
    ReactiveFormsModule
  ],
```

1. 在响应式表单中建立

下面在 home.component.ts 文件中输入以下内容，使用响应式表单实现单个控件。

```
import { Component} from '@angular/core';
import { FormControl } from '@angular/forms';
@Component({
  selector: 'app-home',
  styleUrls: ['./home.component.css'],
  template: `
    最喜欢的颜色: <input type="text" [formControl]="favoriteColor">
  `
})
export class HomeComponent{
  favoriteColor = new FormControl('');
}
```

在谷歌浏览器中运行，使用响应式表单实现单个控件的效果如图 7-1 所示。

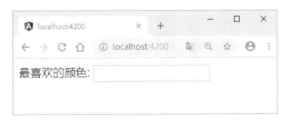

图 7-1　使用响应式表单实现单个控件

数据源负责提供指定时间点上表单元素的值和状态。在响应式表单中，表单模式充当数据源。上例中的表单模型就是 FormControl 的实例。

在响应式表单中，表单模型是显式定义在组件类中的。响应式表单指令 (这里是 FormControlDirective) 会把这个现有的表单控件实例通过数据访问器 (ControlValueAccessor

的实例）来指派给视图中的表单元素。

2. 在模板驱动表单中建立

下面更改 home.component.ts 文件中的内容，使用模板驱动表单实现单个控件。

```
import { Component} from '@angular/core';
@Component({
  selector: 'app-home',
  styleUrls: ['./home.component.css'],
  template: `
    最喜欢的水果: <input type="text" [(ngModel)]="favoriteFruit">
  `
})
export class HomeComponent{
  favoriteFruit = '';
}
```

在谷歌浏览器中运行，使用模板驱动表单实现单个控件的效果如图 7-2 所示。

图 7-2　使用模板驱动表单实现单个控件

在模板驱动表单中，数据源是模板。表单模型的抽象促使了结构的简化。模板驱动表单的 NgModel 指令负责创建和管理指定表单元素上的表单控件实例。

7.2 响应式表单

响应式表单用一种模型驱动的方式来处理表单输入，其中的值会随时间而变化。本节将介绍如何创建和更新单个表单控件，然后在一个分组中使用多个控件，验证表单的值，以及如何实现更高级的表单。

响应式表单使用显式的、不可变的方式来管理表单在特定时间点上的状态。对表单状态的每一次变更都会返回一个新的状态，这样可以在变化时维护模型的整体性。响应式表单是围绕 Observable 的流构建的，表单的输入和值都是通过这些输入值组成的流来提供的，它可以同步访问。

响应式表单与模板驱动式表单有着显著的不同。响应式表单通过对数据模型的同步访问提供更多的可预测性，使用 Observable 的操作符提供不可变性，并且通过 Observable 流提供变化追踪功能。如果更喜欢在模板中直接访问数据，那么模板驱动式表单会显得更明确，因为它们依赖嵌入到模板中的指令，并借助可变数据来异步跟踪变化。

7.2.1 添加表单控件

本节将描述如何添加单个表单控件。这里的例子允许用户在输入框中输入自己的名字，捕获输入的值，并把表单控件元素的当前值显示出来。

1. 注册 ReactiveFormsModule

要使用响应式表单，就要从 @angular/forms 包中导入 ReactiveFormsModule 并把它添加到 NgModule 的 imports 数组中：

```
import { ReactiveFormsModule } from '@angular/forms';
@NgModule({
  imports: [
    // other imports ...
    ReactiveFormsModule
  ],
})
export class AppModule { }
```

2. 生成并导入一个新的表单控件

为该控件生成一个组件，也就是我们创建的 home 组件。

```
ng generate component home
```

当使用响应式表单时，FormControl 类是最基本的构造块。要注册单个的表单控件，要在组件中导入 FormControl 类，并创建一个 FormControl 的新实例，把它保存在类的某个属性中，代码如下：

```
import { Component} from '@angular/core';
import { FormControl } from '@angular/forms';
@Component({
  selector: 'app-home',
  templateUrl: './home.component.html',
  styleUrls: ['./home.component.css'],
})
export class HomeComponent{
  name = new FormControl('123');
}
```

可以用 FormControl 的构造函数设置初始值，这个例子中它是空字符串。通过在组件类中创建这些控件，可以直接对表单控件的状态进行监听、修改和校验。

3. 在模板中注册该控件

在组件类中创建控件之后，还要把它和模板中的一个表单控件关联起来。修改模板，为表单控件添加 formControl 绑定，formControl 是由 ReactiveFormsModule 中的 FormControlDirective 提供的，代码如下：

```
<label>
  Name:<input type="text" [formControl]="name">
</label>
```

使用这种模板绑定语法，把表单控件注册给模板中名为 name 的输入元素。这样表单控件和 DOM 元素就可以互相通信了：视图会反映模型中的变化，模型也会反映视图中的变化。

4. 显示组件

把组件添加到根模板 (app.component.html) 中，将显示指派给 name 的表单控件。

```
<app-home></app-home>
```

在谷歌浏览器中运行，表单控件效果如图 7-3 所示。

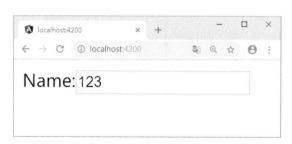

图 7-3　表单控件效果

7.2.2　管理控件的值

响应式表单可以让用户访问表单控件当前的状态和值。可以通过组件类或组件模板操纵其当前状态和值。下面的示例会显示及修改 FormConrol 实例的值。

1. 显示表单控件的值

在 home.component.html 模板中使用插值表达式显示当前值，代码如下：

```
<label>
  Name:<input type="text" [formControl]="name">
</label>
<p>
  Value: {{ name.value }}
</p>
```

在谷歌浏览器中运行项目，然后在表单中输入"李白"，value 的值也将变成"李白"，效果如图 7-4 所示。

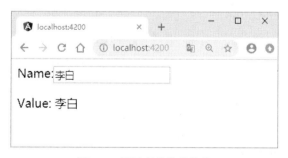

图 7-4　显示表单控件的值

一旦修改了表单控件所关联的元素，这里显示的 value 值也会跟着变化。

2. 替换表单控件的值

响应式表单还可以用编程的方式修改控件的值，使用户灵活地修改控件的值而不需要借助用户交互。FormControl 提供了一个 setValue() 方法，它可以修改这个表单控件的值，并且验证与控件结构相对应的值的结构。例如，当从后端 API 或服务接收到表单数据时，可以通过 setValue() 方法把原来的值替换为新的值。

下列的示例向组件类中添加了一个方法，它使用 setValue() 方法来修改控件的值，这里是把值修改为"杜甫"。

```
updateName() {
  this.name.setValue('杜甫');
}
```

修改模板，添加一个按钮，用于模拟改名操作。

```
<p>
  <button (click)="updateName()">更新姓名</button>
</p>
```

在单击"更新姓名"按钮之前，表单控件元素中输入的任何值都会变更 updateName() 方法中定义的值。

在谷歌浏览器中运行，单击"更改姓名"按钮，效果如图 7-5 所示。

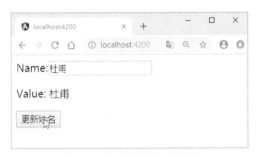

图 7-5　替换表单控件的值

由于表单模型是该控件的数据源，因此当单击该按钮时，组件中输入框中的值也会变化，覆盖掉它的当前值。

注意

在这个示例中，只使用了单个控件，但是当调用 FormGroup 或 FormArray 的 setValue() 方法时，传入的值则必须匹配控件组或控件数组的结构才行。

7.2.3　把表单控件分组

就像 FormControl 的实例能控制单个输入框所对应的控件一样，FormGroup 的实例也能跟踪一组 FormControl 实例 (例如一个表单) 的表单状态。当创建 FormGroup 时，其中的每个控件都会根据其名字进行跟踪。下列示例展示了如何管理单个控件组中的多个 FormControl 实例。

还是以 home 组件为例，清空上面示例的代码。然后从 @angular/forms 包中导入 FormGroup 和 FormControl 类：

```
import { FormGroup, FormControl } from '@angular/forms';
```

1. 创建 FormGroup 实例

在组件类中创建一个名叫 formGroupObj 的属性，并设置为 FormGroup 的一个新实例。初始化这个 FormGroup，为构造函数提供一个由控件组成的对象，对象中的每个名字都要和表单控件的名字一一对应。添加两个 FormControl 实例，名字分别为 firstName 和 lastName。

```
import { Component } from '@angular/core';
import { FormGroup, FormControl } from '@angular/forms';
@Component({
  selector: 'app-home',
  templateUrl: './home.component.html',
  styleUrls: ['./home.component.css'],
})
export class HomeComponent{
  formGroupObj = new FormGroup({
    firstName: new FormControl('123'),
    lastName: new FormControl('456'),
  });
}
```

现在，这些独立的表单控件被收集到一个控件组中。这个 FormGroup 用对象的形式提供它的模型值，这个值来自组中每个控件的值。FormGroup 实例拥有和 FormControl 实例相同的属性和方法 (例如 setValue())。

2. 关联 FormGroup 的模型和视图

这个表单组还能跟踪其中每个控件的状态及其变化，所以如果其中的某个控件的状态或值变化了，父控件也会发出一次新的状态变更或值变更事件。该控件组的模型来自它的所有成员。在定义这个模型之后，必须更新模板，以把该模型反映到视图中。

```
<form [formGroup]="formGroupObj">
  <label>
    First Name:<input type="text" formControlName="firstName">
  </label><br/>
  <label>
    Last Name:<input type="text" formControlName="lastName">
  </label>
</form>
```

在谷歌浏览器中运行，表单控件分组效果如图 7-6 所示。

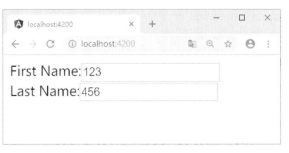

图 7-6　表单控件分组效果

注意

　　就像表单控件所包含的控件一样，formGroupObj 控件也通过表单控件指令绑定到了 form 元素，在该模型和表单中的输入框之间创建了一个通信层。由 FormControlName 指令提供的 formControlName 属性把每个输入框和表单控件中定义的表单控件绑定在一起。这些表单控件会和相应的元素通信，并把更改传递给表单控件，这个表单控件是模型值的数据源。

7.2.4　保存表单数据

　　home 组件从用户那里获得输入，但在真实的场景中，可能想要先捕获表单的值，等将来在组件外部进行处理。formGroup 指令会监听 form 元素发出的 submit 事件，并发出一个 ngSubmit 事件，可以绑定一个回调函数。

　　把 onSubmit() 回调方法添加为 form 标签上的 ngSubmit 事件监听器：

```
<form [formGroup]="formGroupObj " (ngSubmit)="onSubmit()">
```

　　home 组件上的 onSubmit() 方法会捕获 formGroupObj 的当前值。要保持该表单的封装性，就要用 EventEmitter 向组件外部提供该表单的值。

　　下面的示例会使用 console.warn 把这个值记录到浏览器的控制台中：

```
onSubmit() {
  console.warn(this. formGroupObj.value);
}
```

　　form 标签所发出的 submit 事件是原生 DOM 事件，通过单击类型为 submit 的按钮可以触发本事件。

　　在表单的底部添加一个 button，用于触发表单提交。

```
<button type="submit" (click)="onSubmit()">Submit</button>
```

　　在谷歌浏览器中运行，单击 Submit 按钮，效果如图 7-7 所示。

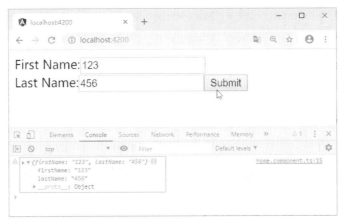

图 7-7　控制台打印效果

7.2.5　嵌套的表单组

要构建复杂的表单，如果能在更小的分区中管理不同类别的信息就会更容易，而有些信息分组可能会自然地汇入另一个更大的组中。使用嵌套的 FormGroup 可以把大型表单组织成一些稍小的、易管理的分组。

1. 创建嵌套的分组

"地址"就是可以把信息进行分组的绝佳范例。FormGroup 可以同时接纳 FormControl 和 FormGroup 作为子控件，这使得那些比较复杂的表单模型可以更易于维护、更有逻辑性。要想在 formGroupObj 中创建一个嵌套的分组，需添加一个内嵌的名叫 address 的元素指向这个 FormGroup 实例。

```
import { Component } from '@angular/core';
import { FormGroup, FormControl } from '@angular/forms';
@Component({
  selector: 'app-home',
  templateUrl: './home.component.html',
  styleUrls: ['./home.component.css'],
})
export class HomeComponent{
  formGroupObj = new FormGroup({
    firstName: new FormControl('123'),
    lastName: new FormControl('456'),
    address: new FormGroup({
      street: new FormControl('街道'),
      city: new FormControl('城市'),
      state: new FormControl('国家'),
      zip: new FormControl('邮政编码')
    })
  });
  onSubmit() {
    console.warn(this. formGroupObj.value);
  }
}
```

在这个示例中，address 把现有的 firstName、lastName 控件和新的 street、city、state 和 zip 控件组合在一起。虽然 address 是 formGroupObj 这个整体 FormGroup 的一个子控件，但是仍然适用同样的值和状态的变更规则。来自内嵌控件组的状态和值的变更将会冒泡到它的父控件组，以维护整体模型的一致性。

2. 在模板中分组内嵌的表单

在修改了组件类中的模型之后，还要修改模板，以把这个 FormGroup 实例对接到它的输入元素。

把包含 street、city、state 和 zip 字段的 address 表单组添加到模板中。

```
<form [formGroup]="formGroupObj">
  <label>
    First Name:<input type="text" formControlName="firstName">
  </label><br/>
  <label>
    Last Name:<input type="text" formControlName="lastName">
  </label>
  <button type="submit" (click)="onSubmit()">Submit</button>
  <div formGroupName="address">
    <h3>Address</h3>
    <label>
      Street:
      <input type="text" formControlName="street">
    </label>
    <label>
      City:
      <input type="text" formControlName="city">
    </label>
    <label>
      State:
      <input type="text" formControlName="state">
    </label>
    <label>
      Zip:
      <input type="text" formControlName="zip">
    </label>
  </div>
</form>
```

在谷歌浏览器中运行，嵌套的表单组效果如图 7-8 所示。

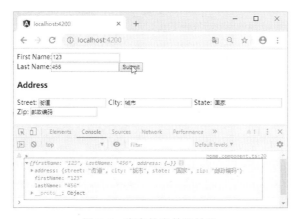

图 7-8　嵌套的表单组效果

Home表单显示为一个组，但是将来这个模型会被进一步细分，以表示逻辑分组区域。

7.2.6　部分模型更新

当修改包含多个 FormGroup 实例的值时，可能只希望更新模型中的一部分，而不是完全替换。本节将介绍如何更新 AbstractControl 模型中的一部分。

更新模型值的方式有以下两种。

（1）使用 setValue() 方法为单个控件设置新值。setValue() 方法会严格遵循表单组的结构，并整体替换控件的值。

（2）使用 patchValue() 方法可以用对象中所定义的任何属性替换表单模型。

setValue() 方法的严格检查可以捕获复杂表单嵌套中的错误，而 patchValue() 方法在遇到那些错误时可能会无能为力。

在 HomeComponent 中，使用 updateHome() 方法传入下列数据可以更新用户的名字与街道住址。

```
updateHome() {
    this.formGroupObj.patchValue({
      firstName: '苏轼',
      address: {
        city: '北京'
      }
    });
  }
```

通过往模板中添加按钮来模拟一次更新操作，以修改用户信息。

```
<p>
    <button (click)="updateHome()">更新信息</button>
</p>
```

在谷歌浏览器中运行，当单击"更新信息"按钮时，formGroupObj 模型中只有 firstName 和 city 被修改了，效果如图 7-9 所示。

图 7-9　firstName 和 city 被修改效果

7.2.7 使用 FormBuilder 生成表单控件

当需要与多个表单打交道时，手动创建多个表单控件实例会非常烦琐。FormBuilder 服务提供了一些便捷方法来生成表单控件。

下面会重构 home 组件，用 FormBuilder 来代替手工创建这些 FormControl 和 FormGroup 实例的操作。

1. 导入 FormBuilder 类

从 @angular/forms 包中导入 FormBuilder 类。

```
import {FormBuilder} from '@angular/forms';
```

2. 注入 FormBuilder 服务

FormBuilder 是一个可注入的服务提供商，它是由 ReactiveFormModule 提供的。只要把它添加到组件的构造函数中就可以注入这个依赖。

```
constructor(private fb: FormBuilder){}
```

3. 生成表单控件

FormBuilder 服务有三个方法：control()、group() 和 array()。这些方法都是工厂方法，用于在组件类中分别生成 FormControl、FormGroup 和 FormArray。

用 group() 方法来创建 formGroupObj 控件。

```
import { Component } from '@angular/core';
import { FormGroup, FormControl } from '@angular/forms';
import {FormBuilder} from '@angular/forms';
@Component({
  selector: 'app-home',
  templateUrl: './home.component.html',
  styleUrls: ['./home.component.css'],
})
export class HomeComponent{
  constructor(private fb: FormBuilder){}
  formGroupObj = this.fb.group({
    firstName: ['123'],
    lastName: ['456'],
    address: this.fb.group({
      street: ['街道'],
      city: ['城市'],
      state: ['国家'],
      zip: ['邮编']
    }),
  });
}
```

模板内容和前面的示例一样。在这个示例中，可以使用 group() 方法，用和前面一样的名字来定义这些属性。这里每个控件名对应的值都是一个数组，这个数组中的第一项是其初始值。

在谷歌浏览器中运行，使用 FormBuilder 生成表单控件的效果如图 7-10 所示。

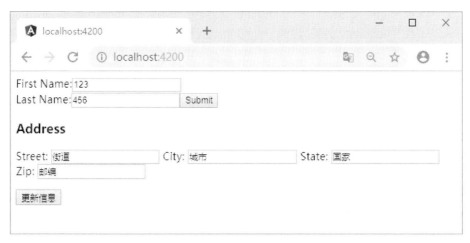

图 7-10 使用 FormBuilder 生成表单控件的效果

注意　　可以只使用初始值来定义控件，但是如果控件还需要同步或异步验证器，那就在这个数组中的第二项和第三项提供同步和异步验证器。

7.2.8 表单验证

验证是管理任何表单时必备的一部分。无论是检查必填项，还是查询外部 API 来检查用户名是否已存在，Angular 都会提供一组内置的验证器，以及创建自定义验证器所需的能力。

● 响应式表单把自定义验证器定义成函数，以要验证的控件作为参数。
● 模板驱动表单和模板指令紧密相关，并且必须提供包装了验证函数的自定义验证器指令。

表单验证用于验证用户的输入，以确保其完整和正确。下面介绍如何把单个验证器添加到表单控件中，以及如何显示表单的整体状态。

1. 导入验证器函数

响应式表单包含一组开箱即用的常用验证器函数。这些函数接收一个控件，用以验证并根据验证结果返回一个错误对象或空值。

从 @angular/forms 包中导入 Validators 类。

```
import { Validators } from '@angular/forms';
```

2. 把字段设为必填（required）

最常见的校验项是把一个字段设为必填项。下面为 firstName 控件添加必填项验证器。在 home 组件中，把静态方法 Validators.required 设置为 firstName 控件值数组中的第二项。

```
formGroupObj= this.fb.group({
  firstName: ['', Validators.required],
  lastName: [''],
  address: this.fb.group({
    street: [''],
    city: [''],
    state: [''],
    zip: ['']
  }),
});
```

HTML5 有一组内置的属性，用来进行原生验证，包括 required、minlength、maxlength 等。虽然是可选的，不过也可以在表单的输入元素上把它们添加为附加属性。这里把 required 属性添加到 firstName 输入元素上。

```
<input type="text" formControlName="firstName" required>
```

> **注意**
>
> 　　这些 HTML5 验证器属性可以和 Angular 响应式表单提供的内置验证器组合使用。组合使用这两种验证器，可以防止在模板检查完之后表达式再次被修改导致的错误。

在表单控件上添加一个必填字段时，它的初始值是无效的（invalid）。这种无效状态会传播到其父元素 FormGroup 中，也让这个 FormGroup 的状态变为无效。可以通过 FormGroup 实例的 status 属性来访问它的当前状态。

使用插值表达式显示 formGroupObj 的当前状态。

```
<p>
  Form Status: {{ formGroupObj.status }}
</p>
```

提交按钮被禁用了，因为 firstName 控件的必填项规则导致 formGroupObj 也是无效的，效果如图 7-11 所示；在填写了 FirstName 输入框之后，该表单就变成有效的，并且提交按钮也启用了，效果如图 7-12 所示。

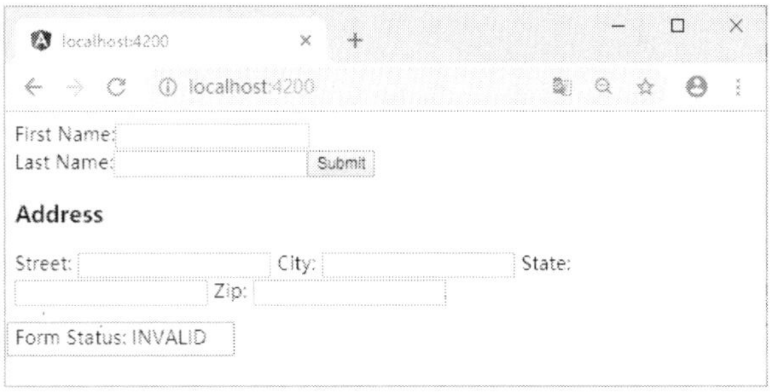

图 7-11 不填写"必填项"效果

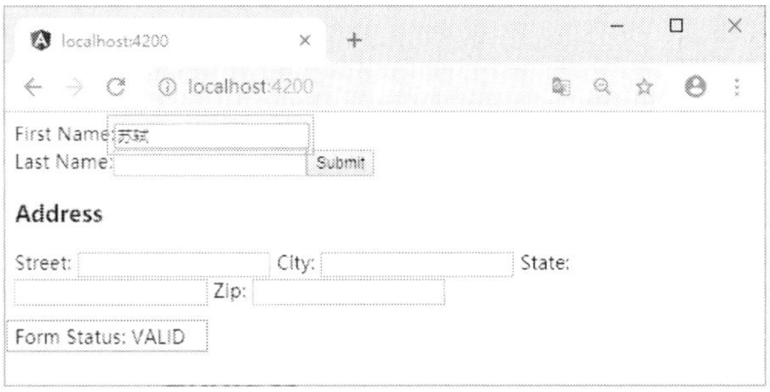

图 7-12 填写"必填项"效果

7.2.9 使用表单数组管理动态控件

FormArray 是 FormGroup 之外的另一个选择，用于管理任意数量的匿名控件。像 FormGroup 实例一样，也可以在 FormArray 中动态插入和移除控件，并且 FormArray 实例的值和验证状态也是根据它的子控件计算得来的。不过，不需要为每个控件定义一个名字作为 key。因此，如果事先不知道子控件的数量，FormArray 是一个很好的选择。下面的示例展示了如何在 home 中管理一组绰号（aliases）。

1. 导入 FormArray

从 @angular/form 中导入 FormArray，以使用它的类型信息。

```
import { FormArray } from '@angular/forms';
```

2. 定义 FormArray

通过把一组（从零项到多项）控件定义在一个数组中来初始化 FormArray。为 formGroupObj 添加一个 aliases 属性，把它定义为 FormArray 类型。

使用 FormBuilder.array() 方法定义该数组，并用 FormBuilder.control() 方法往该数组中添加一个初始控件。

```
formGroupObj = this.fb.group({
    firstName: ['', Validators.required],
    lastName: [''],
    address: this.fb.group({
```

```
        street: [''],
        city: [''],
        state: [''],
        zip: ['']
    }),
    aliases: this.fb.array([
        this.fb.control('')
    ])
});
```

FormGroup 中的 aliases 控件现在管理着一个控件，将来还可以动态添加多个控件。

3. 访问 FormArray 控件

相对于重复使用 formGroupObj.get() 方法获取每个实例的方式，getter 可以轻松访问表单数组各个实例中的别名。表单数组实例用一个数组来代表未定数量的控件。通过 getter 来访问控件很方便，这种方法还能很容易地重复处理更多控件。

使用 getter 语法创建类属性 aliases，以从父表单组中接收表示绰号的表单数组控件。

```
get aliases() {
    return this.formGroupObj.get('aliases') as FormArray;
}
```

注意　　因为返回的控件的类型是 AbstractControl，所以要为该方法提供一个显式的类型声明来访问 FormArray 特有的语法。

定义一个方法把绰号控件动态插入 FormArray 中。用 FormArray.push() 方法把该控件添加为数组中的新条目。

```
addAlias(){
    this.aliases.push(this.fb.control(''));
}
```

在这个模板中，这些控件会被迭代，把每个控件都显示为一个独立的输入框。

4. 在模板中显示表单数组

要想为表单模型添加 aliases，必须把它加入模板中供用户输入。和 Form Group Name Directive 提供的 formGroupName 一样，Form Array Name Directive 也使用 formArrayName 在 FormArray 实例和模板之间建立绑定。

在 formGroupName<div> 元素的结束标签下方，添加一段模板 HTML。

```
<div formArrayName="aliases">
  <h3>Aliases</h3> <button (click)="addAlias()">Add Alias</button>
  <div *ngFor="let address of aliases.controls; let i=index">
    <label>
      Alias:
      <input type="text" [formControlName]="i">
    </label>
  </div>
</div>
```

在谷歌浏览器中运行项目，单击页面中的 Add Alias 按钮，将动态插入表单控件，效果如图 7-13 所示。

图 7-13　使用表单数组动态插入效果

提示

　　*ngFor 指令对 aliases FormArray 提供的每个 FormControl 进行迭代。因为 FormArray 中的元素是匿名的，所以要把索引号赋值给 i 变量，并且把它传递给每个控件的 formControlName 输入属性。

每当新的 alias 加进来时，FormArray 的实例就会基于这个索引号提供它的控件。这将允许在每次计算根控件的状态和值时跟踪每个控件。

7.2.10　响应式表单 API

用于创建和管理表单控件的基础类和指令分别如表 7-1 和表 7-2 所示。

表 7-1　基础类

类	说　明
AbstractControl	所有三种表单控件类 (FormControl、FormGroup 和 FormArray) 的抽象基类。它提供了一些公共的行为和属性
FormControl	管理单个表单控件的值和有效性状态。它对应于 HTML 的表单控件，比如 <input> 或 <select>
FormGroup	管理一组 AbstractControl 实例的值和有效性状态。该组的属性中包括它的子控件。组件中的顶级表单就是 FormGroup
FormArray	管理一些 AbstractControl 实例数组的值和有效性状态
FormBuilder	一个可注入的服务，提供一些用于创建控件实例的工厂方法

表 7-2　指令

指　令	说　明
FormControlDirective	把一个独立的 FormControl 实例绑定到表单控件元素
FormControlName	把一个现有 FormGroup 中的 FormControl 实例根据名字绑定到表单控件元素
FormGroupDirective	把一个现有的 FormGroup 实例绑定到 DOM 元素
FormGroupName	把一个内嵌的 FormGroup 实例绑定到 DOM 元素
FormArrayName	把一个内嵌的 FormArray 实例绑定到 DOM 元素

7.3 模板驱动表单

开发表单需要设计能力，而框架支持双向数据绑定、变更检测、验证和错误处理。
接下来将会学习如何：

- 用组件和模板构建 Angular 表单；
- 用 ngModel 创建双向数据绑定，以读取和写入输入控件的值；
- 跟踪状态的变化，并验证表单控件；
- 使用特殊的 CSS 类来跟踪控件的状态并给出视觉反馈；
- 向用户显示验证错误提示，以及启用 / 禁用表单控件；
- 使用模板引用变量在 HTML 元素之间共享信息。

通常，使用 Angular 模板语法编写模板，并结合表单专用指令和技术来构建表单。

提示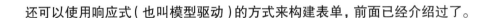

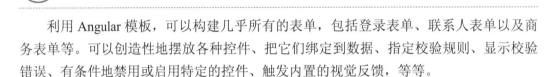
还可以使用响应式（也叫模型驱动）的方式来构建表单，前面已经介绍过了。

利用 Angular 模板，可以构建几乎所有的表单，包括登录表单、联系人表单以及商
务表单等。可以创造性地摆放各种控件、把它们绑定到数据、指定校验规则、显示校验
错误、有条件地禁用或启用特定的控件、触发内置的视觉反馈，等等。

下面我们来看一个学生登记表的示例。它记录了学生的姓名、年级和兴趣爱好。

表单中的三个字段，其中两个是必填的。必填字段的左侧有个绿色的竖条，方便用户
分辨哪些是必填项。如果删除了学生的名字，表单就会用醒目的样式把验证错误显示出来。

下面就来看一下具体的实现步骤。

1. 准备工作

创建一个名为 angular-forms 的新项目：

```
ng new angular-forms
```

2. 创建学生模型类

当用户输入表单数据时，需要捕获它们的变化，并更新到模型的实例中。除非知道
模型里有什么，否则无法设计表单的布局。

最简单的模型是个"属性包"，用来存放应用中需要的属性。这里使用三个必备字
段 id、name、grade，和一个可选字段 Email。

使用 Angular-cli 命令 ng generate class 生成一个名叫 Student 的新类：

```
ng generate class Student
```

student.ts 文件的内容如下：

```
export class Student {
  constructor(
    public id: number,
```

```
    public name: string,
    public grade: string,
    public interest?: string
  ) {}
}
```

TypeScript 编译器为每个 public 构造函数参数生成一个公共字段，在创建新的学生实例时，自动把参数值赋给这些公共字段。

interest 是可选的，调用构造函数时可省略，注意 interest? 中的问号 (?)。

我们可以定义一个方法来创建新的学生信息，并打印到控制台：

```
createStudent() {
    let myStudent =  new Student(12, '张三','六年级',['篮球','足球']);
    console.log('My hero is called ' + myStudent.id);
    console.log('My hero is called ' + myStudent.name);
    console.log('My hero is called ' + myStudent.grade);
    console.log('My hero is called ' + myStudent.interest);
  }
```

然后在模板中定义一个按钮，激活该方法：

```
<button type="submit" class="btn btn-success" (click)="createStudent()">
Submit</button>
```

在谷歌浏览器中运行，单击 Submit 按钮，控制台将打印学生的信息，效果如图 7-14 所示。

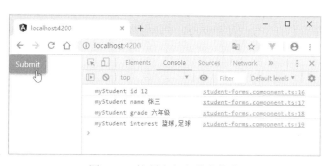

图 7-14　控制台打印学生信息

3. 创建表单组件

Angular 表单分为两部分：基于 HTML 的模板和组件类，用于程序处理数据和用户交互。

使用 Angular-cli 命令 ng generate component 生成一个名叫 student-forms 的新组件：

```
ng generate component components/student-forms
```

内容如下：

```
import { Component} from '@angular/core';
import { Student} from '../../student';
@Component({
  selector: 'app-student-forms',
```

```
  templateUrl: './student-forms.component.html',
  styleUrls: ['./student-forms.component.css']
})
export class StudentFormsComponent {
  inter=['篮球', '足球', '乒乓球', '羽毛球'];
  model = new Student(2019, '张三', "六年级",this.inter);
  submitted = false;
  onSubmit() { this.submitted = true; }
  get diagnostic() { return JSON.stringify(this.model); }
}
```

这个组件没有什么特别的地方，也没有与表单相关的东西，与之前写过的组件没什么不同。只要用前面章节中学过的知识，就可以完全理解这个组件。

- 这段代码导入了 Angular 核心库以及刚刚创建的 Student 模型。
- @Component 选择器 student-forms 表示可以用 <app-hero-form> 标签把这个表单放进父模板。
- templateUrl 属性指向一个独立的 HTML 模板文件。
- 定义了一些用来演示的关于 model 和 inter 的模拟数据。

添加一个 diagnostic 属性，以返回这个模型的 JSON 形式。在开发过程中，它用于调试，最后清理时会丢弃它。

4. 修改 app.module.ts

app.module.ts 定义了应用的根模块。其中标识即将用到的外部模块，以及声明属于本模块中的组件，例如 StudentFormsComponent。

因为模板驱动的表单位于它们自己的模块，所以在使用表单之前，需要将 FormsModule 添加到应用模块的 imports 数组中。

对它做如下修改：

```
import { NgModule }      from '@angular/core';
import { BrowserModule } from '@angular/platform-browser';
import { FormsModule }   from '@angular/forms';
import { AppComponent }  from './app.component';
import { StudentFormsComponent } from './components/student-forms/student-
  forms.component';
  @NgModule({
  imports: [
    BrowserModule,
    FormsModule
  ],
  declarations: [
    AppComponent,
    StudentFormsComponent
  ],
  providers: [],
  bootstrap: [ AppComponent ]
})
export class AppModule { }
```

有两处更改：

(1) 导入 FormsModule；

(2) 把 FormsModule 添加到 ngModule 装饰器的 imports 列表中，这样应用就能访问模板驱动表单的所有特性，包括 ngModel。

注意   如果某个组件、指令或管道是属于 imports 中所导入的某个模块的，那就不能把它再声明到本模块的 declarations 数组中。

5. 修改 app.component.ts

AppComponent 是应用的根组件，StudentFormsComponent 将被放在其中。

把模板中的内容替换成如下代码：

```
<app-student-forms></app-student-forms>
```

这里只做了两处修改。template 中只剩下这个新的元素标签，即组件的 selector 属性。这样当应用组件被加载时，就会显示这个学生表单。

6. 创建初始 HTML 表单模板

修改模板文件，内容如下：

```
<div class="container">
  <h1>学生表</h1>
  <form>
    <div class="form-group">
      <label for="name">Name</label>
      <input type="text" class="form-control" id="name" required>
    </div>
    <div class="form-group">
      <label for="grade">grade</label>
      <input type="text" class="form-control" id="grade">
    </div>
    <button type="submit" class="btn btn-success">Submit</button>
  </form>
</div>
```

在上面代码中有两个字段 :name 和 grade，供用户输入。

name 控件具有 HTML5 的 required 属性，interest 控件没有，因为 interest 字段是可选的。

在底部添加 Submit 按钮，它还带一些 CSS 样式类。

这里没有绑定，没有额外的指令，只有布局。

在模板驱动表单中，只要导入了 FormsModule，就不用对 <form> 做任何改动即可使用 FormsModule。

container、form-group、form-control 和 btn 类来自 Bootstrap 框架。Bootstrap 为这个表单提供了一些样式。

要添加样式表，就打开 styles.css 文件，并把下列代码添加到顶部：

```
src/styles.css
@import url('https://unpkg.com/bootstrap@3.3.7/dist/css/bootstrap.min.css');
```

7. 用 ngFor 添加兴趣

学生必须从固定列表中选择一项兴趣爱好。这个列表位于 StudentFormsComponent 中。

在表单中添加 select，用 ngFor 把 interest 列表绑定到列表选项。在 grade 的下方添加如下 HTML：

```html
<div class="form-group">
  <label for="interest">interest</label>
  <select class="form-control" id="interest" required>
    <option *ngFor="let item of interest" [value]="item">{{item}}</option>
  </select>
</div>
```

列表中的每一项兴趣都会渲染成 <option> 标签。模板输入变量 item 在每个迭代指向不同的兴趣，使用双花括号插值表达式语法来显示它的名称。

在谷歌浏览器中运行，页面效果如图 7-15 所示。

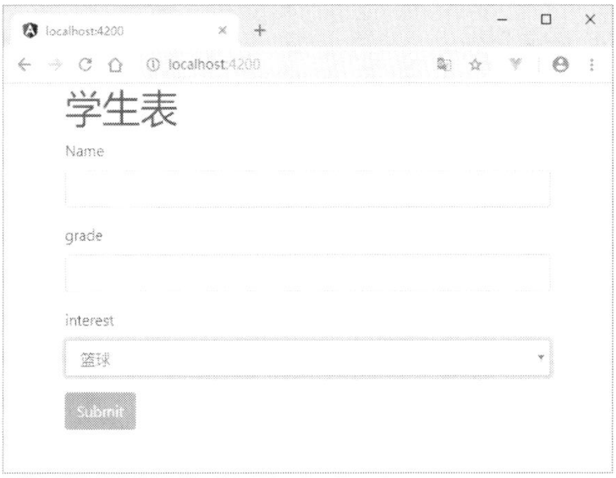

图 7-15　用 ngFor 添加兴趣

8. 使用 ngModel 进行双向数据绑定

从上面的效果可以发现，因为还没有绑定到某个学生，所以看不到任何数据。

接下来使用 [(ngModel)] 语法，使表单绑定到模型上。

找到 Name 对应的 <input> 标签，像下面这样修改它：

```html
<input type="text" class="form-control" id="name" required [(ngModel)]="model.
  name" name="name">
```

除了这样，还需要做更多的工作来显示数据。在表单中声明一个模板变量，在 <form> 标签中加入 #studentForm="ngForm"，代码如下：

```html
<form #studentForm ="ngForm">
```

studentForm 变量是一个到 ngForm 指令的引用，它代表该表单的整体。

提示　　　什么是 ngForm 指令？Angular 会在 <form> 标签上自动创建并附加一个 ngForm 指令。ngForm 指令为 form 增补了一些额外特性。它会控制那些带有 ngModel 指令和 name 属性的元素，监听它们的属性（包括其有效性）。它还有自己的 valid 属性，这个属性只有在它包含的每个控件都有效时才为真。

注意　　　<input> 标签还添加了 name 属性 (attribute)，并设置为 "name"，表示学生的名字。使用任何唯一的值都可以，但使用具有描述性的名字会更有帮助。当在表单中使用 [(ngModel)] 时，必须要定义 name 属性。

在内部，Angular 创建了一些 FormControl，并把它们注册到 Angular 并附加到 <form> 标签上的 ngForm 指令上。注册每个 FormControl 时，使用 name 属性值作为键值。

为 grade 和 interest 属性添加类似的 [(ngModel)] 绑定和 name 属性。抛弃输入框的绑定消息，在组件顶部添加到 diagnostic 属性的新绑定。这样就能确认双向数据绑定在整个 Student 模型上都能正常工作了。

修改之后，这个表单的核心是这样的：

```
<div class="container">
  <h1>学生表</h1>
  <form>
    {{diagnostic}}
    <div class="form-group">
      <label for="name">Name</label>
      <input type="text" class="form-control" id="name"
             required
             [(ngModel)]="model.name" name="name">
    </div>
    <div class="form-group">
      <label for="grade">grade</label>
      <input type="text" class="form-control" id="grade"
        [(ngModel)]="model.grade" name="grade">
    </div>
    <div class="form-group">
      <label for="interest">interest</label>
      <select class="form-control" id="interest" required
        [(ngModel)]="model.interest" name="interest">
        <option *ngFor="let item of inter" [value]="item">{{item}}</option>
      </select>
    </div>
    <button type="submit" class="btn btn-success">Submit</button>
  </form>
</div>
```

在谷歌浏览器中运行，使用 ngModel 进行双向数据绑定，效果如图 7-16 所示。

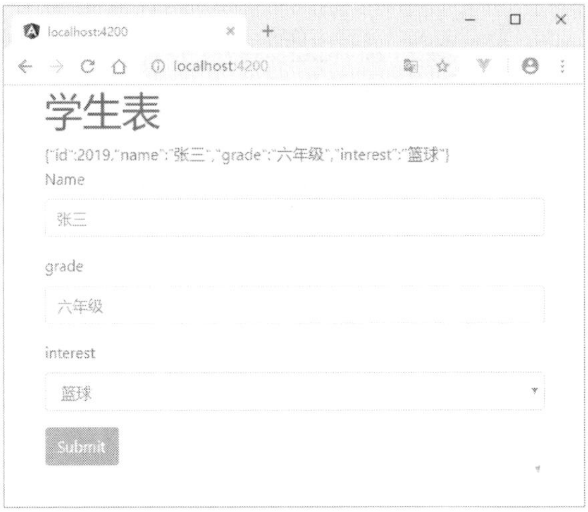

图 7-16　使用 ngModel 进行双向数据绑定

9. 自定义 CSS

可以为输入框添加带颜色的边框，用于标记必填字段和无效输入。

在新建的 student-forms.component.css 文件中，添加两个样式来实现这一效果，样式代码如下：

```css
.ng-valid[required], .ng-valid.required {
  border: 3px solid #42A948; /* green */
}
.ng-invalid:not(form){
  border: 3px solid #a94442; /* red */
}
```

在谷歌浏览器中运行，页面效果如图 7-17 所示。当把必填项 Name 输入框的内容去掉后，Name 输入框的颜色将变成红色，效果如图 7-18 所示。

图 7-17　页面加载效果

图 7-18　必填项 Name 输入框为空时的效果

10. 使用 ngSubmit 提交该表单

在填表完成之后，用户还应该能提交这个表单。Submit（提交）按钮位于表单的底部，它自己不做任何事，但因为有特殊的 type 值 (type="submit")，所以会触发表单提交。

现在这样仅仅触发"表单提交"是没有用的。要让它有用，就要把该表单的 ngSubmit 事件属性绑定到学生表单组件的 onSubmit() 方法上：

```
<form (ngSubmit)="onSubmit()" #studentForm="ngForm">
```

已经定义了一个模板引用变量 #studentForm，并且赋值为"ngForm"。现在，就可以在 Submit 按钮中访问这个表单了。

要把表单的总体有效性通过 #studentForm 变量绑定到此按钮的 disabled 属性上，代码如下：

```
<button type="submit" class="btn btn-success" [disabled]="!studentForm.form.
  valid">Submit</button>
```

在谷歌浏览器中重新运行项目，状态是有效的，按钮是可用的，效果如图 7-19 所示；现在，如果删除姓名，就会违反"必填姓名"规则，就会像以前那样显示红色边框，同时，Submit 按钮也被禁用，效果如图 7-20 所示。

图 7-19　状态有效时按钮可用

图 7-20　状态无效时按钮禁用

第8章

精通组件跳转的路由

　　路由是指从一个页面跳转到另一个页面。当用户输入一个 URL 跳转到一个页面后，再单击某控件或者输入另一个 URL 就会跳转到另一个页面。实际上，这就是页面间的跳转。然而，Angular 是组件化应用，所以 Angular 的页面就是组件，跳转到页面，其实就是实例化组件渲染到页面。所以在 Angular 中，路由就是 URL 与组件的对应关系。

8.1 路由的意义

　　一般的 HTML 页面做移动端，简单的时候可以用标签去链接页面，速度还是可以的。但是当应用越来越多时，切换起来就没那么流畅了，页面加载也有些慢。但是在 Angular 中，可以用路由进行切换。因为在 Angular 中，一般在加载这样的应用时，会整个缓存在手机上，用路由进行切换时，不用再发起 HTTP 请求，用户体验更好。

　　一般而言，浏览器具有下列导航模式。

- 在地址栏输入 URL，浏览器就会导航到相应的页面。
- 在页面中单击链接，浏览器就会导航到一个新的页面。
- 单击浏览器的前进和后退按钮，浏览器就会在浏览历史中向前或向后导航。

　　那么，在 Angular 中，是什么决定上述的行为呢？

　　对于一个新建的项目，只存在一个根组件 app.component，如果不增加其他的组件，则意味着所有的行为将在这一个组件里面完成，这种情况下，单一的组件将无法保存状态的变化，这显然满足不了上面的需求。所以，通常情况下，组件之间呈树形结构，效果如图 8-1 所示。

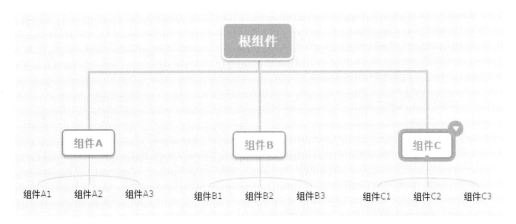

图 8-1　树形结构

路由就是连接这些组件的"脉络"，它也是树形结构的。有了它，就可以在 Angular 中实现上述的导航模式。可以把路由看成是一组规则，它决定了 URL 的变化对应着哪一种状态，具体表现就是不同页面的切换。

在 Angular 中，路由模块是非常重要的组成部分，组件的实例化与销毁、模块的加载、组件的某些生命周期钩子的发起都与它有关。

8.2　路由的定义

路由是实现单页面 Web 应用的基础。它根据不同的 URL 地址，让用户从一个页面导航到另一个页面。可以说，路由是 URL 和组件的对应规则。下面通过一个简单的项目，来演示路由的定义方法。

8.2.1　创建带路由的项目

(1) 创建一个带路由的项目。在创建项目时，选择添加路由，如图 8-2 所示。

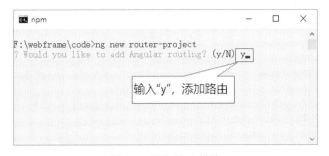

图 8-2　添加路由模块

(2) 创建组件。配置路由首先要创建组件，本案例创建 home(首页)、news(新闻)、product(产品) 和 contact(联系)4 个组件，创建命令分别如下：

```
ng g component components/home
ng g component components/news
ng g component components/product
ng g component components/contact
```

在对应组件的页面文件中分别添加：

```
<h2>首页</h2>-----------------在home.component.html中添加
<h2>新闻页面</h2>--------------在news.component.html中添加
<h2>产品页面</h2>--------------在product.component.html中添加
<h2>联系页面</h2>--------------在contact.component.html中添加
```

（3）首先在根模块 app.module.ts 中引入组件：

```
import { HomeComponent } from './components/home/home.component';
import { NewsComponent } from './components/news/news.component';
import { ProductComponent } from './components/product/product.component';
import { ContactComponent } from './components/contact/contact.component';
```

找到 app-routing.module.ts 配置路由。先在路由文件 app-routing.module.ts 中引入组件，和上面 app.module.ts 中的引入方式相同，然后再配置路由。配置路由时，其中的 path 属性设置 URL，component 属性设置对应的组件。在匹配不到路由的时候，使用路由重定向 redirectTo，加载指定路由。

```
const routes: Routes = [
  {
    path:'home',component:HomeComponent
  },
  {
    path:'news',component:NewsComponent
  },
  {
    path:'product',component:ProductComponent
  },
  {
    path:'contact',component:ContactComponent
  },
  //匹配不到要加载的组件或跳转的路由，指定跳转到home
  {
    path:'**',
    //component:HomeComponent
    redirectTo:'home'
  }
];
```

到这里，路由就配置完成了。这时在谷歌浏览器中输入 URL，将显示相对应的页面内容。例如，输入 http://localhost:4200/contact，浏览器中将显示联系页面，效果如图 8-3 所示。

也可以把 contact 换成 home、news 和

图 8-3　联系页面效果

product，将显示对应的组件内容。

当用户访问路由后，对应的路由内容将在 <router-outlet></router-outlet> 标签所在的位置显示。<router-outlet></router-outlet> 是路由页面的占位符，它是动态加载的，会被对应路由内容替换。

当然，不可能每个页面都要手动输入 URL 地址来进行路由跳转，应该可以单击链接和按钮来进行跳转。

在根模板 (app.component.html) 中，使用 routerLink 定义如何在组件模板中声明式地导航到指定路由 (或 URL)，然后设置 router-outlet 显示动态加载的路由。具体代码如下：

```
<div class="nav">
  <a [routerLink]="['/home']">首页</a>
  <a [routerLink]="['/news']">新闻</a>
  <a [routerLink]="['/product']">产品</a>
  <a [routerLink]="['/contact']">联系</a>
</div>
<router-outlet></router-outlet>
```

在 app.component.css 文件中设置一些样式，代码如下：

```
.nav{
  background:black ;
  height: 50px;
  width: 100%;
  line-height: 50px;
  font-size: 18px;
}
a{
  color: white;
  padding:15px 30px;
}
```

在谷歌浏览器中运行，这时便可以通过单击链接来跳转到对应的路由。例如，单击"联系"链接将跳转到联系页面，效果如图 8-4 所示。

图 8-4　联系页面效果

8.2.2　routerLinkActive 指令

在 Angular 中，routerLinkActive 指令在路由激活时添加高亮显示样式 class，class 的名称可以自定义，同时还可以自定义其样式。例如，在代码中添加 routerLinkActive="active"，然后设置 active 样式。

```
<div class="nav">
  <a [routerLink]="['/home']" routerLinkActive="active">首页</a>
  <a [routerLink]="['/news']" routerLinkActive="active">新闻</a>
  <a [routerLink]="['/product']" routerLinkActive="active">产品</a>
  <a [routerLink]="['/contact']" routerLinkActive="active">联系</a>
</div>
<router-outlet></router-outlet>
```

设置 active 的样式：

```
.active{
  color: #ff12b8;
}
```

在浏览器中运行，切换不同的链接，选中的将高亮显示。例如单击"联系"链接，效果如图 8-5 所示。

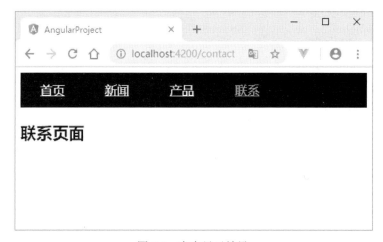

图 8-5　高亮显示效果

8.3　路由嵌套（父子路由）

路由和组件一样，都是树形结构的，可以层层嵌套配置子路由。

对于嵌套路由，Angular 中文网站就是一个很好的案例，单击"特性"标签，页面效果如图 8-6 所示，这里没有使用路由的嵌套。

图 8-6　Angular 中文网路由效果

"文档"路由页面分为左右两个部分，左侧是"知识点"子路由，右侧是具体的内容，效果如图 8-7 所示。

图 8-7　Angular 中文网嵌套路由效果

下面在前面章节中案例的基础上，来实现路由的嵌套。

(1) 在 home 组件中创建 greet(欢迎) 组件和 settings(设置) 组件：

```
ng g component components/home/greet
ng g component components/home/settings
```

在 product 组件中创建 cate(美食) 组件和 list(列表) 组件：

```
ng g component components/product/cate
ng g component components/product/list
```

在新增组件中，为对应的组件页面分别添加内容：

```
<h2>欢迎页面</h2>--------------------在greet.component.html中添加
<h2>系统设置页面</h2>---------------在settings.component.html中添加
<h2>产品分类页面</h2>------------------在cate.component.html中添加
<h2>产品列表页面</h2>------------------在list.component.html中添加
```

(2) 在根模块 app.module.ts 中引入新增的组件：

```
import { GreetComponent } from './components/home/greet/greet.component';
import { SettingsComponent } from './components/home/settings/settings.
  component';
import { CateComponent } from './components/product/cate/cate.component';
import { ListComponent } from './components/product/list/list.component';
```

(3) 配置子路由。在路由文件 app-routing.module.ts 中，先引入新增的组件，和上面在 app.module.ts 中的引入方式相同，然后再配置路由。案例中只为首页和产品嵌套路由，所以只需要为它们配置子路由。子路由在 children:[] 中配置，其配置方式和配置路由相同，具体代码如下：

```
const routes: Routes = [
  {
    path:'home',component:HomeComponent,
    //子路由
    children:[
      {
        path:'greet',component:GreetComponent
      },
      {
        path:'settings',component:SettingsComponent
      },
      //匹配不到要加载的组件或跳转的路由，指定跳转到greet
      {
        path:'**',
        redirectTo:'greet'
      }
    ]
  },
  {
    path:'product',component:ProductComponent,
    //子路由
    children:[
      {
```

```
      path:'cate',component:CateComponent
    },
    {
      path:'list',component:ListComponent
    },
    //匹配不到要加载的组件或跳转的路由，指定跳转到cate
    {
      path:'**',
      redirectTo:'cate'
    }
  ]
},
{
  path:'news',component:NewsComponent
},
{
  path:'contact',component:ContactComponent
},
//匹配不到要加载的组件或跳转的路由，指定跳转到home
{
  path:'**',
  redirectTo:'home'
}
];
```

提示　在切换路由时，页面默认不会显示任何组件的内容，所以需要定义默认路由。

(4) 设计 home(首页) 和 product(产品) 组件的页面。页面采用左右两列布局，左侧是子路由，右侧是子路由的展示内容。通过添加 <router-outlet></router-outlet> 标签来设置渲染的位置。

home 组件 (home.component.html) 的代码如下：

```
<div class="container">
    <div class="left">
      <ul>
        <li><a [routerLink]="['/home/greet']" routerLinkActive="active">欢迎页面
</a></li>
         <li><a [routerLink]="['/home/settings']" routerLinkActive="active">系统
设置</a></li>
      </ul>
    </div>
    <div class="right">
      <router-outlet></router-outlet>
    </div>
</div>
```

product 组件 (product.component.html) 的代码如下：

```
<div class="container">
  <div class="left">
    <ul>
      <li><a [routerLink]="['/product/cate']" routerLinkActive="active">产品分类
        </a></li>
      <li><a [routerLink]="['/product/list']" routerLinkActive="active">产品列表
```

```
    </a></li>
    </ul>
  </div>
  <div class="right">
    <router-outlet></router-outlet>
  </div>
</div>
```

设计样式。把共用的样式写在 style.css 文件中，代码如下：

```css
.container{
  width: 100%;
  height: 300px;
  display: flex;
}
.left{
  width: 200px;
  height: 300px;
  border-right: 1px solid #cccccc;
}
.active{
  color: #ff12b8;
}
ul{
  list-style: none;
}
li{
  padding: 10px 15px;
}
```

在谷歌浏览器中运行，可以通过左侧的子级路由来切换对应的内容，效果如图 8-8 所示。

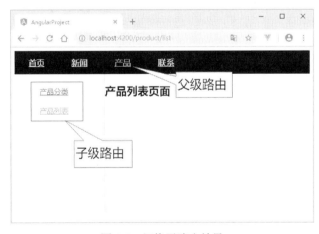

图 8-8　切换子路由效果

8.4　路由的对象

在上面的案例中已经使用了 Routes、RouterLink 和 RouterOutlet 等对象，还有一些其他对象，具体说明如表 8-1 所示。

表 8-1 路由对象的说明

名　　称	说　　明
Routes	路由配置，保存哪个 URL 就对应展示哪个组件，以及在哪个 RouterOutlet 中展示组件
RouterLink	在 HTML 中声明路由导航用的指令
RouterOutlet	在 HTML 中标记路由内容呈现位置的占位符指令
Router	负责在运行时执行路由的对象，可以通过调用其 navigate() 和 navigateByUrl() 方法导航到一个指定的路由
ActivatedRoute	当前激活的路由对象，保存当前路由的信息，例如路由地址、路由参数等

下面具体来看每个对象的功能效果。

1. Routes

Routes 是路由配置，一般在 app.routing.module.ts 文件里配置。Routes 里面是一组路由对象，每个对象有两个属性：path(路由对象的路径) 和 component(路由对象的组件)，当导航到某一个路径 (path) 上时，Angular 会显示对应的组件 (component)。

```
const routes: Routes = [
  {path:'home',component:HomeComponent,},          //当路径为home时，显示
      HomeComponent组件
  {path:'product',component:ProductComponent,},    //当路径为product时，显示
      ProductComponent组件
  {path:'news',component:NewsComponent},           //当路径为news时，显示
      NewsComponent组件
  {path:'contact',component:ContactComponent},     //当路径为contact时，显示
      ContactComponent组件
  //匹配不到路由时，默认加载的组件或跳转的路由
  {
    path:'**',
    //component:HomeComponent
    redirectTo:'home'
  }
];
```

2. RouterLink

RouterLink 是导航到路由。单击链接会在 app-routing.modules(路由配置) 中寻找名字匹配的路由，并展示相应的组件。

```
<div class="nav">
  <a [routerLink]="['/home']" routerLinkActive="active">首页</a>
  <a [routerLink]="['/news']" routerLinkActive="active">新闻</a>
  <a [routerLink]="['/product']" routerLinkActive="active">产品</a>
  <a [routerLink]="['/contact']" routerLinkActive="active">联系</a>
</div>
<router-outlet></router-outlet>
```

RouterLink 指令是一个数组，可以更改数组的元素，但要和 app-routing.module.ts 中路由配置的 path 属性对应。

3. RouterOutlet

当路由根据 path 导航到某个组件时，这个组件会渲染到其标签所在的位置。

```html
<div class="nav">
  <!--通过页面链接跳转-->
  <a [routerLink]="['/home']" routerLinkActive="active">首页</a>
  <a [routerLink]="['/news']" routerLinkActive="active">新闻</a>
  <a [routerLink]="['/product']" routerLinkActive="active">产品</a>
  <a [routerLink]="['/contact']" routerLinkActive="active">联系</a>
</div>
  <!--定义<router-outlet></router-outlet>标签，渲染对应的组件-->
<router-outlet></router-outlet>
```

4. Router

Router 在运行时执行路由的对象。

下面来看一个简单的案例，在 HTML 页面中定义一个 button，然后单击按钮，根据方法跳转到指定页面。

```html
<input type="button" value="商品详情" (click)="toProductDetails()">
```

在 component.ts 页面里先构造一个 router 对象，然后实现跳转方法。

```typescript
export class AppComponent {
//构造了一个router对象
constructor(private router:Router) {}
toProductDetails(){
 //用router对象的navigate()导航到新的页面
  this.router.navigate(['/home']);
  }
}
```

5. ActivatedRoute

ActivatedRoute 保存着路由的参数、路由地址等，一般用来接收路由传参，其用法和 Router 一样，也是先引入 ActivatedRoute，实例化对象，写在接收参数的文件中。

下面来看一个在查询参数中传递数据，在接收文件中使用 ActivatedRoute 获取参数数据的案例。

还是以上面的案例为基础，具体的实现步骤如下。

(1) 在 app.component.html 文件中，当单击新闻路由时，使用 [queryParams]="{id: 1}" 传递 id 值，代码如下：

```html
<div class="nav">
  <a [routerLink]="['/home']" routerLinkActive="active">首页</a>
  <a [routerLink]="['/news']" [queryParams]="{id:1}" routerLinkActive="active">
    新闻</a>
  <a [routerLink]="['/product']" routerLinkActive="active">产品</a>
  <a [routerLink]="['/contact']" routerLinkActive="active">联系</a>
</div>
<router-outlet></router-outlet>
```

在谷歌浏览器中运行，单击"新闻"链接，可以看到路径信息，效果如图 8-9 所示。

图 8-9　传递 id 效果

(2) 在 new.component.ts 文件中使用 ActivatedRoute 对象获取 id 值，并赋值给 newId。

```
export class NewsComponent implements OnInit {
  //定义newId接收传递的ID
  private newId:number;
  //构造了一个ActivatedRoute对象
  constructor(private routeInfo:ActivatedRoute){}
  ngOnInit(){
    获取id并赋值给newId
    this.newId=this.routeInfo.snapshot.queryParams['id']
  }
}
```

(3) 在 new.component.html 文件中，使用插值语法显示 id 的值：

```
<h2>新闻页面</h2>
新闻的id为：{{newId}}
```

在谷歌浏览器中运行，单击"新闻"链接，可以看到路径信息，页面中也将显示"新闻的 id"，效果如图 8-10 所示。

图 8-10　显示传递的 id

8.5　辅助路由

在前面的介绍中，用到的 <router-outlet></router-outlet> 是路由的插座，组件渲染到它所在的位置。

本节来介绍辅助路由的用法，辅助路由需要满足以下 3 个条件：

(1) 在组件的模板上，除了主插座 (<router-outlet></router-outlet>) 外，还需要定义一个带有 name 属性的插座 (名称为 aux)：

```
<router-outlet></router-outlet>
<router-outlet name="aux"></router-outlet>
```

(2) 在路由配置中，配置在 aux 插座上可以显示的路由。例如下面的代码，表达的意思是在 aux 插座上可以显示的 AAAComponent 和 BBBComponent 组件。

```
{path:'AAA',component:AAAComponent,outlet:'aux'},
{path:'BBB',component:BBBComponent,outlet:'aux'},
```

(3) 在导航时，需要指定路由到某一个地址时，在辅助的路由上需要显示哪个组件。例如下面的代码，当单击 aaa 链接时，主插座会导航到 home 组件，aux 插座导航到 AAA 组件。

```
<a [routerLink]="['/home',{outlets:{aux:'AAA'}}]">aaa</a>
<a [routerLink]="['/news',{outlets:{aux:'BBB'}}]">bbb</a>
```

以上就是辅助路由需要满足的条件，在前面的介绍中，一个组件的模板中只有一个插座，而辅助路由可以定义多个插座，并同时控制每个插座上显示的内容。

紧接上面案例，再添加一个聊天功能，让用户可以和客服沟通，这个功能可以在任何页面上使用。下面使用辅助路由来完成这个功能。

(1) 单独创建一个聊天室组件，只显示在新定义的插座上。创建命令如下：

```
ng g component components/chat
```

在 app.module.ts 中引入 chat 组件：

```
import { ChatComponent } from './components/chat/chat.component';
```

在 app-routing.module.ts 中先引入 chat 组件，然后配置路由：

```
{path:'chat',component:ChatComponent,outlet:'aux'},
```

其中 ,outlet:'aux' 用来定义组件所显示的插座。

在 chat.component.html 中设计聊天界面，代码如下：

```
<textarea placeholder="请输入聊天内容" class="chat"></textarea>
```

在 chat.component.css 文件中设计样式，代码如下：

```
.chat{
  width: 260px;
  height: 200px;
  border: 1px solid black;
  font-size: 20px;
```

```
    margin-top: 15px;
}
```

(2) 在 app 组件的模板上再定义一个插座来显示聊天面板，通过路由参数控制新插座是否显示聊天面板。app.component.html 文件的具体代码如下：

```
<div style="float: left">
  <div class="nav">
    <a [routerLink]="['/home']" routerLinkActive="active">首页</a>
    <a [routerLink]="['/news']" [queryParams]="{id:1}"
       routerLinkActive="active">新闻</a>
    <a [routerLink]="['/product']" routerLinkActive="active">产品</a>
    <a [routerLink]="['/contact']" routerLinkActive="active">联系</a>
  </div>
  <router-outlet></router-outlet>
</div>
<div style="float:left;" class="aux">
  <!--辅助路由-->
  <div>
    <!--定义两个链接控制聊天界面的开始和关闭-->
    <a [routerLink]="[{outlets:{aux:'chat'}}]">开始聊天</a>
    <a [routerLink]="[{outlets:{aux:null}}]">结束聊天</a>
  </div>
  <router-outlet name="aux"></router-outlet>
</div>
```

在谷歌浏览器中运行，聊天组件效果如图 8-11 所示，当单击"结束聊天"链接时，聊天界面关闭，效果如图 8-12 所示。

图 8-11　聊天组件效果

图 8-12　关闭聊天界面效果

聊天界面可以在任意一个主路由中显示，如果想在切换聊天界面时跳转到一个固定的主路由，可以使用 primary 指定。例如，指定主路由为 home：

```
<div>
    <!--定义两个链接控制聊天界面的开始和关闭-->
    <a [routerLink]="[{outlets:{primary:'home',aux:'chat'}}]">开始聊天</a>
    <a [routerLink]="[{outlets:{aux:null}}]">结束聊天</a>
</div>
```

在谷歌浏览器中运行，切换主路由到 product，效果如图 8-13 所示；然后单击"开始聊天"链接，主路由将跳转到 home，效果如图 8-14 所示。

图 8-13　product 页面效果

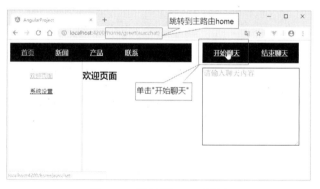

图 8-14　跳转到 home 页面

8.6　路由守卫

通过以上的学习，相信大家已经掌握了路由的基础知识，并且可以自己配置路由来控制页面的视图状态。

下面来考虑一些特殊的场景。

(1) 在这些场景中，只有当用户已经登录并拥有某些权限时才能进入某些路由。

(2) 一个由多个表单组件组成的向导，例如注册流程，用户只有在当前路由的组件中填写了满足要求的信息才可以导航到下一个路由。

(3) 当用户未执行保存操作而试图离开当前导航时提醒用户。

Angular 提供了一些钩子帮助用户控制进入或离开路由。这些钩子就是路由守卫，可以通过这些钩子实现上面场景。

● CanActivate：处理导航到某个路由的情况。

● CanDeactivate：处理从当前路由离开的情况。

● Resolve：在路由激活之前获取路由数据。

8.6.1 CanActivate 守卫

CanActivate 用来处理导航到某个路由的情况。当不满足守卫条件时，无法导航到指定的路由。

下面紧接上面的案例，设置只让登录用户进入 contact(联系) 路由。

在 components 文件中新建 guard 目录，目录下新建 login.guard.ts 文件。

LoginGuard 类实现 CanActivate 接口，返回 true 或 false，Angular 根据返回值判断请求通过或不通过。

提示

　　这里并没有实现用户登录，只是简单地使用一个随机数与 0.5 比较大小，从而来判断真假，进而判断用户是否登录。

```
import {CanActivate} from "@angular/router";
export class LoginGuard implements CanActivate{
  canActivate(){
    let value:boolean=Math.random()<0.5;
    if(!value){
      console.log('用户未登录')
    }
    return value;
  }
}
```

配置 contact 路由，先把 LoginGuard 加入 providers，再指定路由守卫。

CanActivate 可以指定多个守卫，值是一个数组。

```
{
    path:'contact',component:ContactComponent,
    canActivate:[LoginGuard],
},
@NgModule({
  imports: [RouterModule.forRoot(routes)],
  exports: [RouterModule],
  providers:[LoginGuard]
})
```

在谷歌浏览器中运行，单击"联系"链接，不满足条件时，不进行跳转，效果如图 8-15 所示。

图 8-15　不进行跳转效果

8.6.2　CanDeactivate

离开时候的路由守卫，提醒用户执行保存操作后才能离开，在 guard 目录下新建一个 unsave.guard.ts 文件。

CanDeactivate 接口有一个泛型，指定当前组件的类型。

CanDeactivate 方法的第一个参数就是接口指定的泛型的组件，根据这个要保护的组件的状态，或者调用方法来决定用户是否能够离开。

```
import {CanDeactivate} from "@angular/router";
import {ProductComponent} from "../product/product.component";
export class UnsavedGuard implements CanDeactivate<ProductComponent>{
  //第一个参数，泛型的组件
  //根据当前要保护组件的状态，判断当前用户是否能够离开
  canDeactivate(component: ProductComponent){
    return window.confirm("还没有保存，确定要离开吗？")
  }
}
```

同样先加入 providers，再配置路由。

```
{
    path:'contact',component:ContactComponent,
    canActivate:[LoginGuard],
    canDeactivate:[UnsavedGuard],
},
@NgModule({
  imports: [RouterModule.forRoot(routes)],
  exports: [RouterModule],
  providers:[LoginGuard,UnsavedGuard]
})
```

在谷歌浏览器中运行，先单击"联系"链接，然后单击"首页"链接，将弹出对话框，提示是否离开，效果如图 8-16 所示。

图 8-16　离开路由效果

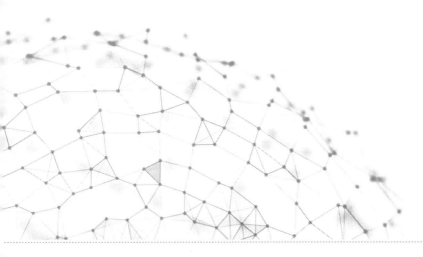

第9章

自定义服务及DOM操作

本章将介绍自定义服务的使用，以及在 Angular 中如何操作 DOM。

9.1 自定义服务

假如项目中有 search 和 todolist 两个组件，需要同时调用数据缓存的 cache() 方法，那这个方法放在哪里，才能让这两个组件都能调用呢？

默认情况下，组件和组件之间是无法调用的，这时就可以使用自定义服务，把 cache() 方法放到自定义的服务中，如果想在哪个组件中使用 cache() 方法，只需要把服务引入组件中，就可以使用了。

下面通过两个示例来进行介绍。

9.1.1 仿京东 APP 搜索缓存数据功能

在 search-app 项目中实现数据持久化，首先完成以下步骤。

(1) 创建服务命令。

在命令行中，进入 search-app 项目路径，使用以下命令创建服务。

```
ng g service services/storage
```

(2) 在 app.module.ts 中引入创建的服务并声明。

```
// 引入服务
import {StorageService} from '../../services/storage.service'
//声明服务
providers: [StorageService],
```

(3) 在 search 组件的 search.component.ts 中还需要引入服务并初始化服务。

```
//引入服务
import {StorageService} from '../../services/storage.service'
```

这时就可以在 search 组件的 constructor() 方法中获取服务的实例了。

```
constructor(public storage:StorageService){
    //this.storage
}
```

到这里就完成了服务的创建与配置，接下来结合 HTML5 的本地存储 (localStorage) 实现数据持久化。

首先在服务文件 (storage.service.ts) 中封装本地存储 (localStorage) 的方法，代码如下：

```
export class StorageService {
  //使用HTML5中的localStorage本地存储
  // JSON.stringify(data) 将对象转换成JSON格式的数据串
  // JSON.parse(data)将数据解析成对象并返回解析后的对象
  // 设置数据
  set(key,value){
    localStorage.setItem(key,JSON.stringify(value))
  }
  //获取数据
  get(key){
    return JSON.parse(localStorage.getItem(key))
  }
  constructor() { }
}
```

然后在 search.component.ts 中定义逻辑。

使用 push 方法添加数据时调用 this.storage.set() 存储数据；在 ngOnInit() 方法中调用 this.storage.get() 方法获取数据，并赋值给搜索历史列表 this.historyList。当删除某个数据时，在 del() 方法中重新调用 this.storage.set() 方法保存列表数据。这样就实现了数据的持久化。

具体实现代码如下：

```
export class SearchComponent implements OnInit {
  public keyword:string;
  public historyList:any[]=[];      //存放搜索内容的数组
  // 使用服务
  constructor(public storage:StorageService){}
  //使用生命周期函数ngOnInit
  // 在其中获取
  ngOnInit(){
    var searchdata=this.storage.get('searchdata');
    if(searchdata){
      this.historyList=searchdata;
    }
  }
  dosearch(){
    if(!this.keyword){
      //如果搜索内容为空，提示并返回
```

```
        alert("搜索内容不能为空")
        return;
    }
    // 缓存时，判断数组中是否存在搜索的内容，不存在则添加到this.historyList中
    if (this.historyList.indexOf(this.keyword)==-1){
        this.historyList.push(this.keyword);
    //  直接调用
        this.storage.set('searchdata',this.historyList)
    }
    this.keyword="";     //清空搜索框
}
//删除功能。单击删除按钮，删除对象的选项
del(key){
    this.historyList.splice(key,1)
    this.storage.set('searchdata',this.historyList)
}
}
```

运行 search-app 项目，在谷歌浏览器中打开 http://localhost:4200/，在搜索框中搜索内容，可以发现内容被缓存到搜索框下面；刷新浏览器后，数据仍然存在，效果如图 9-1 所示。

图 9-1　缓存数据

9.1.2　实现任务备忘录功能

该示例的实现方式和上面的案例基本一样，只是多了一个多选按钮的状态存储。

关于服务的创建、配置和服务封装与上面相同，这里就不赘述了。

首先在 todolist.component.ts 中定义逻辑。

使用 push 方法添加数据时调用 this.storage.set() 存储数据，这里存储的是一个对象；在 ngOnInit() 方法中调用 this.storage.get() 方法获取数据，并赋值给搜索历史列表 this.todolist。当删除某个数据时，在 del() 方法中重新调用 this.storage.set() 方法保存列表数据。这样就实现了数据的持久化。

具体实现代码如下：

```
export class TodolistComponent implements OnInit {
  public keyword:string='';
```

```
public todolist:any[]=[];
constructor(public storage:StorageService){ }
ngOnInit() {
 var todolist=this.storage.get("todolistdata");
 if(todolist){
   this.todolist=todolist;
 }
}
// 定义键盘keydown事件的方法
doAdd(e){
  //keyCode==13表示回车键
  if(e.keyCode==13){
    if(!this.keyword){
      alert("不能为空");
      return;
    }
  //使用push()方法向数组中添加数据时，多添加一个状态指示值，用来区分待办任务和已完成任务
    this.todolist.push({
      title:this.keyword,
      status:0        //status表示状态，0代表待办任务，1代表已完成任务
    });
    this.storage.set('todolistdata',this.todolist)
    this.keyword='';   //清空输入框中的内容
  }
}
del(key){
  this.todolist.splice(key,1)
  this.storage.set('todolistdata',this.todolist)
}
}
```

运行 memo 项目，在谷歌浏览器中打开 http://localhost:4200/，然后添加 3 个任务，如图 9-2 所示，然后勾选已完成任务，如图 9-3 所示。

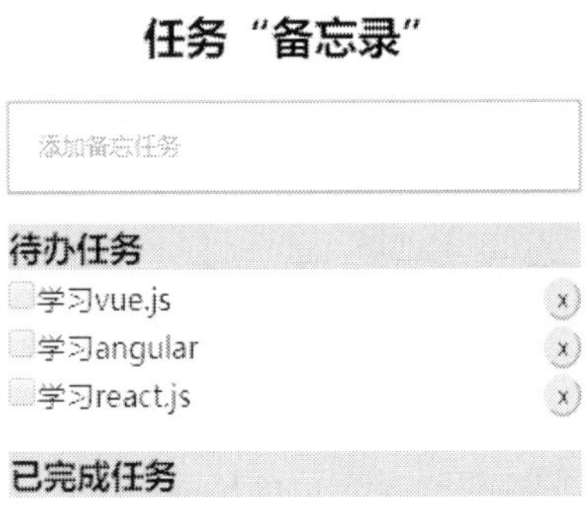

图 9-2　加载效果 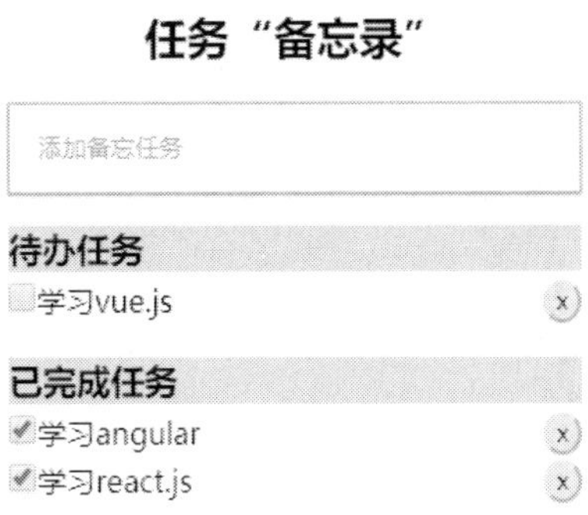　　　　　　　　图 9-3　勾选已完成任务效果

但是，当我们刷新浏览器后，将会恢复到图 9-2 所示的样子，勾选的任务并没有存储。要想实现对任务状态的存储，需要为多选按钮添加 change 事件，当多选按钮的状态改变时，触发 change 事件的 checkState() 方法，在 checkState() 方法中使用 this.storage.set() 方法重新保存数据，这时就包括了事件的状态。

页面代码如下：

```
<h3>待办任务</h3>
  <ul class="clear">
    <!--循环todolist-->
    <li *ngFor="let item of todolist;let key=index;">
    <!--使用*ngIf指令判断item.status==0，显示status==0的item.title-->
    <span *ngIf="item.status==0">
      <span class="task_input"><input type="checkbox" [(ngModel)]="item.status"
        (change)="checkState()"/>{{item.title}}</span>
      <button (click)="del(key)" class="task_button">x</button><br/>
    </span>
    </li>
  </ul>
  <h3>已完成任务</h3>
  <ul class="clear">
    <li *ngFor="let item of todolist;let key=index;">
      <!--使用*ngIf指令判断item.status==1，显示status==1的item.title-->
    <span *ngIf="item.status==1">
      <span class="task_input"><input type="checkbox" [(ngModel)]="item.status"
        (change)="checkState()" />{{item.title}}</span>
      <button (click)="del(key)" class="task_button">x</button><br/>
    </span>
    </li>
  </ul>
```

在 todolist.component.ts 文件中添加 checkState() 方法：

```
checkState(){
    this.storage.set('todolistdata',this.todolist)
}
```

此时，再刷新浏览器时，任务的状态信息也会进行存储了。

9.2 DOM 操作

在 Angular 中，可以在 ngAfterViewInit 生命周期函数中操作 DOM。下面将介绍使用原生 JS 和 ViewChild 装饰器两种方式来操作 DOM。

9.2.1 原生 JS 操作 DOM

在 Angular 中，可以在 ngAfterViewInit 生命周期函数中使用原生的 JS 操作 DOM。下面首先创建一个项目，然后创建一个 home 组件，并在根模板中引入该组件：

```
<app-home></app-home>
```

在 home 组件的模板中，定义一个 div 元素：

```
<div id="box">
    这是一个div元素
</div>
```

在 home.component.ts 的 ngAfterViewInit 生命周期函数中获取该 DOM 节点：

```
export class HomeComponent {
  constructor() { }
  ngAfterViewInit(){
    // 获取box节点
    let box:any=document.getElementById("box");
    //控制台打印其内容
    console.log(box.innerHTML)
  }
}
```

在谷歌浏览器中运行，打开控制台，可以看到打印的内容，效果如图 9-4 所示。

图 9-4　打印效果

获取节点以后，便可以操作它，例如设置其样式：

```
box.style.color="red";
box.style.border="1px solid blue";
box.style.width="200px";
box.style.height="100px"
```

刷新谷歌浏览器，页面效果如图 9-5 所示。

图 9-5　设置样式效果

9.2.2 使用 ViewChild 操作 DOM

也可以使用 Angular 中提供的 ViewChild 装饰器来操作 DOM。

再创建一个组件 news，并在根模板中替换掉 home 组件：

```
<app-news></app-news>
```

用 ViewChild 操作 DOM，首先需要给 DOM 节点取一个名字，格式为"#"加上名称。例如，在 news 组件的模板中定义一个 div 元素，并取名为 #box：

```
<div #box>
    我是新闻组件
</div>
```

然后在 news.component.ts 中配置 ViewChild：

```
// 引入ViewChild
import { Component, ViewChild} from '@angular/core';
@Component({
  selector: 'app-news',
  templateUrl: './news.component.html',
  styleUrls: ['./news.component.css']
})
export class NewsComponent {
  //获取DOM节点，并赋值给一个变量myBox
  @ViewChild("box") myBox:any;
  constructor() { }
  ngOnInit() {
  }
}
```

配置完成后，便可以获取 DOM 节点了。

提示

使用 ViewChild 操作 DOM 依然是在 ngAfterViewInit 生命周期函数中进行。

```
export class NewsComponent {
  //使用@ViewChild装饰器获取DOM节点，并赋值给一个变量mybox
  @ViewChild("box") myBox:any;
  constructor() { }
  ngAfterViewInit(){
    //获取DOM节点,使用nativeElement属性
    console.log(this.myBox.nativeElement)
  }
}
```

在谷歌浏览器中运行，打开控制台，效果如图 9-6 所示。

图 9-6　打印效果

获取 DOM 节点后，便可以对它进行操作，这里设置其样式如下：

```
this.myBox.nativeElement.style.color="red";
this.myBox.nativeElement.style.border="1px solid red";
this.myBox.nativeElement.style.width="200px";
this.myBox.nativeElement.style.height="100px";
```

刷新谷歌浏览器，页面效果如图 9-7 所示。

图 9-7　设置样式效果

9.2.3　父子组件中通过 ViewChild 调用子组件的方法

ViewChild 除了可以获取 DOM 节点外，还可以使用它调用子组件的方法。

下面再创建一个 header 组件，其模板内容如下：

```
<h5>我是header组件</h3>
```

在 header 组件中定义一个 write() 方法：

```
write(){
    console.log("我是子组件的方法")
}
```

ViewChild 在父组件 (news 组件) 中调用 write() 方法。首先在 news 组件中引入子组件 (header 组件)，并起名为 "#header"：

```
<app-header #header></app-header>
```

在 news.component.ts 中配置 ViewChild：

```
// 引入ViewChild
import { Component, ViewChild} from '@angular/core';
@Component({
  selector: 'app-news',
  templateUrl: './news.component.html',
  styleUrls: ['./news.component.css']
})
export class NewsComponent {
  //获取header子组件，并赋值给一个变量header
  @ViewChild("header") header:any;
  constructor() { }
  ngOnInit() {
  }
}
```

配置完成后，就可以调用子组件中的方法，代码如下：

```
export class NewsComponent {
  //获取header子组件，并赋值给一个变量header
  @ViewChild("header") header:any;
  constructor() { }
  ngAfterViewInit(){
    // 调用子组件中的方法
    this.header.write()
  }
}
```

在谷歌浏览器中运行，打开控制台，效果如图 9-8 所示

图 9-8　调用子组件的方法

9.2.4　实现轮播图效果

前面已经介绍了在 Angular 中如何操作 DOM，下面使用原生的 JS 来实现一个轮播图效果。新建一个 carousel 组件，并在根组件模板中引入它：

```
<app-carousel></app-carousel>
```

在 carousel 组件的模板中定义 HTML：

```
<div class="main" id="main">
  <div class="nav" id="nav">
    <ul>
      <li class="changeColor">第一章</li>
      <li>第二章</li>
      <li>第三章</li>
      <li>第四章</li>
    </ul>
  </div>
  <div class="banner" id="banner">
    <a href="#">
      <div class="banner-slide slide1"></div>
    </a>
    <a href="#">
      <div class="banner-slide slide2"></div>
    </a>
    <a href="#">
      <div class="banner-slide slide3"></div>
    </a>
    <a href="#">
      <div class="banner-slide slide4"></div>
    </a>
  </div>
</div>
```

在 carousel.component.css 中定义 CSS 样式：

```css
* {
  padding: 0;
  margin: 0;
}
.main {
  width: 1200px;
  height: auto;
  margin: 50px auto;
  overflow: hidden;
}
.nav {
  width: 1200px;
  height: 80px;
}
ul {list-style-type: none;}

li {
  float: left;
  width: 25%;
  height: 80px;
  text-align: center;
  line-height: 80px;
  cursor: pointer;
}
.changeColor {
  background: #1821ff;
  border-radius: 5px;
  color:white;
}
.banner {
  width: 1200px;
  height: 600px;
  overflow: hidden;
}
.banner-slide {
  width: 1200px;
  height: 600px;
  background-repeat: no-repeat;
  position: absolute;
}
.slide1 {
  background-image: url("001.jpg ");
}
.slide2 {
  background-image: url("002.jpg ");
}
.slide3 {
  background-image: url("003.jpg ");
}
.slide4 {
  background-image: url("004.jpg ");
}
```

最后在 carousel.component.ts 中定义 JS 代码：

```typescript
import { Component} from '@angular/core';
```

```
@Component({
  selector: 'app-carousel',
  templateUrl: './carousel.component.html',
  styleUrls: ['./carousel.component.css']
})
export class CarouselComponent{
  constructor() { }
  // 在ngAfterViewInit生命周期中定义原生JS代码
  ngAfterViewInit(){
    var timer = null,
      index = 0,
      pics = document.getElementsByClassName("banner-slide"),
      lis = document.getElementsByTagName("li");
    //封装一个代替getElementById()的方法
    function byId(id){
      return typeof(id) === "string"?document.getElementById(id):id;
    }
    function slideImg() {
      var main = byId("main");
      var banner = byId("banner");
      main.onmouseover = function(){
        stopAutoPlay();
      }
      main.onmouseout = function(){
        startAutoPlay();
      }
      main.onmouseout();
      //单击导航栏切换图片
      for(var i=0;i<pics.length;i++){
        lis[i].id = i;
        //给每个li项绑定单击事件
        lis[i].onclick = function(){
          //获取当前li项的index值
          index = this.id;
          changeImg();
        }
      }
    }
    //开始播放轮播图
    function startAutoPlay(){
      timer = setInterval(function(){
        index++;
        if(index>3){
          index = 0;
        }
        changeImg();
      },1000);
    }
    //暂停播放
    function stopAutoPlay(){
      if (timer) {
        clearInterval(timer);
      }
    }
    //改变轮播图
    function changeImg(){
      for(var i=0;i<pics.length;i++){
        pics[i].style.display = "none";
        lis[i].className = "";
```

```
        }
        pics[index].style.display = "block";
        lis[index].className = "changeColor";
      }
    slideImg();
  }
}
```

运行项目，在谷歌浏览器中浏览，效果如图9-9所示。

图 9-9　轮播图效果

第10章

模块和懒加载

当项目比较小的时候可以不用自定义模块，但是当项目非常庞大的时候，使用自定义模块来组织项目，并通过 Angular 自定义模块实现路由的懒加载，可以在一定程度上优化应用程序。

10.1　自定义模块

Angular 中有许多内置模块，包括核心模块、表单模块、网络模块、通用模块等，如图 10-1 所示。

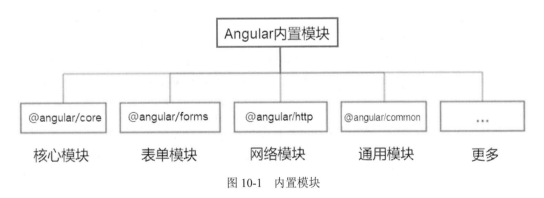

图 10-1　内置模块

这些内置模块在前面的学习内容中，已经使用过了。下面回顾一下，例如想要实现数据的双向绑定，就需要在 app.module.ts 中先引入表单模块：

```
//Angular内置的模块
import { FormsModule } from '@angular/forms';
```

然后在 imports 中注入，即可使用 Angular 提供的表单的模块。

```
imports: [
    ...
    FormsModule    //注入模块
],
```

除了内置的模块以外，在一些情况下，我们还可以自定义模块来满足需要，下面就来介绍自定义模块的内容。

10.1.1 自定义模块的意义

为什么要使用自定义模块呢？

其实，当项目比较小的时候，可以不使用自定义模块。把所有的内容都放到组件中，在根模块中引入该组件即可使用。

但是当项目非常庞大的时候，有几十个甚至上百个组件时：

```
@NgModule({
  declarations: [
    组件1,
    组件2,
    ...
    组件100,
    ...
  ],
```

这时把所有的组件都挂载到根模块里面就不是特别合适了，会导致页面加载缓慢。

所以当项目比较大或组件比较多的时候，就可以使用自定义模块实现组件的模块化，也就是把功能相同或类似的组件定义为一个模块，然后在根模块中动态地加载模块中的组件。

例如，把大量的组件都挂载到自定义模块上，当应用加载的时候，只会加载根模块中的组件，当需要的时候再去挂载自定义模块中的组件，这样初始化速度就会变快。

前面都是把组件、服务和指令挂载到根模块上，使用自定义模块后，可以把相同或类似的组件、服务和指令放到自定义模块中，然后在根模块中挂载该自定义模块，如图 10-2 所示。

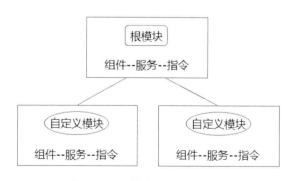

图 10-2　根模块和自定义模块

10.1.2 自定义一个模块

在自定义模块前，首先使用 angular-cli 创建一个新项目，然后在命令控制台中使用命令创建一个 home 组件：

```
ng g component components/home
```

创建完成后，在根模块 (app.module.ts) 中会自动挂载 home 组件：

```
import { HomeComponent } from './components/home/home.component';
@NgModule({
  declarations: [
    AppComponent,
    HomeComponent
  ],
```

然后在 app.component.html 中手动引入 home 组件：

```
<app-home></app-home>
```

这时使用 ng serve 运行项目，将显示如图 10-3 所示的效果。

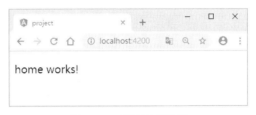

图 10-3 项目运行效果

上面演示的是一个组件挂载的过程，当然也可以使用路由动态地挂载，这里就不赘述了，详见路由一章。

在项目中假如有一个关于用户的页面，有许多内容，例如用户信息、修改信息、用户订单等，再设计成一个组件就不合适了，此时便可以使用自定义模块的方式。在自定义模块中，把这些内容再分成不同的组件。

接下来创建一个用户 (user) 模块。

使用控制台命令 ng g module module/user 进行创建。创建完成后，可看到 app 文件夹目录下创建了一个 user 模块，结构如图 10-4 所示。

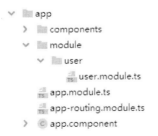

图 10-4 user 模块的目录结构

10.1.3　在自定义模块中创建组件

user 模块创建完成后，便可以在其中创建组件。这里为了演示，就简单地创建 3 个组件，分别是 about 组件、address 组件和 order 组件，创建命令如下：

```
ng g component module/user/components/about
ng g component module/user/components/address
ng g component module/user/components/order
```

创建完成后，user 模块的目录结构如图 10-5 所示。

图 10-5　user 模块的目录结构

这里创建的 3 个组件相当于 user 的子组件，然后在 user 模块中创建一个根组件 user：

```
ng g component module/user
```

创建完成后，user 的目录结构如图 10-6 所示。

图 10-6　user 模块的目录结构

创建完成后，可以发现 user 模块和根模块基本一样了。在 user 模块中，有一个根模块 user.module.ts，有一个根组件 user.component 和一些其他组件。

user.module.ts 就相当于 app.module.ts 模块。下面来看一下 user.module.ts 中的内容，其中包括组件、模块的引入和注入，具体代码如下：

```
import { NgModule } from '@angular/core';
import { CommonModule } from '@angular/common';
```

```
import { AboutComponent } from './components/about/about.component';
import { AddressComponent } from './components/address/address.component';
import { OrderComponent } from './components/order/order.component';
import { UserComponent } from './user.component';
@NgModule({
  //声明组件，user模块中的组件
  declarations: [AboutComponent, AddressComponent, OrderComponent,
    UserComponent],
  // 注入
  imports: [
    CommonModule
  ]
})
export class UserModule { }
```

例如在 user 模块中创建一个服务 (service)，命令如下：

```
ng g service module/user/services/serve1
```

这时 user 的目录结构如图 10-7 所示：

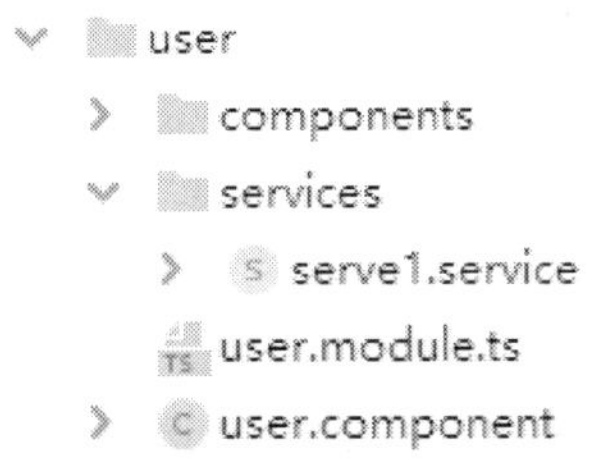

```
∨  ▇ user
   >  ▇ components
   ∨  ▇ services
      >  ⓢ serve1.service
      ▇ user.module.ts
   >  ⓒ user.component
```

图 10-7　user 模块的目录结构

服务创建完成后，可以在 user.module.ts 中进行引入和注入，具体代码如下：

```
import {Serve1Service} from './services/serve1.service'
@NgModule({
  //声明组件，user模块中的组件
  declarations: [AboutComponent, AddressComponent, OrderComponent,
    UserComponent
  ],
  imports: [
      // 注入模块
    CommonModule
  ],
  providers:[
      // 注入服务
    Serve1Service
  ]
})
```

10.1.4　挂载自定义模块及组件

user 模块创建完成后，要想使用其中的组件，还需要把 user 中的组件暴露出来，其他模块才可以使用。

例如把 user 模块中的根组件暴露出来，在 user.module.ts 中使用 exports:[] 来实现，具体代码如下：

```
import { UserComponent } from './user.component';
  //暴露组件，让其他模块里面可以使用暴露的组件
  exports:[
    UserComponent
  ],
```

根组件暴露以后，下面在根模块中再进行引入并注入，具体代码如下：

```
// 引入自定义模块
import {UserModule } from './module/user/user.module';
imports: [
    BrowserModule,
    AppRoutingModule,
    //注入user模块
    UserModule
  ],
```

在根组件 app.component.html 中手动挂载 user 模块中暴露的组件，代码如下：

```
<app-home></app-home>
<hr>
<!--自定义模块中暴露的根组件-->
<app-user></app-user>
```

然后重新运行项目，在谷歌浏览器中打开默认路径，可以看到 user 中的根组件挂载成功，效果如图 10-8 所示。

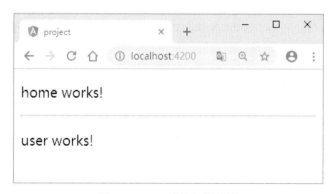

图 10-8　user 模块加载效果

挂载自定义模块的子组件，也可以使用暴露的方式，例如把 about 组件、address 组件和 order 组件暴露：

```
import { AboutComponent } from './components/about/about.component';
import { AddressComponent } from './components/address/address.component';
import { OrderComponent } from './components/order/order.component';
exports:[
    UserComponent,AboutComponent,AddressComponent,OrderComponent
  ],
```

这时便可以在其他模块中使用它们了。例如在根模块中挂载它们：

```
<app-home></app-home>
<hr>
<!--自定义模块中暴露的根组件-->
<app-user></app-user>
<hr>
<!--自定义模块中暴露的子组件-->
<p><app-about></app-about></p>
<p><app-address></app-address></p>
<p><app-order></app-order></p>
<router-outlet></router-outlet>
```

然后重新运行项目，在谷歌浏览器中打开默认路径，可以看到 user 模块中的子组件挂载成功，效果如图 10-9 所示。

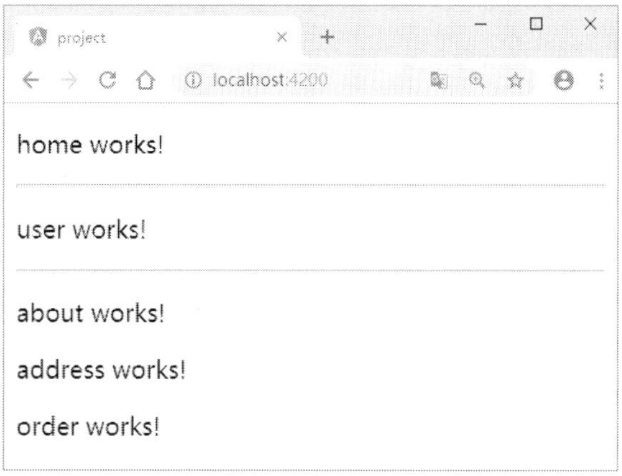

图 10-9　user 模块中的子组件加载效果

10.1.5　自定义模块访问自身组件

对于 user 模块中的子组件，除了可以使用暴露的方式外，还可以直接在 user 模块的根组件中挂载，这样在其他模块中挂载 user 模块时，其中的子组件也可以被挂载，如图 10-10 所示。

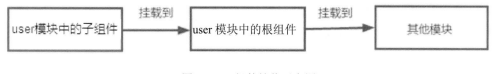

图 10-10　组件挂载示意图

下面不暴露 user 模块中的子组件：

```
exports:[
    UserComponent
  ],
```

直接在 user 模块的根组件 (user.component.html) 中挂载子组件：

```
<p>user works!</p>
<hr>
<p>挂载的子组件</p>
<p><app-about></app-about></p>
<p><app-address></app-address></p>
<p><app-order></app-order></p>
```

只在项目根组件 (app.component.html) 中挂载 user 模块的根组件：

```
<app-home></app-home>
<hr>
<!--自定义模块中暴露的根组件-->
<app-user></app-user>
<router-outlet></router-outlet>
```

然后重新运行项目，在谷歌浏览器中打开默认路径，可以看到 user 模块中的子组件挂载成功，效果如图 10-11 所示。

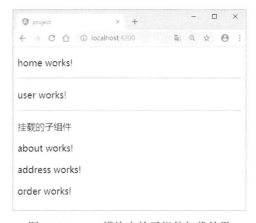

图 10-11　user 模块中的子组件加载效果

10.2　配置路由模块懒加载

前面已经介绍了自定义模块，在自定义模块中可以定义组件、服务和指令。但是，由于 Angular 中模块的懒加载特性，一些工程师喜欢把一个组件单独放在一个模块中，然后在根模块中配置模块的懒加载来提升应用的性能。

10.2.1　创建懒加载项目

(1) 使用 angular-cli 创建一个项目，在命令控制台中运行：

```
ng new lazyload
```

安装并在配置路由时选择"y"。

(2) 创建自定义模块。在创建模块时，在后面加上"--routing"，用来配置路由。创建 user(用户) 和 project(产品) 两个模块，命令如下：

```
ng g module module/user --routing
ng g module module/product --routing
```

(3) 创建模块的根组件：

```
ng g component module/user
ng g component module/product
```

以上就完成了项目的创建和配置，模块的结构如图 10-12 所示。

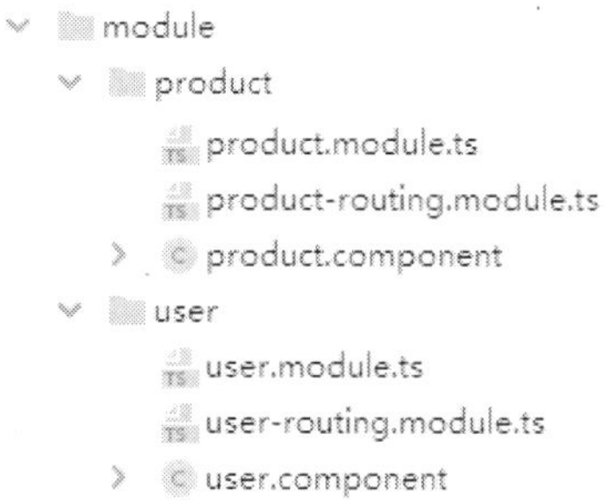

图 10-12　新建模块的目录结构

10.2.2　实现模块懒加载

在前面小节中，我们是使用手动挂载的方式，本节使用路由的方式动态挂载模块，也就是实现模块的懒加载。

(1) 分别在 user-routing.module.ts 和 product-routing.module.ts 中引入根组件，并配置路由。

① user-routing.module.ts 文件：

```
//引入user模块的根组件
import {UserComponent} from './user.component'
//配置模块根组件路由
const routes: Routes = [
  {path:'',component:UserComponent }
];
```

② product-routing.module.ts 文件：

```
//引入product模块的根组件
import {ProductComponent} from './product.component'
//配置模块根组件路由
const routes: Routes = [
  {path:'',component:ProductComponent }
];
```

(2) 在项目根模块动态挂载自定义模块。首先在根模块 (app.component.html) 中定义跳转地址。

```
<div class="box">
  <a [routerLink]="['/user']" >用户模块</a>
  <a [routerLink]="['/product']" >产品模块</a>
</div>
<router-outlet></router-outlet>
```

在 app.component.css 中设置简单的样式：

```
.box{
  height: 50px;
  line-height: 50px;
  background: black;
}
a{
  padding: 10px 50px;
  color:#ffffff;
}
```

刷新页面，项目根模块页面加载效果如图 10-13 所示。

图 10-13　项目根模块页面效果

(3) 在项目根组件中配置路由。这里动态挂载自定义模块中的组件，不需要再引入组件了，只需要在 app-router.module.ts 中配置即可。

```
const routes: Routes = [
  {path:'user',loadChildren:'./module/user/user.module#UserModule'},
  {path:'product',loadChildren:'./module/product/product.module#ProductModule'}
];
```

其中，#UserModule 和 #ProductModule 是模块根组件的具体类名。

提示

　　loadChildren 是延迟加载子模块，这对于加载页面的性能有很好的提升。通俗地讲，就是说进入主模块的时候，子模块不加载，等需要进入子模块的时候才加载。项目划分模块的时候，使用 loadChildren 配置路由是最佳选择方案。

到这里模块的懒加载就定义完了。刷新页面，此时单击"用户模块"，将加载用户模块中的根组件内容，效果如图 10-14 所示。

图 10-14　用户模块加载效果

在以前页面加载时，会把所有模块挂载到项目的根模块中。使用懒加载后，就不需要把所有模块加载到其中了。例如上面示例，在项目根模块中并没有挂载自定义模块，刷新页面后，页面不会加载任何内容，当单击某一个链接，匹配到对应的路由后才会加载对应的模块内容。

如果想默认加载某一个自定义模块，可以使用 redirectTo 来实现。例如默认加载 user 模块：

```
const routes: Routes = [
  {path:'user',loadChildren:'./module/user/user.module#UserModule'},
  {path:'product',loadChildren:'./module/product/product.module#ProductModule'},
  {path:'**',redirectTo:'user'}
];
```

10.2.3　在子模块中配置路由

在上面示例中，配置了自定义模块中的根组件的路由，单击链接后会直接挂载根组件。如果自定义模块中还有其他子组件，如何配置呢？

下面在 product 模块中定义两个子组件 list 和 price，命令如下：

```
ng g component module/product/components/list
ng g component module/product/components/price
```

模块此时的目录结构如图 10-15 所示。

图 10-15　模块此时的目录结构

接下来配置子路由，方式有两种。

(1) 和根组件配置成兄弟路由：

```
{path:'',component:ProductComponent },
{path:'list',component:ListComponent},
{path:'price',component:PriceComponent}
```

这种配置方式，是把 list 和 price 组件直接挂载到项目的根组件上，而不是模块的根组件上。此时，在路径中添加"/list"，将加载 list 组件的内容，如图 10-16 所示。

图 10-16　兄弟路由下 list 组件页面效果

(2) 和根组件配置成父子路由：

```
{path:'',component:ProductComponent,
    children:[
    {path:'list',component:ListComponent},
    {path:'price',component:PriceComponent}
  ]
  }
```

这种配置方式，会把 list 组件和 price 组件挂载到 product 模块的根组件上，此时在路径中添加"/product"，显示效果没什么变化，还是显示根组件的内容，如图 10-17 所示。

图 10-17　父子路由下 list 组件页面效果

要想显示 list 组件的内容，需要在 product 模块的根组件 (product.module.ts) 中添加路由插座 <router-outlet></router-outlet>，这样才能把 list 和 price 组件挂载到 product 模块上。

```
<p>product works!</p>
<router-outlet></router-outlet>
```

刷新页面，在路径中添加 "/list"，此时页面效果如图 10-18 所示。

图 10-18　添加插座后 list 组件页面效果

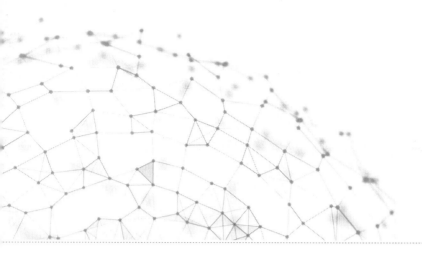

第11章

借用**Bootstrap**的组件

Bootstrap 是当下最流行的前端框架，它封装了大量美观的组件，在 Angular 中也可以使用这些组件，来让我们的页面变得更加好看。本章我们就来介绍如何在 Angular 中使用 Bootstrap 组件。

11.1　配置环境

要在 angular-cli 中使用 Bootstrap，首先需要配置环境。下面先使用 angular-cli 创建一个项目：

```
ng new demo
```

项目创建完成后，具体的配置步骤如下。

(1) 安装 Bootstrap 和 Jquery。由于 Bootstrap 依赖于 jQuery 库，所以需要安装。在命令控制台中，先进入项目目录，然后安装，命令如下：

```
npm install bootstrap --save
npm install jquery --save
```

(2) 安装描述文件。

```
npm install @types/jquery --save-dev
npm install @types/bootstrap --save-dev
```

(3) 修改项目配置文件。在 angular.json 文件中找到 styles 和 script，把安装好的目录放进去。

```
"styles": [
        "src/styles.css",
```

```
        "node_modules/bootstrap/dist/css/bootstrap.css"
    ],
"scripts": [
        "node_modules/jquery/dist/jquery.js",
        "node_modules/bootstrap/dist/js/bootstrap.js"
    ]
```

到这里就配置完了。

Bootstrap 4 中的字体图标已经不再默认含有了，所以还需要引入免费的字体图标库 font Awesome，在项目的 index.html 中引入它：

```
<link href="//netdna.bootstrapcdn.com/font-awesome/4.7.0/css/font-awesome.min.
css" rel="stylesheet">
```

下面检测一下是否配置成功，在根组件页面 app.component.html 中编写一个按钮，并添加 btn-primary 类，代码如下：

```
<button class="btn btn-primary">bootstrap按钮效果</button>
```

运行项目，在谷歌浏览器中访问 localhost:4200，页面效果如图 11-1 所示。

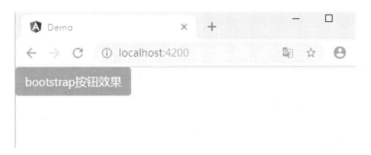

图 11-1　按钮效果

提示

　　后面介绍的所有内容，都是在 app.component.html 中完成的，在实际中，根项目可以在其他的地方完成 Bootstrap 组件的使用。

出现图 11-1 所示效果说明配置成功，可以在项目中使用 Bootstrap 框架了。在接下来的内容中，将介绍一些常用的 Bootstrap 组件。

11.2　按钮组件

按钮是网页中不可缺少的一个组件，例如页面中的登录按钮和注册按钮。Bootstrap 专门定制了按钮样式类，并支持自定义样式。

11.2.1　定义按钮

Bootstrap 4 中使用 btn 类来定义按钮。btn 类不仅可以在 <button> 元素上使用，也可以在 <a>、<input> 元素上使用，都能定义按钮效果（在个别浏览器下会有不同的渲染差异）。

示例 1：定义按钮。

```
<!--使用<button>元素定义按钮-->
<button class="btn">Button</button>
<!--使用<a>元素定义按钮-->
<a class="btn" href="#">Link</a>
<!--使用<input>元素定义按钮-->
<input class="btn" type="button" value="Input">
```

启动 demo 项目，在谷歌浏览器中访问 localhost:4200，页面效果如图 11-2 所示。

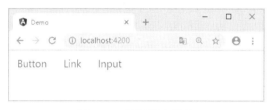

图 11-2　按钮默认效果

在 Bootstrap 4 中，仅仅添加 btn 类，按钮不会显示任何效果，只有在单击时才会显示淡蓝色的边框。上面展示了 Bootstrap 4 中按钮组件的默认效果，下一节将介绍 Bootstrap 4 为按钮定制的其他样式。

11.2.2　设计按钮风格

在 Bootstrap 4 中，为按钮定义了多种样式，例如背景颜色、边框颜色、大小和状态，下面分别进行介绍。

1. 设计背景颜色

Bootstrap 4 为按钮定制了多种背景颜色类，包括 btn-primary、btn-secondary、btn-success、btn-danger、btn-warning、btn-info、btn-light 和 btn-dark。

每种颜色都有自己的语义。

● btn-primary：亮蓝色，主要的。

● btn-secondary：灰色，次要的。

● btn-success：亮绿色，表示成功或积极的动作。

● btn-danger：红色，提醒存在危险。

● btn-warning：黄色，表示警告，提醒应该谨慎。

● btn-info：浅蓝色，表示信息。

● btn-light：高亮。

● btn-dark：黑色。

示例 2：按钮背景颜色。

```
<div class="container">
  <h3 class="mb-4">按钮背景颜色</h3>
  <button type="button" class="btn btn-primary">主要</button>
  <button type="button" class="btn btn-secondary">次要</button>
  <button type="button" class="btn btn-success">成功</button>
  <button type="button" class="btn btn-danger">危险</button>
  <button type="button" class="btn btn-warning">警告</button>
  <button type="button" class="btn btn-info">信息</button>
  <button type="button" class="btn btn-light">明亮</button>
  <button type="button" class="btn btn-dark">黑暗</button>
</div>
```

启动 demo 项目，在谷歌浏览器中访问 localhost:4200，页面效果如图 11-3 所示。

图 11-3　按钮背景颜色效果

2. 设计边框颜色

在 btn 类的引用中，如果不希望按钮带有沉重的背景颜色，可以使用 btn-outline-*
来设置按钮的边框。* 可以从 primary、secondary、success、danger、warning、info、
light 和 dark 中进行选择。

注意

添加 btn-outline-* 的按钮，其文本颜色和边框颜色是相同的。

示例 3：边框颜色。

```
<div class="container">
  <h3 class="mb-4">按钮边框颜色</h3>
  <button type="button" class="btn btn-outline-primary">主要</button>
  <button type="button" class="btn btn-outline-secondary">次要</button>
  <button type="button" class="btn btn-outline-success">成功</button>
  <button type="button" class="btn btn-outline-danger">危险</button>
  <button type="button" class="btn btn-outline-warning">警告</button>
  <button type="button" class="btn btn-outline-info">信息</button>
  <button type="button" class="btn btn-outline-light">明亮</button>
  <button type="button" class="btn btn-outline-dark">黑暗</button>
</div>
```

启动 demo 项目，在谷歌浏览器中访问 localhost:4200，页面效果如图 11-4 所示。

图 11-4　边框颜色效果

3. 设计大小

Bootstrap 4 中定义了两个设置按钮大小的类，可以根据网页布局选择大小合适的按钮。

- btn-lg：大号按钮。
- btn-sm：小号按钮。

示例 4： 按钮大小。

```
<div class="container">
  <h3 class="mb-4">按钮的大小</h3>
  <button type="button" class="btn btn-primary btn-lg">大号按钮</button>
  <button type="button" class="btn btn-primary">默认大小</button>
  <button type="button" class="btn btn-primary btn-sm">小号按钮</button>
</div>
```

启动 demo 项目，在谷歌浏览器中访问 localhost:4200，页面效果如图 11-5 所示。

另外，Bootstrap 4 还定义了一个 .btn-block 类，使用它可以创建块级按钮，效果如图 11-6 所示。

```
<button type="button" class="btn btn-primary btn-block">登录</button>
<button type="button" class="btn btn-secondary btn-block">注册</button>
```

图 11-5　按钮不同大小效果

图 11-6　块级按钮效果

4. 激活和禁用状态

(1) 激活状态：为按钮添加 active 类可实现激活状态。激活状态下，按钮的背景颜色更深、边框变暗、带内阴影。

(2) 禁用状态：将 disabled 属性添加到 <button> 元素中可实现禁用状态。禁用状态下，按钮的颜色变暗，且不具有交互性，单击不会有任何响应。

> **注意**
>
> 　　使用 <a> 元素设置的按钮，禁用状态有些不同。<a> 不支持 disabled 属性，因此必须添加 disabled 类以使其在视觉上显示为禁用。

示例 5：激活和禁用按钮。

```
<div class="container">
<button href="#" class="btn btn-primary active">激活状态</button>
<button type="button" class="btn btn-primary" disabled>禁用状态</button>
<button href="#" class="btn btn-primary">默认状态</button>
</div>
```

启动 demo 项目，在谷歌浏览器中访问 localhost:4200，页面效果如图 11-7 所示。

图 11-7　激活和禁用效果

11.3　按钮组组件

如果想要把一系列按钮结合在一起，可以使用按钮组来实现。按钮组与下拉菜单组件结合使用，可以设计出按钮组工具栏，类似于按钮式导航样式。

11.3.1　定义按钮组

用含有 btn-group 类的容器包含一系列 <a> 或 <button> 标签，可以生成一个按钮组。

示例 6：定义按钮组。

```
<div class="container">
<h3 class="mb-4">按钮组</h3>
<div class="btn-group">
    <button type="button" class="btn btn-primary">主页</button>
    <button type="button" class="btn btn-warning">列表页</button>
    <button type="button" class="btn btn-info">详情页</button>
    <button type="button" class="btn btn-secondary">评论页</button>
</div>
</div>
```

启动 demo 项目，在谷歌浏览器中访问 localhost:4200，页面效果如图 11-8 所示。

图 11-8　按钮组效果

11.3.2　定义按钮组工具栏

将多个按钮组 (btn-group) 包含在一个含有 btn-toolbar 类的容器中，可以将按钮组组合成更复杂的按钮组工具栏。

示例 7：定义按钮组工具栏。

```
<div class="container">
<h3 class="mb-4">按钮组工具栏</h3>
<div class="btn-toolbar">
    <div class="btn-group mr-2">
        <button type="button" class="btn btn-primary">上一页</button>
    </div>
    <div class="btn-group mr-2">
        <button type="button" class="btn btn-warning">1</button>
        <button type="button" class="btn btn-warning">2</button>
        <button type="button" class="btn btn-warning">3</button>
        <button type="button" class="btn btn-warning">4</button>
        <button type="button" class="btn btn-warning">5</button>
    </div>
    <div class="btn-group">
        <button type="button" class="btn btn-info">下一页</button>
    </div>
</div>
</div>
```

启动 demo 项目，在谷歌浏览器中访问 localhost:4200，页面效果如图 11-9 所示。

图 11-9　按钮组工具栏效果

还可以将输入框与工具栏中的按钮组混合使用，并添加合适的通用样式类来设置间隔空间。

示例 8：结合输入框。

```
<div class="container">
<h3 class="mb-4">按钮组工具栏结合输入框</h3>
<div class="btn-toolbar mb-3" role="toolbar" aria-label="Toolbar with button groups">
    <div class="btn-group mr-2" role="group" aria-label="First group">
        <button type="button" class="btn btn-secondary">1</button>
        <button type="button" class="btn btn-secondary">2</button>
        <button type="button" class="btn btn-secondary">3</button>
        <button type="button" class="btn btn-secondary">4</button>
    </div>
    <div class="input-group">
        <div class="input-group-prepend">
            <div class="input-group-text" id="btnGroupAddon">@</div>
        </div>
        <input type="text" class="form-control" placeholder="邮箱">
    </div>
</div>
</div>
```

启动 demo 项目，在谷歌浏览器中访问 localhost:4200，页面效果如图 11-10 所示。

图 11-10　结合输入框效果

11.3.3　设计按钮组布局和样式

Bootstrap 中定义了一些样式类，可以根据不同的场景选择使用。

1. 垂直布局

把一系列按钮包含在含有 **btn-group-vertical** 类的容器中，可以设计垂直分布的按钮组。

示例 9：按钮组垂直布局。

```
<div class="container">
<h3 class="mb-4">垂直布局</h3>
<div class="btn-group-vertical">
    <button type="button" class="btn btn-primary">服装</button>
    <button type="button" class="btn btn-primary">美妆</button>
    <button type="button" class="btn btn-warning">数码</button>
    <button type="button" class="btn btn-warning">箱包</button>
    <button type="button" class="btn btn-warning">美食</button>
</div>
</div>
```

启动 demo 项目，在谷歌浏览器中访问 localhost:4200，页面效果如图 11-11 所示。

图 11-11　按钮组垂直布局效果

2. 控制按钮组大小

在含有 btn-group 类的容器中添加 btn-group-lg或 btn-group-sm 类，可以设计按钮组的大小。

示例 10：控制按钮组的大小。

```
<div class="container">
<h3 class="mb-4">按钮组大小</h3>
<div class="btn-group btn-group-lg mr-2">
    <button type="button" class="btn btn-primary">大号按钮组</button>
    <button type="button" class="btn btn-primary">大号按钮组</button>
</div><hr/>
<div class="btn-group mr-2">
    <button type="button" class="btn btn-warning">默认大小</button>
    <button type="button" class="btn btn-warning">默认大小</button>
</div><hr/>
<div class="btn-group btn-group-sm">
    <button type="button" class="btn btn-info">小号按钮组</button>
    <button type="button" class="btn btn-info">小号按钮组</button>
</div>
</div>
```

启动 demo 项目，在谷歌浏览器中访问 localhost:4200，页面效果如图 11-12 所示。

图 11-12　按钮组不同大小效果

11.4　导航组件

导航组件包括标签页导航和胶囊导航，不仅可以为它们设计激活样式，还可以在导航中添加下拉菜单。另外，导航组件还提供了不同的样式类，来设计导航的风格和布局。

11.4.1　定义导航

Bootstrap 中提供了导航可共享的通用标记和样式，例如基础的 nav 样式类和活动与禁用状态类。基础的 nav 组件采用 Flexbox 弹性布局构建，并为构建所有类型的导航组件提供了坚实的基础，包括一些样式覆盖。

Bootstrap 导航组件一般以列表结构为基础进行设计，在 <ul> 上添加 nav 类，在每个 <li> 选项上添加 nav-item 类，在每个链接上添加 nav-link 类。

```html
<ul class="nav">
    <li class="nav-item">
        <a class="nav-link" href="#">首页</a>
    </li>
    <li class="nav-item">
        <a class="nav-link" href="#">列表页</a>
    </li>
    <li class="nav-item">
        <a class="nav-link" href="#">详情页</a>
    </li>
    <li class="nav-item">
        <a class="nav-link " href="#">登录页</a>
    </li>
</ul>
```

在 Bootstrap 4 中，nav 类可以使用在其他元素上，非常灵活，不仅仅可以在 <ul> 列表中，也可以自定义一个 <nav> 元素。因为 nav 类基于 Flexbox 弹性盒子定义，导航链接的行为与导航项目相同，不需要额外的标记。

```html
<nav class="nav">
    <a class="nav-link active" href="#">首页</a>
    <a class="nav-link" href="#">列表页</a>
    <a class="nav-link" href="#">详情页</a>
    <a class="nav-link disabled" href="#">登录页</a>
</nav>
```

启动 demo 项目，在谷歌浏览器中访问 localhost:4200，页面效果如图 11-13 所示。

图 11-13　导航效果

11.4.2 设计导航的布局

1. 水平对齐

默认情况下，导航是左对齐，使用 Flexbox 布局属性可轻松地更改导航的水平对齐方式。

● justify-content-center：设置导航水平居中。

● justify-content-end：设置导航右对齐。

示例 11：导航水平对齐。

```
<div class="container border">
<h3 class="mb-3">居中对齐</h3>
<ul class="nav justify-content-center">
    <li class="nav-item">
        <a class="nav-link active" href="#">网站首页</a>
    </li>
    <li class="nav-item">
        <a class="nav-link" href="#">新闻中心</a>
    </li>
    <li class="nav-item">
        <a class="nav-link" href="#">模板展示</a>
    </li>
    <li class="nav-item">
        <a class="nav-link disabled" href="#">关于我们</a>
    </li>
</ul>
<h3 class="my-5 mb-3">右对齐</h3>
<ul class="nav justify-content-end">
    <li class="nav-item">
        <a class="nav-link active" href="#">网站首页</a>
    </li>
    <li class="nav-item">
        <a class="nav-link" href="#">新闻中心</a>
    </li>
    <li class="nav-item">
        <a class="nav-link" href="#">模板展示</a>
    </li>
    <li class="nav-item">
        <a class="nav-link disabled" href="#">关于我们</a>
    </li>
</ul>
</div>
```

启动 demo 项目，在谷歌浏览器中访问 localhost:4200，页面效果如图 11-14 所示。

图 11-14　导航水平对齐效果

2. 垂直布局

使用 flex-column 类可以设置导航的垂直布局。如果只需要在特定的 viewport 屏幕上垂直布局，还可以定义响应式类，例如 flex-sm-column 类，表示只在小屏设备 (<768px) 上导航垂直布局。

示例 12：垂直布局。

```
<div class="container">
<h3 class="mb-4">垂直布局</h3>
<ul class="nav flex-column border">
    <li class="nav-item">
        <a class="nav-link active" href="#">网站首页</a>
    </li>
    <li class="nav-item">
        <a class="nav-link" href="#">新闻中心</a>
    </li>
    <li class="nav-item">
        <a class="nav-link" href="#">模板展示</a>
    </li>
    <li class="nav-item">
        <a class="nav-link disabled" href="#">关于我们</a>
    </li>
</ul>
</div>
```

启动 demo 项目，在谷歌浏览器中访问 localhost:4200，页面效果如图 11-15 所示。

图 11-15　导航垂直布局效果

11.4.3　设计导航的风格

1. 设计标签页导航

为导航添加 nav-tabs 类可以实现标签页导航，然后对选中的选项用 active 类进行标记。

示例 13：标签页导航。

```
<div class="container">
<h3 class="mb-4">标签页导航</h3>
<ul class="nav nav-tabs">
    <li class="nav-item">
        <a class="nav-link active" href="#">网站首页</a>
```

```
    </li>
    <li class="nav-item">
        <a class="nav-link" href="#">新闻中心</a>
    </li>
    <li class="nav-item">
        <a class="nav-link" href="#">模板展示</a>
    </li>
    <li class="nav-item">
        <a class="nav-link disabled" href="#">关于我们</a>
    </li>
</ul>
</div>
```

启动 demo 项目，在谷歌浏览器中访问 localhost:4200，页面效果如图 11-16 所示。

图 11-16　标签页导航效果

2. 设计胶囊式导航

为导航添加 nav-pills 类可以实现胶囊式导航，然后对选中的选项用 active 类进行标记。

示例 14： 胶囊式导航。

```
<div class="container">
<h3 class="mb-4">胶囊式导航</h3>
<ul class="nav nav-pills">
    <li class="nav-item">
        <a class="nav-link active" href="#">网站首页</a>
    </li>
    <li class="nav-item">
        <a class="nav-link" href="#">新闻中心</a>
    </li>
    <li class="nav-item">
        <a class="nav-link" href="#">模板展示</a>
    </li>
    <li class="nav-item">
        <a class="nav-link disabled" href="#">关于我们</a>
    </li>
</ul>
</div>
```

启动 demo 项目，在谷歌浏览器中访问 localhost:4200，页面效果如图 11-17 所示。

图 11-17　胶囊式导航效果

3. 填充和对齐

对于导航的内容有一个扩展类 nav-fill，nav-fill 类会为含有 nav-item 类的元素按照比例分配空间。

注意

nav-fill 类用于分配导航所占的水平空间，而不是设置每个导航项目的宽度相同。

示例 15：填充和对齐

```
<div class="container">
<h3 class="mb-4">填充和对齐</h3>
<ul class="nav nav-pills nav-fill">
    <li class="nav-item">
        <a class="nav-link active" href="#">网站首页</a>
    </li>
    <li class="nav-item">
        <a class="nav-link" href="#">新闻中心</a>
    </li>
    <li class="nav-item">
        <a class="nav-link" href="#">模板展示</a>
    </li>
    <li class="nav-item">
        <a class="nav-link disabled" href="#">关于我们</a>
    </li>
</ul>
</div>
```

启动 demo 项目，在谷歌浏览器中访问 localhost:4200，页面效果如图 11-18 所示。

图 11-18　填充和对齐效果

当使用 <nav> 定义导航时，需要在超链接上添加 nav-item 类，才能实现填充和对齐。

```html
<div class="container">
<h3 class="mb-4">填充和对齐</h3>
<nav class="nav nav-pills nav-fill">
    <a class="nav-item nav-link active" href="#">网站首页</a>
    <a class="nav-item nav-link" href="#">新闻中心</a>
    <a class="nav-item nav-link" href="#">模板展示</a>
    <a class="nav-item nav-link disabled" href="#">关于我们</a>
</nav>
</div>
```

11.4.4　设计导航选项卡

导航选项卡就像 tab(标签) 栏一样，选择标签栏中的不同项可以切换相应内容框中的内容。在 Bootstrap 4 中，导航选项卡一般在标签页导航和胶囊式导航的基础上实现。

设计步骤如下。

(1) 设计并激活标签页导航和胶囊式导航。为每个导航项上的超链接定义 data-toggle="tab" 或 data-toggle="pill" 属性，激活导航的交互行为。

```html
<ul class="nav nav-pills">
    <li class="nav-item">
        <a class="nav-link active" data-toggle="pill" href="#">网站首页</a>
    </li>
    <li class="nav-item">
        <a class="nav-link" data-toggle="pill" href="#">新闻中心</a>
    </li>
    <li class="nav-item">
        <a class="nav-link" data-toggle="pill" href="#">模板展示</a>
    </li>
    <li class="nav-item">
        <a class="nav-link" data-toggle="pill" href="#">关于我们</a>
    </li>
</ul>
```

(2) 在导航结构的基础上添加内容包含框，使用 tab-content 类定义内容显示框。在内容包含框中插入与导航结构对应的多个子内容框，并使用 tab-pane 进行定义。

(3) 为每个内容包含框定义 id 值，并在导航项中为超链接绑定锚链接。

这里以胶囊导航为例，完成代码如下：

```html
<div class="container">
<h3 class="mb-4">胶囊导航选项卡</h3>
<ul class="nav nav-pills">
    <li class="nav-item">
        <a class="nav-link active" data-toggle="pill" href="#head">网站首页</a>
    </li>
    <li class="nav-item">
        <a class="nav-link" data-toggle="pill" href="#new">新闻中心</a>
    </li>
    <li class="nav-item">
        <a class="nav-link" data-toggle="pill" href="#template">模板展示</a>
```

```
            </li>
            <li class="nav-item">
                <a class="nav-link" data-toggle="pill" href="#about">关于我们</a>
            </li>
        </ul>
        <div class="tab-content">
            <div class="tab-pane active" id="head">网站首页内容</div>
            <div class="tab-pane" id="new">新闻中心内容</div>
            <div class="tab-pane" id="template">模板展示内容</div>
            <div class="tab-pane" id="about">关于我们内容</div>
        </div>
    </div>
```

　　启动 demo 项目，在谷歌浏览器中访问 localhost:4200，然后切换到"模板展示"选项卡，内容也相应切换，效果如图 11-19 所示。

图 11-19　胶囊导航选项卡效果

提示

可以为每个 tab-pane 添加 fade 类来实现淡入效果。

```
<div class="tab-content">
    <div class="tab-pane fade show active" id="head">网站首页内容</div>
    <div class="tab-pane fade" id="new">新闻中心内容</div>
    <div class="tab-pane fade" id="template">模板展示内容</div>
    <div class="tab-pane fade" id="about">关于我们内容</div>
</div>
```

　　还可以利用网格系统布局，设置垂直形式的胶囊导航选项卡。

示例 16：垂直形式的胶囊导航选项卡。

```
<div class="container">
<h3 class="mb-4">胶囊导航选项卡（垂直形式）</h3>
<div class="row">
    <div class="col-4">
        <ul class="nav nav-pills">
            <li class="nav-item">
                <a class="nav-link active" data-toggle="pill" href="#head">网站首页</a>
            </li>
            <li class="nav-item">
                <a class="nav-link" data-toggle="pill" href="#new">新闻中心</a>
            </li>
```

```
        <li class="nav-item">
            <a class="nav-link" data-toggle="pill" href="#template">模板展示</a>
        </li>
        <li class="nav-item">
            <a class="nav-link" data-toggle="pill" href="#about">关于我们</a>
        </li>
    </ul>
</div>
<div class="col-8">
    <div class="tab-content">
        <div class="tab-pane active" id="head">网站首页内容</div>
        <div class="tab-pane" id="new">新闻中心内容</div>
        <div class="tab-pane" id="template">模板展示内容</div>
        <div class="tab-pane" id="about">关于我们内容</div>
    </div>
</div>
</div>
</div>
```

启动 demo 项目，在谷歌浏览器中访问 localhost:4200，然后切换到"新闻中心"选项卡，内容也相应切换，效果如图 11-20 所示。

图 11-20　垂直形式的胶囊导航选项卡效果

11.5　徽章

徽章组件 (Badges) 主要用于突出显示新的或未读的内容，在 E-mail 客户端很常见。

11.5.1　定义徽章

通常使用 <span> 标签，添加 badge 类来设计徽章。

徽章可以嵌在标题中，并通过标题样式来适配其大小，因为徽章的大小是用 em 单位来设计的，所以有良好的弹性。

示例 17：定义徽章。

```
<div class="container">
<h3 class="mb-4">标题中添加徽章</h3>
<h1>标题示例 <span class="badge badge-secondary">徽章</span></h1>
```

```
<h2>标题示例 <span class="badge badge-secondary">徽章</span></h2>
<h3>标题示例 <span class="badge badge-secondary">徽章</span></h3>
<h4>标题示例 <span class="badge badge-secondary">徽章</span></h4>
<h5>标题示例 <span class="badge badge-secondary">徽章</span></h5>
<h6>标题示例 <span class="badge badge-secondary">徽章</span></h6>
</div>
```

启动 demo 项目，在谷歌浏览器中访问 localhost:4200，页面效果如图 11-21 所示。

图 11-21　徽章效果

徽章还可以作为链接或按钮的一部分来表示计数器。

示例 18： 按钮徽章。

```
<div class="container">
<h3 class="mb-4">按钮、链接中添加徽章</h3>
<button type="button" class="btn btn-primary">
    按钮<span class="badge badge-light ml-4">1</span>
</button>
<button type="button" class="btn btn-danger">
    按钮<span class="badge badge-light ml-4">2</span>
</button>
<button type="button" class="btn btn-success">
    链接<span class="badge badge-light ml-4">3</span>
</button>
<a href="#" class="btn btn-warning">
    链接<span class="badge badge-light ml-4">4</span>
</a>
</div>
```

启动 demo 项目，在谷歌浏览器中访问 localhost:4200，页面效果如图 11-22 所示。

图 11-22　按钮徽章效果

11.5.2　设置颜色

Bootstrap 4 中为徽章定制了一系列的颜色类：badge-primary、badge-secondary、badge-success、badge-danger、badge-warning、badge-info、badge-light 和 badge-dark 类。

示例 19：设置徽章颜色。

```
<div class="container">
<h3 class="mb-4">设置徽章颜色</h3>
<span class="badge badge-primary">主要</span>
<span class="badge badge-secondary">次要</span>
<span class="badge badge-success">成功</span>
<span class="badge badge-danger">危险</span>
<span class="badge badge-warning">警告</span>
<span class="badge badge-info">信息</span>
<span class="badge badge-light">明亮</span>
<span class="badge badge-dark">深色</span>
</div>
```

启动 demo 项目，在谷歌浏览器中访问 localhost:4200，页面效果如图 11-23 所示。

图 11-23　徽章颜色效果

11.5.3　椭圆形徽章

椭圆形徽章是 Bootstrap 4 中新增加的一个样式，使用 badge-pill 类进行定义。badge-pill 类的代码如下：

```
.badge-pill {
  padding-right: 0.6em;
  padding-left: 0.6em;
  border-radius: 10rem;
}
```

设置水平内边距和较大的圆角边框，可以使徽章看起来更圆润。

示例 20：椭圆形徽章。

```
<div class="container">
<h3 class="mb-4">药丸徽章</h3>
<span class="badge badge-pill badge-primary">主要</span>
<span class="badge badge-pill badge-secondary">次要</span>
<span class="badge badge-pill badge-success">成功</span>
<span class="badge badge-pill badge-danger">危险</span>
<span class="badge badge-pill badge-warning">警告</span>
<span class="badge badge-pill badge-info">信息</span>
<span class="badge badge-pill badge-light">明亮</span>
<span class="badge badge-pill badge-dark">深色</span>
</div>
```

启动 demo 项目，在谷歌浏览器中访问 localhost:4200，页面效果如图 11-24 所示。

图 11-24　椭圆形徽章效果

11.6 警告框

警告框组件通过提供一些灵活的预定义消息，为用户动作提供反馈消息和提示。

11.6.1 定义警告框

使用 alert 类可以设计警告框组件，还可以使用 alert-success、alert-info、alert-warning、alert-danger、alert-primary、alert-secondary、alert-light 或 alert-dark 类来定义不同的颜色，类似于 IE 浏览器的警告效果。

提示

只添加 alert 类是没有任何页面效果的，需要根据场景选择合适的颜色类。

示例 21：定义警告框。

```
<div class="container">
<h3 class="mb-4">警告框</h3>
<div class="alert alert-primary">
```

```
        <strong>主要的!</strong> 这是一个重要的操作信息。
    </div>
    <div class="alert alert-secondary">
        <strong>次要的!</strong> 显示一些不重要的信息。
    </div>
    <div class="alert alert-success">
        <strong>成功!</strong> 指定操作成功提示信息。
    </div>
    <div class="alert alert-info">
        <strong>信息!</strong> 请注意这个信息。
    </div>
    <div class="alert alert-warning">
        <strong>警告!</strong> 设置警告信息。
    </div>
    <div class="alert alert-danger">
        <strong>错误!</strong> 危险的操作。
    </div>
    <div class="alert alert-dark">
        <strong>深灰色!</strong> 深灰色提示框。
    </div>
    <div class="alert alert-light">
        <strong>浅灰色!</strong>浅灰色提示框。
    </div>
</div>
```

启动 demo 项目，在谷歌浏览器中访问 localhost:4200，页面效果如图 11-25 所示。

图 11-25　警告框效果

11.6.2 添加链接

使用 .alert-link 类可以给带颜色的警告框中的链接添加合适的颜色，会自动对应一个优化后的链接颜色方案。

示例 22：设置链接颜色。

```
<div class="container">
<h3 class="mb-4">警告框中链接的颜色</h3>
<div class="alert alert-primary">
    悟已往之不谏，知来者之可追。——<a href="#" class="alert-link">陶渊明</a>《归去来兮辞》
</div>
<div class="alert alert-secondary">
    悟已往之不谏，知来者之可追。——<a href="#" class="alert-link">陶渊明</a>《归去来兮辞》
</div>
<div class="alert alert-success">
    悟已往之不谏，知来者之可追。——<a href="#" class="alert-link">陶渊明</a>《归去来兮辞》
</div>
<div class="alert alert-info">
    悟已往之不谏，知来者之可追。——<a href="#" class="alert-link">陶渊明</a>《归去来兮辞》
</div>
<div class="alert alert-warning">
    悟已往之不谏，知来者之可追。——<a href="#" class="alert-link">陶渊明</a>《归去来兮辞》
</div>
<div class="alert alert-danger">
    悟已往之不谏，知来者之可追。——<a href="#" class="alert-link">陶渊明</a>《归去来兮辞》
</div>
<div class="alert alert-dark">
    悟已往之不谏，知来者之可追。——<a href="#" class="alert-link">陶渊明</a>《归去来兮辞》
</div>
<div class="alert alert-light">
    悟已往之不谏，知来者之可追。——<a href="#" class="alert-link">陶渊明</a>《归去来兮辞》
</div>
</div>
```

启动 demo 项目，在谷歌浏览器中访问 localhost:4200，页面效果如图 11-26 所示。

图 11-26　链接颜色效果

11.6.3 关闭警告框

在警告框中添加 alert-dismissible 类，然后在关闭按钮的链接上添加 class="close" 和 data-dismiss="alert" 类来设置警告框的关闭操作。

示例 23： 关闭警告框。

```
<div class="container">
<h3 class="mb-4">关闭警告框</h3>
<div class="alert alert-success alert-dismissible">
    <button type="button" class="close" data-dismiss="alert">&times;</button>
    <b>001</b>  悟已往之不谏，知来者之可追。
</div>
<div class="alert alert-info alert-dismissible">
    <button type="button" class="close" data-dismiss="alert">&times;</button>
    <b>002</b>  悟已往之不谏，知来者之可追。
</div>
<div class="alert alert-warning alert-dismissible">
    <button type="button" class="close" data-dismiss="alert">&times;</button>
    <b>003</b>  悟已往之不谏，知来者之可追。
</div>
</div>
```

启动 demo 项目，在谷歌浏览器中访问 localhost:4200，页面效果如图 11-27 所示；当单击 001 警告框中的关闭按钮后，001 警告框将被删除，效果如图 11-28 所示。

图 11-27 删除前效果

图 11-28 删除后效果

还可以添加 fade 和 show 设置警告框在关闭时的淡出和淡入效果。

```
<div class="alert alert-success alert-dismissible fade show">
    <button type="button" class="close" data-dismiss="alert">&times;</button>
    <b>001</b>  悟已往之不谏，知来者之可追。
</div>
…
```

11.7 进度条

Bootstrap 4 提供了简单、漂亮、彩色的进度条。其中，条纹和动画效果的进度条用 CSS3 的渐变（Gradients）、透明度（Transitions）和动画效果（animations）来实现。

11.7.1 定义进度条

在 Bootstrap 4 中，进度条一般由嵌套的两层结构标签构成，外层标签引入 progress 类，用来设计进度槽；内层标签引入 progress-bar 类，用来设计进度条。基本结构如下：

```
<div class="progress">
    <div class="progress-bar"></div>
</div>
```

在进度条中使用 width 样式属性设置进度条的进度，也可以使用 Bootstrap 4 中提供的设置宽度的通用样式，例如 w-25、w-50、w-75 等。

示例 24：进度条效果。

```
<div class="container">
<h3 class="mb-4">进度条</h3>
<div class="progress">
    <div class="progress-bar w-25"></div>
</div><br/>
<div class="progress">
    <div class="progress-bar w-50"></div>
</div><br/>
<div class="progress">
    <div class="progress-bar w-75"></div>
</div>
</div>
```

启动 demo 项目，在谷歌浏览器中访问 localhost:4200，页面效果如图 11-29 所示。

图 11-29　进度条效果

11.7.2 设计进度条样式

下面使用 Bootstrap 4 中的通用样式来设计进度条。

1. 添加标签

将文本内容放在 progress-bar 类容器中，可实现标签效果，用来表示进度条的具体进度，一般以百分比表示。

示例 25：添加标签。

```
<div class="container">
<h3 class="mb-4">添加标签</h3>
```

```
<div class="progress">
    <div class="progress-bar w-25">25%</div>
</div><br/>
<div class="progress">
    <div class="progress-bar w-50">50%</div>
</div><br/>
<div class="progress">
    <div class="progress-bar w-75">75%</div>
</div>
</div>
```

启动 demo 项目，在谷歌浏览器中访问 localhost:4200，页面效果如图 11-30 所示。

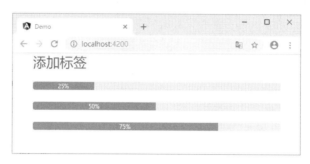

图 11-30　添加标签效果

2. 设置高度

在进度槽上设置高度，进度条会自动调整高度。

示例 26：设置高度。

```
<div class="container">
<h3 class="mb-4">设置高度</h3>
<!--默认高度-->
<div class="progress">
    <div class="progress-bar w-50">75%</div>
</div><br/>
<!--设置进度槽的高度为30px-->
<div class="progress" style="height:30px">
    <div class="progress-bar w-50">50%</div>
</div>
</div>
```

启动 demo 项目，在谷歌浏览器中访问 localhost:4200，页面效果如图 11-31 所示。

图 11-31　设置高度效果

3. 设置背景色

进度条的背景色可以用 Bootstrap 4 通用的样式 bg-* 类来设置。* 代表 primary、secondary、success、danger、warning、info、light 和 dark。

示例 27：设置背景色。

```
<div class="container">
<h3 class="mb-4">设置背景色</h3>
<div class="progress">
    <div class="progress-bar bg-success" style="width: 50%"></div>
</div><br/>
<div class="progress">
    <div class="progress-bar bg-info" style="width: 50%"></div>
</div><br/>
<div class="progress">
    <div class="progress-bar bg-warning" style="width: 50%"></div>
</div><br/>
<div class="progress">
    <div class="progress-bar bg-danger" style="width: 50%"></div>
</div>
</div>
```

启动 demo 项目，在谷歌浏览器中访问 localhost:4200，页面效果如图 11-32 所示。

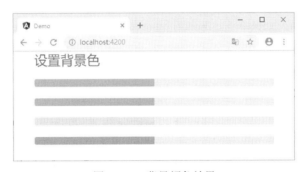

图 11-32　背景颜色效果

11.7.3　设计进度条风格

进度条的风格包括多进度条、条纹进度条和动画条纹进度条。

1. 多进度条进度

如果有需要，可在进度槽中包含多个进度条。

示例 28：多进度条进度。

```
<div class="container">
<h4 class="mb-4">多进度条进度</h4>
<div class="progress">
    <div class="progress-bar" style="width:15%;">20%</div>
    <div class="progress-bar bg-warning" style="width: 30%;">30%</div>
    <div class="progress-bar bg-info" style="width: 20%;">20%</div>
</div>
</div>
```

启动 demo 项目,在谷歌浏览器中访问 localhost:4200,页面效果如图 11-33 所示。

图 11-33　多进度条进度效果

2. 条纹进度条

将 progress-bar-striped 类添加到 progress-bar 容器上,可以使用 CSS 渐变为背景颜色加上条纹效果。

示例 29:条纹进度条。

```
<div class="container">
<h3 class="mb-4">条纹进度条</h3>
<div class="progress">
    <div class="progress-bar w-25 progress-bar-striped">25%</div>
</div><br/>
<div class="progress">
    <div class="progress-bar w-50 progress-bar-striped">50%</div>
</div><br/>
<div class="progress">
    <div class="progress-bar w-75 progress-bar-striped">75%</div>
</div>
</div>
```

启动 demo 项目,在谷歌浏览器中访问 localhost:4200,页面效果如图 11-34 所示。

图 11-34　条纹进度条效果

3. 动画条纹进度

条纹渐变也可以做成动画效果,将 progress-bar-animated 类加到 progress-bar 容器上,即可实现 CSS3 绘制的从右到左的动画效果。

注意

动画条纹进度条不适用于 Opera 12 浏览器中,因为它不支持 CSS3 动画。

示例 30：动画条纹进度条。

```
<div class="container">
<h3 class="mb-4">动画条纹进度条</h3>
<div class="progress">
    <div class="progress-bar w-75 bg-success progress-bar-striped progress-bar-
        animated"></div>
</div><br/>
<div class="progress">
    <div class="progress-bar w-75 bg-info progress-bar-striped progress-bar-
        animated"></div>
</div><br/>
<div class="progress">
    <div class="progress-bar w-75 bg-warning progress-bar-striped progress-bar-
        animated"></div>
</div><br/>
<div class="progress">
    <div class="progress-bar w-75 bg-danger progress-bar-striped progress-bar-
        animated"></div>
</div>
</div>
```

启动 demo 项目，在谷歌浏览器中访问 localhost:4200，页面效果如图 11-35 所示。

图 11-35　动画条纹进度条效果

11.8　列表组

列表组是一个灵活而且强大的组件，不仅可以用来显示简单的元素列表，还可以通过定义来显示复杂的内容。

11.8.1　定义列表组

最基本的列表组就是在 <ul> 元素上添加 list-group 类，在 <li> 元素上添加 list-group-item 类和 list-group-item-action 类。list-group-item 类设计列表项的字体颜色、宽度和对齐方式，list-group-item-action 类设计列表项在悬浮时的浅灰色背景。

示例 31：列表组。

```
<div class="container">
<h3 class="mb-4">列表组</h3>
<ul class="list-group">
    <li class="list-group-item list-group-item-action">全心全力 见心见行</li>
    <li class="list-group-item list-group-item-action">同心同德 起帆远航</li>
    <li class="list-group-item list-group-item-action">同心同行 共创未来</li>
    <li class="list-group-item list-group-item-action">激情闪耀 共创辉煌</li>
    <li class="list-group-item list-group-item-action">超越梦想 再创辉煌</li>
</ul>
</div>
```

启动 demo 项目，在谷歌浏览器中访问 localhost:4200，页面效果如图 11-36 所示。

图 11-36　列表组效果

11.8.2　设计列表组的风格样式

在 Bootstrap 4 中，为列表组设置了不同的风格样式，可以根据场景选择使用。

1. 设计激活和禁用状态

将 active 类或 disabled 类添加到 list-group 下的其中一行或多行，以指示当前为激活或禁用状态。

示例 32：激活和禁用。

```
<div class="container">
<h3 class="mb-4">激活和禁用状态</h3>
<ul class="list-group">
    <li class="list-group-item active">全心全力 见心见行（激活状态）</li>
    <li class="list-group-item">同心同德 起帆远航</li>
    <li class="list-group-item disabled">同心同行 共创未来（禁用状态）</li>
    <li class="list-group-item">激情闪耀 共创辉煌</li>
    <li class="list-group-item">超越梦想 再创辉煌</li>
</ul>
</div>
```

启动 demo 项目，在谷歌浏览器中访问 localhost:4200，页面效果如图 11-37 所示。

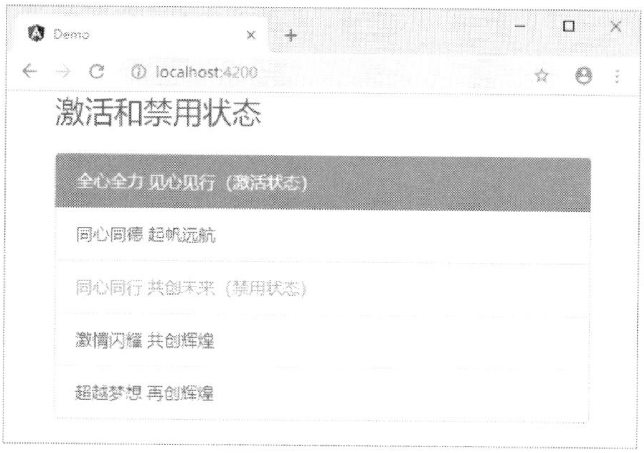

图 11-37　激活和禁用效果

2. 去除边框和圆角

在列表组中加入 list-group-flush 类，可以移除部分边框和圆角，从而产生边缘贴齐的列表组，可以与卡片组件结合使用，会有更好的呈现效果。

示例 33：去除边框和圆角。

```
<div class="container">
<h3 class="mb-4">去除边框和圆角</h3>
<ul class="list-group list-group-flush">
    <li class="list-group-item list-group-item-action">全心全力 见心见行</li>
    <li class="list-group-item list-group-item-action">同心同德 起帆远航</li>
    <li class="list-group-item list-group-item-action">同心同行 共创未来</li>
    <li class="list-group-item list-group-item-action">激情闪耀 共创辉煌</li>
    <li class="list-group-item list-group-item-action">超越梦想 再创辉煌</li>
</ul>
</div>
```

启动 demo 项目，在谷歌浏览器中访问 localhost:4200，页面效果如图 11-38 所示。

图 11-38　去除边框和圆角效果

3. 设计列表项的颜色

列表项的颜色类：.list-group-item-success、list-group-item-secondary、list-group-item-info、list-group-item-warning、list-group-item-danger、list-group-item-dark 和 list-group-item-light。这些颜色类包括背景色和文字颜色，可以选择合适的类来设置列表项的背景色和文字颜色。

示例 34：设计列表项的颜色。

```
<div class="container">
<h3 class="mb-4">背景和文字颜色</h3>
<ul class="list-group">
    <li class="list-group-item list-group-item-primary">全心全力 见心见行</li>
    <li class="list-group-item list-group-item-secondary">同心同德 起帆远航</li>
    <li class="list-group-item list-group-item-success">同心同行 共创未来</li>
    <li class="list-group-item list-group-item-danger">激情闪耀 共创辉煌</li>
    <li class="list-group-item list-group-item-warning">超越梦想 再创辉煌</li>
    <li class="list-group-item list-group-item-info">飞跃巅峰 纵横四海</li>
    <li class="list-group-item list-group-item-light">融合梦想 努力超越</li>
    <li class="list-group-item list-group-item-dark">超越第一 实现梦想</li>
</ul>
</div>
```

启动 demo 项目，在谷歌浏览器中访问 localhost:4200，页面效果如图 11-39 所示。

图 11-39　列表项的颜色效果

4. 添加徽章

在列表项中添加 badge 类 (徽章类) 来设计徽章效果。

示例 35：添加徽章。

```
<div class="container">
<h3 class="mb-4">添加徽章</h3>
<h5>每句口号支持的人数: </h5>
<ul class="list-group">
    <li class="list-group-item d-flex justify-content-between align-items-center">
        激情闪耀 共创辉煌
        <span class="badge badge-primary badge-pill">30</span>
    </li>
    <li class="list-group-item d-flex justify-content-between align-items-center">
```

```
        超越梦想 再创辉煌
        <span class="badge badge-primary badge-pill">50</span>
    </li>
    <li class="list-group-item d-flex justify-content-between align-items-center">
        超越第一 实现梦想
        <span class="badge badge-primary badge-pill">20</span>
    </li>
</ul>
</div>
```

启动 demo 项目，在谷歌浏览器中访问 localhost:4200，页面效果如图 11-40 所示。

图 11-40　添加徽章效果

11.8.3　定制内容

在 Flexbox 通用样式定义的支持下，列表组中几乎可以添加任意的 HTML 内容，包括标签、内容和链接等。下面就来定制一个招聘信息的列表。

示例 36：定制内容。

```
<div class="container">
<h3 class="mb-3">定制内容</h3>
<h5>招聘信息</h5>
<div class="list-group">
    <a href="#" class="list-group-item list-group-item-action active">
        <div class="d-flex w-100 justify-content-between">
            <h5 class="mb-1">公司名称</h5>
            <small>发布时间</small>
        </div>
        <p class="mb-1">描述</p>
        <p>薪资</p>
    </a>
    <a href="#" class="list-group-item list-group-item-action">
        <div class="d-flex w-100 justify-content-between">
            <h5 class="mb-1">顺畅建筑有限公司</h5>
            <small class="text-muted">一天前</small>
        </div>
        <p class="mb-1">公司在全国各地都有项目，现招一位项目经理，工作地点在新疆...</p>
        <p>10k—15k</p>
    </a>
    <a href="#" class="list-group-item list-group-item-action">
        <div class="d-flex w-100 justify-content-between">
```

```
            <h5 class="mb-1">梦想网络有限公司</h5>
            <small class="text-muted">一天前</small>
        </div>
            <p class="mb-1">本公司位于北京，现招一位web前端工程师，要求有2年以上工作经
                验...</p>
        <p>8k-12k</p>
    </a>
</div>
</div>
```

启动 demo 项目，在谷歌浏览器中访问 localhost:4200，页面效果如图 11-41 所示。

图 11-41　定制内容效果

11.9　面包屑

通过 Bootstrap 4 的内置 CSS 样式，可以自动添加分隔符，并呈现导航层次和网页结构，从而指示当前页面的位置，为访客创造优秀用户体验。

11.9.1　定义面包屑

面包屑 (Breadcrumbs) 是一种基于网站层次信息的显示方式。

Bootstrap 4 中的面包屑是一个带有 breadcrumb 类的列表，分隔符会通过 CSS 中的 ::before 和 content 来添加，代码如下：

```
.breadcrumb-item + .breadcrumb-item::before {
  display: inline-block;
  padding-right: 0.5rem;
  color: #6c757d;
  content: "/";
}
```

示例 37：定义面包屑。

```
<div class="container">
<h2 class="mb-3">面包屑</h2>
<nav aria-label="breadcrumb">
    <ol class="breadcrumb">
        <li class="breadcrumb-item active">首页</li>
    </ol>
</nav>
<nav aria-label="breadcrumb">
    <ol class="breadcrumb">
        <li class="breadcrumb-item"><a href="#">首页</a></li>
        <li class="breadcrumb-item active">图书馆</li>
    </ol>
</nav>
<nav aria-label="breadcrumb">
    <ol class="breadcrumb">
        <li class="breadcrumb-item"><a href="#">首页</a></li>
        <li class="breadcrumb-item"><a href="#">图书馆</a></li>
        <li class="breadcrumb-item active">工程类</li>
    </ol>
</nav>
</div>
```

启动 demo 项目，在谷歌浏览器中访问 localhost:4200，页面效果如图 11-42 所示。

图 11-42　面包屑效果

11.9.2　设计分隔符

分隔符通过 ::before 和 CSS 中的 content 自动添加，如果想设置不同的分隔符，可以在 app.component.css 文件中添加以下代码覆盖掉 Bootstrap 中的样式：

```
.breadcrumb-item + .breadcrumb-item::before {
  display: inline-block;
  padding-right: 0.5rem;
  color: #6c757d;
  content: ">";
}
```

通过修改其中的 content:" "; 来设计不同的分隔符，这里更改为 ">" 符号。

示例 38: 设计面包屑分隔符。

```
<div class="container">
<h2 class="mb-3">设计分隔符</h2>
<nav aria-label="breadcrumb">
    <ol class="breadcrumb">
        <li class="breadcrumb-item active">首页</li>
    </ol>
</nav>
<nav aria-label="breadcrumb">
    <ol class="breadcrumb">
        <li class="breadcrumb-item"><a href="#">首页</a></li>
        <li class="breadcrumb-item active">图书馆</li>
    </ol>
</nav>
<nav aria-label="breadcrumb">
    <ol class="breadcrumb">
        <li class="breadcrumb-item"><a href="#">首页</a></li>
        <li class="breadcrumb-item"><a href="#">图书馆</a></li>
        <li class="breadcrumb-item active">工程类</li>
    </ol>
</nav>
</div>
```

启动 demo 项目,在谷歌浏览器中访问 localhost:4200,页面效果如图 11-43 所示。

图 11-43　设计面包屑分隔符效果

11.10　分页

在网页开发过程中,如果碰到内容过多的情况,一般都会使用分页处理。

11.10.1　定义分页

在 Bootstrap 4 中可以很简单地实现分页效果,在 <ul> 元素上添加 pagination 类,然后在 <li> 元素上添加 page-item 类,在超链接中添加 page-link 类,即可实现一个简单的分页。

基本结构如下:

```
<ul class="pagination">
    <li class="page-item"><a class="page-link" href="#">Previous</a></li>
    <li class="page-item"><a class="page-link" href="#">1</a></li>
    <li class="page-item"><a class="page-link" href="#">2</a></li>
    <li class="page-item"><a class="page-link" href="#">3</a></li>
    <li class="page-item"><a class="page-link" href="#">Next</a></li>
</ul>
```

在 Bootstrap 4 中，一般情况下都是使用 <ul> 来设计分页，也可以使用其他元素。

示例 39： 定义分页。

```
<div class="container">
<h3 class="mb-4">定义分页</h3>
<ul class="pagination">
    <li class="page-item"><a class="page-link" href="#">首页</a></li>
    <li class="page-item"><a class="page-link" href="#">上一页</a></li>
    <li class="page-item"><a class="page-link" href="#">1</a></li>
    <li class="page-item"><a class="page-link" href="#">2</a></li>
    <li class="page-item"><a class="page-link" href="#">3</a></li>
    <li class="page-item"><a class="page-link" href="#">4</a></li>
    <li class="page-item"><a class="page-link" href="#">5</a></li>
    <li class="page-item"><a class="page-link" href="#">下一页</a></li>
    <li class="page-item"><a class="page-link" href="#">尾页</a></li>
</ul>
</div>
```

启动 demo 项目，在谷歌浏览器中访问 localhost:4200，页面效果如图 11-44 所示。

图 11-44　分页效果

11.10.2　使用图标

在分页中，可以使用图标来代替"上一页"或"下一页"。上一页使用"«"图标来设计，下一页使用"»"图标来设计。当然，还可以使用字体图标库中的图标来设计，例如 Font Awesome 图标库。

示例 40： 使用图标。

```
<div class="container">
<h3 class="mb-4">使用图标</h3>
<ul class="pagination">
    <li class="page-item"><a class="page-link" href="#">首页</a></li>
    <li class="page-item">
        <a class="page-link" href="#"><span>&laquo;</span></a>
    </li>
```

```
    <li class="page-item"><a class="page-link" href="#">1</a></li>
    <li class="page-item"><a class="page-link" href="#">2</a></li>
    <li class="page-item"><a class="page-link" href="#">3</a></li>
    <li class="page-item"><a class="page-link" href="#">4</a></li>
    <li class="page-item"><a class="page-link" href="#">5</a></li>
    <li class="page-item">
        <a class="page-link" href="#"><span >&raquo;</span></a>
    </li>
    <li class="page-item"><a class="page-link" href="#">尾页</a></li>
</ul>
</div>
```

启动 demo 项目，在谷歌浏览器中访问 localhost:4200，页面效果如图 11-45 所示。

图 11-45   使用图标效果

11.10.3   设计分页风格

1. 设置大小

Bootstrap 中提供了下面两个类来设置分页的大小。

(1)pagination-lg：大号分页样式。

(2)pagination-sm：小号分页样式。

示例 41：设置分页大小。

```
<div class="container">
<h3 class="mb-4">设置大小</h3>
<!--大号分页样式-->
<ul class="pagination pagination-lg">
    <li class="page-item"><a class="page-link" href="#">首页</a></li>
    <li class="page-item">
        <a class="page-link" href="#"><span>&laquo;</span></a>
    </li>
    <li class="page-item"><a class="page-link" href="#">1</a></li>
    <li class="page-item"><a class="page-link" href="#">2</a></li>
    <li class="page-item"><a class="page-link" href="#">3</a></li>
    <li class="page-item"><a class="page-link" href="#">4</a></li>
    <li class="page-item"><a class="page-link" href="#">5</a></li>
    <li class="page-item">
        <a class="page-link" href="#"><span >&raquo;</span></a>
    </li>
    <li class="page-item"><a class="page-link" href="#">尾页</a></li>
</ul>
<!--默认分页效果-->
<ul class="pagination">
    <li class="page-item"><a class="page-link" href="#">首页</a></li>
```

```html
    <li class="page-item">
        <a class="page-link" href="#"><span>&laquo;</span></a>
    </li>
    <li class="page-item"><a class="page-link" href="#">1</a></li>
    <li class="page-item"><a class="page-link" href="#">2</a></li>
    <li class="page-item"><a class="page-link" href="#">3</a></li>
    <li class="page-item"><a class="page-link" href="#">4</a></li>
    <li class="page-item"><a class="page-link" href="#">5</a></li>
    <li class="page-item">
        <a class="page-link" href="#"><span >&raquo;</span></a>
    </li>
    <li class="page-item"><a class="page-link" href="#">尾页</a></li>
</ul>
<!--小号分页效果-->
<ul class="pagination pagination-sm">
    <li class="page-item"><a class="page-link" href="#">首页</a></li>
    <li class="page-item">
        <a class="page-link" href="#"><span>&laquo;</span></a>
    </li>
    <li class="page-item"><a class="page-link" href="#">1</a></li>
    <li class="page-item"><a class="page-link" href="#">2</a></li>
    <li class="page-item"><a class="page-link" href="#">3</a></li>
    <li class="page-item"><a class="page-link" href="#">4</a></li>
    <li class="page-item"><a class="page-link" href="#">5</a></li>
    <li class="page-item">
        <a class="page-link" href="#"><span >&raquo;</span></a>
    </li>
    <li class="page-item"><a class="page-link" href="#">尾页</a></li>
</ul>
</div>
```

启动 demo 项目，在谷歌浏览器中访问 localhost:4200，页面效果如图 11-46 所示。

图 11-46　分页不同大小效果

2. 激活和禁用分页项

可以使用 active 类高亮显示当前所在的分页项，使用 disabled 类设置禁用的分页项。

示例 42：激活和禁用分页项。

```html
<div class="container">
<h3 class="mb-4">激活和禁用分页项</h3>
<ul class="pagination">
    <li class="page-item"><a class="page-link" href="#">首页</a></li>
    <li class="page-item">
```

```
        <a class="page-link" href="#"><span>&laquo;</span></a>
    </li>
    <li class="page-item"><a class="page-link" href="#">1</a></li>
    <li class="page-item active"><a class="page-link" href="#">2</a></li>
    <li class="page-item"><a class="page-link" href="#">3</a></li>
    <li class="page-item"><a class="page-link" href="#">4</a></li>
    <li class="page-item disabled"><a class="page-link" href="#">5</a></li>
    <li class="page-item">
        <a class="page-link" href="#"><span>&raquo;</span></a>
    </li>
    <li class="page-item"><a class="page-link" href="#">尾页</a></li>
</ul>
</div>
```

启动 demo 项目，在谷歌浏览器中访问 localhost:4200，页面效果如图 11-47 所示。

图 11-47　激活和禁用分页项效果

3. 设置对齐方式

默认状态下，分页是左对齐，可以使用 Flexbox 弹性布局通用样式，将分页组件设置为居中对齐和右对齐。justify-content-center 类用于设置居中对齐，justify-content-end 类用于设置右对齐。

示例 43：设置对齐方式。

```
<div class="container">
<h3 class="mb-4">居中对齐</h3>
<ul class="pagination mb-5 justify-content-center">
    <li class="page-item"><a class="page-link" href="#">首页</a></li>
    <li class="page-item">
        <a class="page-link" href="#"><span>&laquo;</span></a>
    </li>
    <li class="page-item"><a class="page-link" href="#">1</a></li>
    <li class="page-item active"><a class="page-link" href="#">2</a></li>
    <li class="page-item"><a class="page-link" href="#">3</a></li>
    <li class="page-item"><a class="page-link" href="#">4</a></li>
    <li class="page-item"><a class="page-link" href="#">5</a></li>
    <li class="page-item">
        <a class="page-link" href="#"><span >&raquo;</span></a>
    </li>
    <li class="page-item"><a class="page-link" href="#">尾页</a></li>
</ul>
<h3 class="mb-4">右对齐</h3>
<ul class="pagination justify-content-end">
    <li class="page-item"><a class="page-link" href="#">首页</a></li>
    <li class="page-item">
```

```
            <a class="page-link" href="#"><span>&laquo;</span></a>
    </li>
    <li class="page-item"><a class="page-link" href="#">1</a></li>
    <li class="page-item active"><a class="page-link" href="#">2</a></li>
    <li class="page-item"><a class="page-link" href="#">3</a></li>
    <li class="page-item"><a class="page-link" href="#">4</a></li>
    <li class="page-item"><a class="page-link" href="#">5</a></li>
    <li class="page-item">
        <a class="page-link" href="#"><span >&raquo;</span></a>
    </li>
    <li class="page-item"><a class="page-link" href="#">尾页</a></li>
</ul>
</div>
```

启动 demo 项目，在谷歌浏览器中访问 localhost:4200，页面效果如图 11-48 所示。

图 11-48　对齐效果

11.11　旋转器特效

基于纯 CSS 的旋转特效类 (spinner-border)，用于指示控件或页面的加载状态。它们只使用 HTML 和 CSS 构建，这意味着不需要任何 JavaScript 来创建它们。但是，需要一些定制的 JavaScript 来切换它们的可见性，它们的外观、对齐方式和大小可以很容易地使用 Bootstrap 令人惊叹的实用程序类进行定制。

11.11.1　定义旋转器

在 Bootstrap 4 中使用 spinner-border 类定义旋转器。

```
<div class="spinner-border"></div>
```

启动 demo 项目，在谷歌浏览器中访问 localhost:4200，页面效果如图 11-49 所示。

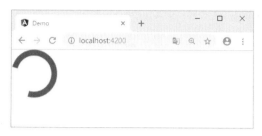

图 11-49　旋转器

如果不喜欢旋转特效，可以切换到"渐变缩放"效果，即从小到大的缩放冒泡特效，它使用 spinner-grow 类定义。

页面显示效果由小到大，如图 11-50 和图 11-51 所示。

```html
<div class="spinner-grow"></div>
```

图 11-50　小的状态效果

图 11-51　大的状态效果

11.11.2　设计旋转器风格

使用 Bootstrap 通用样式类设置旋转器的风格。

1. 设置颜色

旋转特效控件和渐变缩放基于 CSS 的 currentColor 属性继承 border-color，可以在标准旋转器上使用文本颜色类定义颜色。

示例 44：设置颜色。

```html
<div class="container">
<h3 class="mb-4">旋转器颜色</h3>
<div class="spinner-border text-primary"></div>
<div class="spinner-border text-secondary"></div>
<div class="spinner-border text-success"></div>
<div class="spinner-border text-danger"></div>
<div class="spinner-border text-warning"></div>
<div class="spinner-border text-info"></div>
<div class="spinner-border text-light"></div>
<div class="spinner-border text-dark"></div>
<h3 class="my-4">渐变缩放颜色</h3>
<div class="spinner-grow text-primary"></div>
<div class="spinner-grow text-secondary"></div>
```

```
<div class="spinner-grow text-success"></div>
<div class="spinner-grow text-danger"></div>
<div class="spinner-grow text-warning"></div>
<div class="spinner-grow text-info"></div>
<div class="spinner-grow text-light"></div>
<div class="spinner-grow text-dark"></div>
</div>
```

启动 demo 项目，在谷歌浏览器中访问 localhost:4200，页面效果如图 11-52 所示。

图 11-52　不同颜色效果

 提示

可以使用 Bootstrap 的外边距类设置它的边距，如下设置为 m-5：

```
<div class="spinner-border m-5"></div>
```

---

2. 设置旋转器的大小

可以添加 spinner-border-sm 和 .spinner-grow-sm 类制作一个更小的旋转器。或者，根据需要自定义 CSS 样式来更改旋转器的大小。

示例 45：设置旋转器的大小。

```
<div class="container">
<h3 class="mb-4">设置旋转器的大小</h3>
<div class="spinner-border spinner-border-sm"></div>
<div class="spinner-grow spinner-grow-sm  ml-5"></div><hr/>
<h2 class="mb-3">自定义旋转器的大小</h2>
<div class="spinner-border" style="width: 3rem; height: 3rem;"></div>
<div class="spinner-grow ml-5" style="width: 3rem; height: 3rem;"></div>
</div>
```

启动 demo 项目，在谷歌浏览器中访问 localhost:4200，页面效果如图 11-53 所示。

图 11-53　旋转器大小效果

11.11.3 对齐旋转器

使用 Flexbox 类、浮动类或文本对齐类，可以将旋转器精确地放置在需要的位置上。

1. 使用 Flexbox 类

下面使用 Flexbox 设置水平对齐方式。

示例 46： 用 Flexbox 设置水平对齐。

```
<div class="container">
<h3 class="mb-4">居中对齐</h3>
<div class="d-flex justify-content-center">
    <div class="spinner-border"></div>
</div><hr>
<h3 class="my-4">右对齐</h3>
<div class="d-flex align-items-center">
    <div class="spinner-border ml-auto"></div>
</div>
</div>
```

启动 demo 项目，在谷歌浏览器中访问 localhost:4200，页面效果如图 11-54 所示。

图 11-54　使用 Flexbox 设置水平对齐效果

2. 使用浮动类

使用 float-right 类设置右对齐，并在父元素中清除浮动，以免导致页面布局混乱。

示例 47： 使用浮动类设置右对齐。

```
<div class="container">
<h3 class="mb-4">右对齐</h3>
<div class="clearfix">
    <div class="spinner-border float-right"></div>
</div>
</div>
```

启动 demo 项目，在谷歌浏览器中访问 localhost:4200，页面效果如图 11-55 所示。

图 11-55　使用浮动类设置右对齐效果

3. 使用文本类

使用 text-center、text-right 文本对齐类可以设置旋转器的位置。

示例 48：使用文本类。

```
<div class="container">
<h3 class="mb-4">居中对齐</h3>
<div class="text-center">
    <div class="spinner-border"></div>
</div><hr/>
<h3 class="mb-4">居右对齐</h3>
<div class="text-right">
    <div class="spinner-border"></div>
</div>
</div>
```

启动 demo 项目，在谷歌浏览器中访问 localhost:4200，页面效果如图 11-56 所示。

图 11-56 使用文本类对齐效果

11.11.4 按钮旋转器

在按钮中可以使用旋转器指示当前正在处理或正在进行的操作，还可以从 spinner 元素中交换文本，并根据需要使用按钮文本。

示例 49：按钮旋转器。

```
<div class="container">
<h3 class="mb-4">按钮旋转器</h3>
<button class="btn btn-danger" type="button" disabled>
    <span class="spinner-border spinner-border-sm"></span>
</button>
<button class="btn btn-danger" type="button" disabled>
    <span class="spinner-border spinner-border-sm"></span>
    Loading...
</button><hr/>
<button class="btn btn-success" type="button" disabled>
    <span class="spinner-grow spinner-grow-sm"></span>
</button>
<button class="btn btn-success" type="button" disabled>
    <span class="spinner-grow spinner-grow-sm"></span>
    Loading...
</button>
</div>
```

启动 demo 项目，在谷歌浏览器中访问 localhost:4200，页面效果如图 11-57 所示。

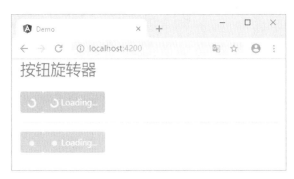

图 11-57　按钮旋转器效果

11.12　卡片

卡片（card）组件是 Bootstrap 4 新增的一组重要样式，它是一个灵活的、可扩展的内容器，包含可选的卡片头和卡片脚、一个大范围的内容、上下文背景色以及强大的显示选项。

如果对 Bootstrap 3 很熟悉的读者，应该知道 Bootstrap 3 的 panel、well 和 thumbnail 组件，这些组件被卡片代替了，它们类似的功能可以通过卡片的修饰类来实现。

11.12.1　定义卡片

卡片是用尽可能少的标记和样式构建的，虽然样式、标记和扩展属性不是很多，但仍然能够提供大量的控制和定制功能。Flexbox 为卡片提供了简单的对齐，并与其他 Bootstrap 组件很好地混合。

下面是一个包含混合内容和固定宽度的基本卡片的示例。默认卡片没有固定的开始宽度，因此它们自然会填充其父元素的全部宽度，可以很容易地通过实用程序进行定制。

示例 50：定义基本卡片。

```
<div class="container">
<h3 class="mb-4">卡片</h3>
<div class="card" style="width: 30rem;">
    <div class="card-div">
        <h5 class="card-title">卡片标题</h5>
        <p class="card-text">内容</p>
        <a href="#" class="btn btn-primary">链接按钮</a>
    </div>
</div>
</div>
```

启动 demo 项目，在谷歌浏览器中访问 localhost:4200，页面效果如图 11-58 所示。

图 11-58　基本卡片效果

11.12.2　卡片风格

卡片可以自定义背景、边框和各种选项的颜色。

1. 背景颜色

使用文本 (text-*) 和背景 (bg-*) 实用程序设置卡片的外观。

示例 51：背景颜色。

```
<div class="container">
<h3 class="mb-4">卡片的背景颜色</h3>
<div class="card text-white bg-primary mb-3">
    <div class="card-header">主卡标头</div>
</div>
<div class="card text-white bg-secondary mb-3">
    <div class="card-header">副卡标头</div>
</div>
<div class="card text-white bg-success mb-3">
    <div class="card-header">成功卡标头</div>
</div>
<div class="card text-white bg-danger mb-3">
    <div class="card-header">危险卡标头</div>
</div>
<div class="card text-white bg-warning mb-3">
    <div class="card-header">警告卡标头</div>
</div>
<div class="card text-white bg-info mb-3">
    <div class="card-header">信息卡标头</div>
</div>
<div class="card text-dark bg-light mb-3">
    <div class="card-header">光卡标头</div>
</div>
<div class="card text-white bg-dark mb-3">
    <div class="card-header">暗卡标头</div>
</div>
</div>
```

启动 demo 项目，在谷歌浏览器中访问 localhost:4200，页面效果如图 11-59 所示。

图 11-59　背景颜色效果

2. 卡片的边框颜色

使用边框 (border-*) 实用程序可以设置卡片的边框颜色。

示例 52：设置边框颜色。

```
<div class="container">
<h3 class="mb-4">卡片的边框颜色</h3>
<div class="card border-primary mb-3">
    <div class="card-header text-primary">Header</div>
</div>
<div class="card border-secondary mb-3">
    <div class="card-header text-secondary">Header</div>
</div>
<div class="card border-success mb-3">
    <div class="card-header text-success">Header</div>
</div>
<div class="card border-danger mb-3">
    <div class="card-header text-danger">Header</div>
</div>
<div class="card border-warning mb-3">
    <div class="card-header text-warning">Header</div>
</div>
<div class="card border-info mb-3">
    <div class="card-header text-info">Header</div>
</div>
<div class="card border-light mb-3">
    <div class="card-header text-dark">Header</div>
</div>
<div class="card border-dark mb-3">
    <div class="card-header text-dark">Header</div>
</div>
</div>
```

启动 demo 项目，在谷歌浏览器中访问 localhost:4200，页面效果如图 11-60 所示。

图 11-60 边框颜色效果

3. 设计样式

可以根据需要更改卡片页眉和页脚上的边框，甚至可以使用 bg-transparent 类删除它们的背景颜色。

示例 53：设计样式。

```
<div class="container">
<h3 class="mb-4">设计样式</h3>
<div class="card border-success mb-3" style="max-width: 25rem;">
    <div class="card-header bg-transparent border-success text-center">作文</div>
    <div class="card-div text-success">
        <h5 class="card-title">雄鹰</h5>
        <p class="card-text">对于雄鹰而言，天上的风再大，也只是锻炼翅膀的机会而已。</p>
    </div>
    <div class="card-footer bg-transparent border-success text-center">小明</div>
</div>
</div>
```

启动 demo 项目，在谷歌浏览器中访问 localhost:4200，页面效果如图 11-61 所示。

图 11-61 设计样式效果

第12章

摄影相册

本案例设计一个摄影相册项目，使用 angular-cli 搭建。本项目主要使用 Angular 的组件和路由，搭配 Bootstrap+Swipebox 灯箱插件进行设计，整个项目页面简洁、精致，适合初学者模仿学习。

12.1 项目概述

本项目包括 4 个组件：首页、分类、博客和联系等。主要设计目标说明如下：

- 页面整体设计简洁精致、风格清新，富有 Web 应用特性。
- 导航的切换使用 Angular 路由进行设计。
- 首页中设计图片的左右滚动效果。
- 为首页和分类页设计 Swipebox 灯箱效果。
- 设计简洁的博客，高效地展示信息。
- 设计简洁可用性强的表单结构，添加提示效果。
- 使用醒目的图标突出显示。

12.1.1 设计效果

本项目通过顶部导航栏来切换页面，每个页面都包括顶部导航栏。

首页是相册的滚动展示区，可通过下方的指示按钮来切换播放的方式（向左或向右），效果如图 12-1 所示。

图 12-1　首页效果

　　相册分类展示页，按时间对照片进行分类，使用分类导航选择查看某一年的相册，效果如图 12-2 所示。

图 12-2　分类页效果

　　博客组件是用来记录用户心情和感想的平台，还包括右侧的旅游推荐区，效果如图 12-3 所示。

图 12-3　博客页效果

联系页的左侧部分是访问者留下联系方式的表单，右侧是作者的联系方式，效果如图 12-4 所示。

图 12-4　联系页效果

12.1.2 设计准备

首先使用 angular-cli 生成一个项目，并创建 home、class、contact 和 blog 组件：

```
ng g component components/home
ng g component components/class
ng g component components/contact
ng g component components/blog
```

在 angular-cli 中使用 bootstrap，首先需要来配置环境，具体的步骤请参考"11.1 配置环境"小节。配置完成后在项目的 index.html 页中，引入 Swipebox 灯箱插件和 JavaScript 代码。

```
<!doctype html>
<html lang="en">
<head>
  <meta charset="utf-8">
  <title>摄影网站</title>
  <base href="/">
  <meta name="viewport" content="width=device-width, initial-scale=1">
  <link rel="icon" type="image/x-icon" href="favicon.ico">
   <link href="//netdna.bootstrapcdn.com/font-awesome/4.7.0/css/font-awesome.
min.css" rel="stylesheet">
  <!--灯箱插件-->
  <script src="assets/js/home.js"></script>
  <link rel="stylesheet" href="assets/js/swipebox-master/src/css/swipebox.css">
  <script src="assets/js/swipebox-master/lib/jquery-2.1.0.min.js"></script>
  <script src="assets/js/swipebox-master/src/js/jquery.swipebox.js"></script>
    <script src="assets/js/index.js"></script>
</head>
<body>
  <app-root></app-root>
</body>
</html>
```

12.2 设计导航栏

本例顶部的导航栏串联整个网站，每个组件中都包含它。它是使用 Bootstrap 导航栏组件进行设计的，功能用 Angular 路由来实现。导航栏代码在根模板（app.component. html）中进行编写。

导航栏中的 navbar-toggler 是切换触发器，默认为左对齐。如果给它定义一个同级的兄弟元素 navbar-brand，它会自动对齐到窗口右边。.navbar-brand 类一般用于设计项目名称或 Logo，通常位于导航栏的左侧。

导航栏中的 navbar-expand{-sm|-md|-lg|-xl} 定义响应式折叠。本项目定义 navbar-expand-lg 类，在大屏设备（≥ 992px）中显示导航栏内容，如图 12-5 所示；在小屏设备（<992px）中隐藏导航栏内容，如图 12-6 所示。

提示

对于永不折叠的导航条，在导航栏上添加 navbar-expand 类；对于总是折叠的导航条，不在导航栏上添加任何 navbar-expand 类。

```html
<div class="container">
    <nav class="navbar navbar-expand-lg navbar-light bg-light">
        <a class="navbar-brand" href="index.html"><img src="assets/images/logo.jpg"
alt="" width="45"></a>
        <button class="navbar-toggler" type="button" data-toggle="collapse" data-
target="#navbarContent">
            <span class="navbar-toggler-icon"></span>
        </button>
        <div class="collapse navbar-collapse" id="navbarContent">
            <ul class="navbar-nav mr-auto">
                <li class="nav-item active">
                    <a [routerLink]="['/home']" class="nav-link">首页</a>
                </li>
                <li class="nav-item">
                    <a [routerLink]="['/class']" class="nav-link">分类</a>
                </li>
                <li class="nav-item">
                    <a [routerLink]="['/blog']" class="nav-link">博客</a>
                </li>
                <li class="nav-item">
                    <a [routerLink]="['/contact']" class="nav-link">联系</a>
                </li>
            </ul>
            <form class="form-inline my-2 my-lg-0">
                <input class="form-control mr-sm-2" type="search" placeholder="搜索">
                <button class="btn btn-outline-success my-2 my-sm-0" type="submit">搜索
</button>
            </form>
        </div>
    </nav>
</div>
```

图 12-5　显示导航栏内容

图 12-6　隐藏导航栏内容

12.3　首页

首页主要是图片展示部分，接下来看一下图片展示区的具体设计。

12.3.1　设计相册展示

相册展示区是由一组图片和两个按钮组成的，默认状态下，图片自左向右滚动展示，可以通过下方的两个按钮控制滚动方向，如图 12-7 所示。

图 12-7　相册展示

设计步骤如下：

第 1 步，定义一个 Bootstrap 基本布局容器 container，所有设计内容都包含在其中。

第 2 步，设计相册展示区的图片和 2 个手形箭头。所有图片包含在无序列表中，使用超链接来定义左右箭头，箭头图标使用 <i class="fa fa-hand-o-left fa-2x"> 和 <i class="fa fa-hand-o-right fa-2x"> 定义。代码如下：

```
<div class="container">
<div id="div1" >
    <ul id="ul1" class="py-3">
        <li><img src=" assets/images/002.jpg" alt="image" class="img-fluid"></li>
        <li><img src=" assets/images/003.jpg" alt="image" class="img-fluid"></li>
        <li><img src=" assets/images/004.jpg" alt="image" class="img-fluid"></li>
        <li><img src=" assets/images/005.jpg" alt="image" class="img-fluid"></li>
        <li><img src=" assets/images/006.jpg" alt="image" class="img-fluid"></li>
        <li><img src=" assets/images/007.jpg" alt="image" class="img-fluid"></li>
        <li><img src=" assets/images/010.jpg" alt="image" class="img-fluid"></li>
        <li><img src=" assets/images/008.jpg" alt="image" class="img-fluid"></li>
        <li><img src=" assets/images/009.jpg" alt="image" class="img-fluid"></li>
        <li><img src=" assets/images/011.jpg" alt="image" class="img-fluid"></li>
        <li><img src=" assets/images/012.jpg" alt="image" class="img-fluid"></li>
        <li><img src=" assets/images/013.jpg" alt="image" class="img-fluid"></li>
        <li><img src=" assets/images/014.jpg" alt="image" class="img-fluid"></li>
        <li><img src=" assets/images/015.jpg" alt="image" class="img-fluid"></li>
    </ul>
```

```
            <div class="btn-box text-center mb-2">
                <a href="javascript:void(0);" id="btn1" class="mr-5"><i class="fa fa-
hand-o-left fa-2x"></i></a>
                <a href="javascript:void(0);" id="btn2" class=""><i class="fa fa-hand-
o-right fa-2x"></i></a>
            </div>
        </div>
    </div>
```

第 3 步，设计一些自定义样式，来调整一些简单的组件样式。代码如下：

```
#div1{
    width: 100%;                    /* 定义宽度*/
    height: 300px;                  /* 定义高度*/
    margin: 150px auto;             /* 定义外边距，上下为150px，左右自动*/
    position: relative;             /* 定义相对定位*/
    overflow: hidden;               /* 超出隐藏*/
    border: 2px solid white;        /* 定义边框*/
    background-color: white;        /* 定义背景色*/
}
#div1 ul{
    height:240px;                   /* 定义高度*/
    position:absolute;              /* 绝对定位*/
    left:0;                         /* 距离左侧为0*/
    top:0;                          /* 距离顶部为0*/
    overflow: hidden;               /* 超出隐藏*/
    background-color: white;        /* 定义背景颜色*/
}
#div1 ul li{
    float: left;                    /* 定义浮动*/
    width: 360px;                   /* 定义宽度*/
    list-style: none;               /* 删除无序列表的项目符号*/
    margin-left:1.1rem;             /* 左边外边距1.1rem*/
}
.btn-box{
    position: relative;             /* 定义相对定位*/
    left: 0;                        /* 距离左侧为0px*/
    top: 255px;                     /* 距离顶部为255px*/
}
```

第 4 步，编写 JavaScript 脚本来实现图片的自动滚动和左右方向滚动的功能。代码如下：

```
<script>
    window.onload = function(){
        var oDiv = document.getElementById('div1');
        var oUl = document.getElementById('ul1');
        var speed = 2;                          //初始化速度
        oUl.innerHTML += oUl.innerHTML; )
        var oLi= document.getElementsByTagName('li');
        oUl.style.width = oLi.length*160+'px';       //设置ul的宽度使图片可以放下
        var oBtn1 = document.getElementById('btn1');
        var oBtn2 = document.getElementById('btn2');
        function move(){
            if(oUl.offsetLeft<-(oUl.offsetWidth/2)){ //向左滚动，当靠左的图移出边框时
                oUl.style.left = 0;
            }
            if(oUl.offsetLeft > 0){                   //向右滚动，当靠右的图移出边框时
                oUl.style.left = -(oUl.offsetWidth/2)+'px';
```

```
        }
            oUl.style.left = oUl.offsetLeft + speed + 'px';
        }
        oBtn1.addEventListener('click',function(){
            speed = -2;
        },false);
        oBtn2.addEventListener('click',function(){
            speed = 2;
        },false);
        var timer = setInterval(move,30);        //全局变量，保存返回的定时器
    }
</script>
```

12.3.2　添加 Swipebox 灯箱插件

Swipebox 是一个用于桌面、移动和平板电脑的 jQuery 灯箱插件。

Swipebox 插件具有以下特性：

● 支持手机的触摸手势。

● 支持桌面电脑的键盘导航。

● 通过 jQuery 回调提供 CSS 过渡效果。

● Retina 支持 UI 图标。

● CSS 样式容易定制。

Swipebox 插件的使用需完成以下三个条件。

1. 引入文件

首先在 http://brutaldesign.github.io/swipebox/ 网站下载 Swipebox 插件。

只需要在 <head> 标签中引入 jQuery、swipebox.js 和 swipebox.css 文件，便可使用 Swipebox 插件的功能。

```
<link rel="stylesheet" href="swipebox-master/src/css/swipebox.css">
<script src="swipebox-master/lib/jquery-2.1.0.min.js"></script>
<script src="swipebox-master/src/js/jquery.swipebox.js"></script>
```

2. HTML 结构

添加以下 HTML 结构代码：

```
<a href="big/image.jpg" class="swipebox" title="My Caption">
    <img src="small/image.jpg" alt="image">
</a>
```

为超链接标签使用指定的 Swipebox 类，使用 title 属性来指定图片的标题。超链接的 href 属性指定大图的路径，img 标签指定小图的路径。

提示

　　有时为了省去一些麻烦，img 标签中的图片和超链接中的大图可指向相同的路径。通过设置 img 图标的 width 属性来设置小图片，以适应布局。

3. 调用插件

通过 Swipebox 选择器来绑定灯箱插件的 Swipebox 事件：

```
<script>
    // 绑定了swipebox类
    jQuery(function($) {
        $(".swipebox").swipebox();
    });
</script>
```

Swipebox 插件提供了丰富的选项配置，可满足大多数开发者的需求，具体说明如表 12-1 所示。

表 12-1　Swipebox 插件的选项配置

参　　数	说　　明
useCSS	设置为 false 时，强制使用 jQuery 动画
useSVG	设置为 flase 时，使用 PNG 来制作按钮
initialIndexOnArray	使用数组时，用该参数来设置下标
hideCloseButtonOnMobile	设置为 true 时，将在移动设备上隐藏关闭按钮
hideBarsDelay	在桌面设备上隐藏信息条的延时时间
videoMaxWidth	视频的最大宽度
beforeOpen	打开前的回调函数
afterOpen	打开后的回调函数
afterClose	关闭后的回调函数
loopAtEnd	设置为 true 时，将在播放到最后一张图片时接着返回到第一张图片

接下来使用 Swipebox 插件为图片展示区设计插件效果。其实很简单，只需要把相册展示区的代码改成符合插件的条件，即可实现插件的效果。代码更改如下：

```
<div id="div1" >
        <ul id="ul1" class="py-3">
        <li>
            <a href="images/002.jpg" class="swipebox" title="2028年">
                <img src="images/002.jpg" alt="image" class="img-fluid">
            </a>
        </li>
        <li>
            <a href="images/003.jpg" class="swipebox" title="2028年">
                <img src="images/003.jpg" alt="image" class="img-fluid">
            </a>
        </li>
        <li>
            <a href="images/004.jpg" class="swipebox" title="2028年">
                <img src="images/004.jpg" alt="image" class="img-fluid">
            </a>
        </li>
        <li>
            <a href="images/005.jpg" class="swipebox" title="2028年">
                <img src="images/005.jpg" alt="image" class="img-fluid">
            </a>
        </li>
```

```
            <li>
                <a href="images/006.jpg" class="swipebox" title="2028年">
                    <img src="images/006.jpg" alt="image" class="img-fluid">
                </a>
            </li>
            <li>
                <a href="images/007.jpg" class="swipebox" title="2028年">
                    <img src="images/007.jpg" alt="image" class="img-fluid">
                </a>
            </li>
            <li>
                <a href="images/010.jpg" class="swipebox" title="2028年">
                    <img src="images/010.jpg" alt="image" class="img-fluid">
                </a>
            </li>
            <li>
                <a href="images/008.jpg" class="swipebox" title="2028年">
                    <img src="images/008.jpg" alt="image" class="img-fluid">
                </a>
            </li>
            <li>
                <a href="images/009.jpg" class="swipebox" title="2028年">
                    <img src="images/009.jpg" alt="image" class="img-fluid">
                </a>
            </li>

            <li>
                <a href="images/011.jpg" class="swipebox" title="2028年">
                    <img src="images/011.jpg" alt="image" class="img-fluid">
                </a>
            </li>
            <li>
                <a href="images/012.jpg" class="swipebox" title="2028年">
                    <img src="images/012.jpg" alt="image" class="img-fluid">
                </a>
            </li>
            <li>
                <a href="images/013.jpg" class="swipebox" title="2028年">
                    <img src="images/013.jpg" alt="image" class="img-fluid">
                </a>
            </li>
            <li>
                <a href="images/014.jpg" class="swipebox" title="2028年">
                    <img src="images/014.jpg" alt="image" class="img-fluid">
                </a>
            </li>
            <li>
                <a href="images/015.jpg" class="swipebox" title="2028年">
                    <img src="images/015.jpg" alt="image" class="img-fluid">
                </a>
            </li>
        </ul>
        <div class="btn-box text-center mb-2">
            <a href="javascript:void(0);" id="btn1" class="mr-5"><i class="fa fa-
hand-o-left fa-2x"></i></a>
            <a href="javascript:void(0);" id="btn2" class=""><i class="fa fa-hand-
o-right fa-2x"></i></a>
        </div>
    </div>
```

调用 Swipebox 插件，并配置参数，代码如下：

```
<script>
    // 绑定了.swipebox类
    jQuery(function($) {
        $(".swipebox").swipebox({
            useCSS : true,                      // 不使用jQuery的动画效果
            useSVG : true,                      // true，表示不强制使用PNG用于按钮
            initialIndexOnArray : 0,            // 传递数组时初始化图像索引
            hideCloseButtonOnMobile : false,    // 显示移动设备上的关闭按钮
            removeBarsOnMobile : true,          // 在移动设备上不显示顶部栏
            hideBarsDelay : 3000,               // 隐藏信息条的延时时间为3秒
            loopAtEnd: false                    // 到达最后一个图像后不返回到第一个图像
        });
    });
</script>
```

在谷歌浏览器中运行项目，效果如图 12-8 所示；单击图片展示区中的任意一张图片时，将调用插件，效果如图 12-9 所示。

图 12-8　首页效果　　　　　　　　　　图 12-9　激活 Swipebox 插件效果

在插件显示页面中，可以通过下方的箭头来查看之前或之后的图片，也可通过右上角的关闭按钮来关闭插件效果。

12.4　分类页

分类页按时间来对图片进行分类，可以选择相应的年份来查看图片。分类页中的图片也添加了 Swipebox 灯箱插件。

12.4.1　设计相册分类展示

设计步骤如下：

第 1 步，设计分类展示区的结构。首先外层是 Bootstrap 选项卡组件。选项卡组件包含导航部分和内容部分。导航部分使用 Bootstrap 的胶囊导航来定义，内容部分使用 Bootstrap 网格系统布局，一行设置 3 列。

```
<div class="container">
    <!--选项卡-->
    <ul class="nav">
        <li><a href="#pills-home"></a></li>
        <li><a href="#pills-profile" ></a></li>
        <li><a href="#pills-contact"></a></li>
    </ul>
    <!--选项卡内容-->
    <div class="tab-content">
        <div class="tab-pane fade active" id="pills-home">
            <div class="row list">
                <div class="col-4"></div>
            </div>
        </div>
        <div class="tab-pane fade" id="pills-profile">
            <div class="row list">
                <div class="col-4"></div>
            </div>
        </div>
        <div class="tab-pane fade" id="pills-contact">
            <div class="row list">
                <div class="col-4"></div>
            </div>
        </div>
    </div>
</div>
```

第 2 步，设计选项卡的导航部分。导航部分使用 <ul class="nav nav-pills"> 来定义，每个项目中的超链接使用 <a href="#pils-profile" data-toggle="pill"> 来定义，并添加胶囊导航样式。外层添加一个容器，来控制导航的宽度和圆角效果。

```
<div class="menu bg-white">
    <!--选项卡-->
    <ul class="nav nav-pills my-4 p-2" id="myTab">
        <li>
            <a class="ab" href="#pills-home" data-toggle="pill">2030年</a>
        </li>
        <li>
            <a href="#pills-profile" data-toggle="pill">2029年</a>
        </li>
        <li>
            <a href="#pills-contact" data-toggle="pill">2028年</a>
        </li>
        <li>
            <a href="javascript:void(0);">更多</a>
        </li>
    </ul>
</div>
```

第 3 步，设计选项卡的内容部分。选项卡的内容框使用 <div class="tab-content"> 来定义。内容部分的项目使用 <div class="tab-pane" id="pills-home"> 来定义。项目中的每个 id 值对应导航中超链接的 href 属性值。内容部分的项目使用 Bootstrap 网格系统来布局，一行三列。

```html
<div class="tab-content">
    <div class="tab-pane fade show active" id="pills-home">
        <div class="row list">
            <div class="col-4">
                <img src=" assets/images/002.jpg" alt="image" class="img-fluid">
            </div>
            <div class="col-4">
                <img src=" assets/images/003.jpg" alt="image" class="img-fluid">
            </div>
            <div class="col-4">
                <img src=" assets/images/004.jpg" alt="image" class="img-fluid">
            </div>
            <div class="col-4">
                <img src=" assets/images/005.jpg" alt="image" class="img-fluid">
            </div>
            <div class="col-4">
                <img src=" assets/images/006.jpg" alt="image" class="img-fluid">
            </div>
            <div class="col-4">
                <img src=" assets/images/012.jpg" alt="image" class="img-fluid">
            </div>
        </div>
    </div>
    <div class="tab-pane fade" id="pills-profile">
        <div class="row list">
            <div class="col-4">
                <img src="assets/images/007.jpg" alt="image" class="img-fluid">
            </div>
            <div class="col-4">
                <img src=" assets/images/008.jpg" alt="image" class="img-fluid">
            </div>
            <div class="col-4">
                <img src=" assets/images/009.jpg" alt="image" class="img-fluid">
            </div>
            <div class="col-4">
                <img src=" assets/images/014.jpg" alt="image" class="img-fluid">
            </div>
            <div class="col-4">
                <img src=" assets/images/011.jpg" alt="image" class="img-fluid">
            </div>
        </div>
    </div>
    <div class="tab-pane fade" id="pills-contact">
        <div class="row list">
            <div class="col-4">
                <img src=" assets/images/012.jpg" alt="image" class="img-fluid">
            </div>
            <div class="col-4">
                <img src=" assets/images/015.jpg" alt="image" class="img-fluid">
            </div>
            <div class="col-4">
                <img src="images/010.jpg" alt="image" class="img-fluid">
            </div>
            <div class="col-4">
                <img src=" assets/images/013.jpg" alt="image" class="img-fluid">
            </div>
            <div class="col-4">
                <img src=" assets/images/001.jpg" alt="image" class="img-fluid">
            </div>
```

```
        </div>
      </div>
    </div>
```

第 4 步，调整页面，自定义样式代码。

```
.menu{
    width: 275px;                        /* 定义宽度*/
    border-radius:10px;                   /* 定义圆角边框*/
}
#myTab{list-style: none;}
#myTab li{float: left;margin-left: 15px;}
#myTab li a{
    color: #919191;                      /* 定义字体颜色*/
}
.ab{
    color:#00A862!important;             /* 定义字体颜色*/
}
.list{
    min-width: 600px;                    /* 定义最小宽度*/
}
.list div{
    margin-bottom: 20px;                 /* 定义底外边距为20px*/
}
```

在谷歌浏览器中运行项目，效果如图 12-10 所示；选择导航条中的其他时间时，可切换到相应时间的相册，效果如图 12-11 所示。

图 12-10　分类页效果

图 12-11　切换后效果

12.4.2　添加 Swipebox 灯箱插件

关于 Swipebox 灯箱插件的使用方法前面已经介绍过，这里就不具体说明了。

把相册展示区的代码，根据插件的条件进行更改，即可实现插件的效果。代码更改如下：

```
<div class="tab-content">
<div class="tab-pane fade show active" id="pills-home">
<div class="row list">
    <div class="col-4">
        <a href=" assets/images/002.jpg" class="swipebox" title="2030年">
            <img src=" assets/images/002.jpg" alt="image" class="img-fluid">
        </a>
```

```
        </div>

    </div>
    </div>
    <div class="tab-pane fade" id="pills-profile">
    <div class="row list">
        <div class="col-4">
            <a href=" assets/images/007.jpg" class="swipebox" title="2029年">
                <img src=" assets/images/007.jpg" alt="image" class="img-fluid">
            </a>
        </div>

    </div>
    </div>
    <div class="tab-pane fade" id="pills-contact">
    <div class="row list">
        <div class="col-4">
            <a href=" assets/images/012.jpg" class="swipebox" title="2028年">
                <img src=" assets/images/012.jpg" alt="image" class="img-fluid">
            </a>
        </div>
    </div>
    </div>
    </div>
```

最后调用 Swipebox 插件，并配置参数：

```
<script>
    jQuery(function($) {
        $(".swipebox").swipebox({
            useCSS : true,                       // 不使用jQuery的动画效果
            useSVG : true,                       // 不对按钮使用png
            initialIndexOnArray : 0,             // 传递数组时初始化图像索引
            hideCloseButtonOnMobile : false,     // 显示移动设备上的关闭按钮
            removeBarsOnMobile : true,           // 在移动设备上不显示顶部栏
            hideBarsDelay : 3000,                // 隐藏信息条的延时时间为3秒
           loopAtEnd: false                      // 到达最后一个图像后不返回到第一个图像
        });
    });
</script>
```

在谷歌浏览器中运行项目，效果如图 12-12 所示，单击分类展示区中的任意一张图片，调用 Swipebox 插件，效果如图 12-13 所示。

图 12-12　分类页效果　　　　　　　图 12-13　激活 Swipebox 插件效果

12.5 博客

博客页分为两部分，左侧是文章展示部分，右侧为推荐区，如图 12-14 所示。

图 12-14 博客页

第 1 步，使用 Bootstrap 网格系统来设计页面布局，左侧占网格的 8 份，右侧占 4 份。

```
<div class="row">
    <div class="col-8"></div>
    <div class="col-4"></div>
</div>
```

第 2 步，设计左侧文章展示部分。每篇文章都设计标题、作者、发布时间、评价和感想，且使用 awesome 字体库来设置图标。代码如下：

```
<div class="border row bg-white m-0 px-3 pt-4 pb-5 blog-border">
<div class="col-8">
<div>
    <h4><i class="fa fa-smile-o mr-2"></i><span>我的足迹</span></h4><hr/>
    <div class="mb-3">
        <i class="fa fa-user-o"></i><span class="ml-1 mr-2">欢欢</span>
        <i class="fa fa-clock-o"></i><span class="ml-1 mr-2">15天前</span>
            <a href="javascript:void(0);" class="ml-1 mr-2"><i class="fa fa-
commenting-o"></i>156条</a>
    </div>
    <img class="img-fluid mb-3" src="images/005.jpg" alt="">
    <div>
        <p class="retract">
            一个人旅行，一台相机足以，不理会繁杂的琐事，自由自在地，去体验一个城市，一段故
事，留下一片欢笑。
        </p>
    </div>
</div>
</div>
</div>
```

第 3 步，设计右侧推荐区。推荐区的标题使用图片背景和自定义样式进行设计，内

容使用 Bootstrap 的列表组组件进行设计，且添加字体图标。代码如下：

```html
<div class="border row bg-white m-0 px-3 pt-4 pb-5 blog-border">
<div class="col-4">
<h4 class="shadow mb-4"><span class="mx-2">推荐旅游圣地</span><i class="fa fa-bicycle"></i></h4>
    <ul class="list-group list-group-flush">
        <li class="list-group-item border-top-0">
            <i class="fa fa-hand-o-right mr-3"></i>神秘奇幻、佳景荟萃的九寨沟
        </li>
        <li class="list-group-item">
            <i class="fa fa-hand-o-right mr-3"></i>奇伟俏丽、灵秀多姿的黄山
        </li>
        <li class="list-group-item">
            <i class="fa fa-hand-o-right mr-3"></i>青山碧水、银滩巨磊的三亚
         </li>
          <li class="list-group-item">
            <i class="fa fa-hand-o-right mr-3"></i>山青、水秀、洞奇、石美的桂林山水
         </li>
          <li class="list-group-item border-bottom">
             <i class="fa fa-hand-o-right mr-3"></i>山水秀丽、景色宜人的杭州西湖
         </li>
    </ul>
</div>
</div>
```

博客页自定义的样式代码如下：

```css
.blog-border{
    border-radius: 10px;                        /*定义圆角边框*/
}
.retract{
    text-indent: 2rem;                          /* 定义首行缩进*/
}
.shadow{
    line-height: 48px;                          /* 定义行高*/
    padding: 0 10px;                             /* 定义内边距，上下为0，左右为10px*/
    margin-bottom: 20px;                         /* 定义底边外边距*/
    border-top: 2px solid #d7d7d7;               /* 定义上边边框*/
    border-bottom: 2px solid #ffffff;            /* 定义下边边框*/
    background: url(images/light-bg.png) repeat-x; /* 定义背景图片，X轴方向平铺*/
    border-radius: 5px;                          /* 定义圆角边框*/
    -moz-border-radius: 5px;                     /*定义圆角边框*/
    -webkit-border-radius: 5px;                  /*定义圆角边框*/
}
```

12.6 联系页

联系表单组件分为两部分，一部分是访客预留信息的表单，另一部分是网站作者的信息。

设计步骤如下。

(1) 设计页面主体布局。页面主体区域使用 Bootstrap 网格系统进行设计，为了适应不同的设备，还添加了响应性的类。在大屏设备（≥ 992px）中显示为一行两列，如图 12-15

所示。在中小屏设备（<992px）中显示为一列，如图 12-16 所示。

```
<div class="row">
    <div class="col-12 col-lg-8 "></div>
    <div class="col-12 col-lg-4"></div>
</div>
```

图 12-15　大屏显示效果

图 12-16　小屏显示效果

（2）设计左侧表单。左侧表单使用 Bootstrap 表单组件来设计。每个表单元素都添加 form-control 类，并包含在 <div class="form-group"> 容器中。使用通用样式类 w-75（75%）来设置表单宽度。代码如下：

```
<div class="row border bg-white m-0 px-3 pt-4 pb-5 blog-border">
<div class="col-12 col-lg-8 pb-5">
<h4><i class="fa fa-volume-control-phone mr-2"></i><span>你的联系方式</span></
h4><hr/>
<form>
<div class="form-group">
    <input type="text" class="form-control w-75" placeholder="姓名">
</div>
<div class="form-group">
    <input type="email" class="form-control w-75" placeholder="邮箱" >
</div>
<div class="form-group">
    <input type="tel" class="form-control w-75" placeholder="手机号" >
</div>
<div class="form-group">
        <textarea class="form-control w-75" rows="5" placeholder="留言板"></
textarea>
</div>
<button type="submit" class="btn btn-primary">提交</button>
```

```
                </form>
        </div>
    </div>
```

(3) 设计右侧联系信息。右侧联系信息使用 Bootstrap 中的警告组件进行设计。每个警告框使用 <div class="alert"> 定义，并根据需要添加不同的背景颜色类。代码如下：

```
<div class="row border bg-white m-0 px-3 pt-4 pb-5 blog-border">
<div class="col-12 col-lg-4">
    <h4 class="shadow mb-4"><i class="fa fa-phone-square mx-2"></i><span>联系我们</span></h4>
        <div class="alert alert-primary">
            <i class="fa fa-qq mr-3"></i>
            <span>2145201314</span>
        </div>
        <div class="alert alert-info">
            <i class="fa fa-weixin mr-3"></i>
            <span>欢欢</span>
        </div>
        <div class="alert alert-success">
            <i class="fa fa-mobile fa-2x mr-3"></i>
            <span>13312345678</span>
        </div>
        <div class="alert alert-danger">
            <i class="fa fa-map-marker fa-2x mr-3"></i>
            <span>北京千古摄影工作室</span>
        </div>
    </div>
</div>
```

12.7 项目重要文件

除了上面的组件以外，项目中还有一些重要文件，具体的请看下面的介绍。

12.7.1 根模块（app. module. ts）

在根模块中，需要把组件和模块引入并注册，才能正常地使用它们。文件内容如下：

```
import { BrowserModule } from '@angular/platform-browser';
import { NgModule } from '@angular/core';
import { AppRoutingModule } from './app-routing.module';
import { AppComponent } from './app.component';
import { ClassComponent } from './components/class/class.component';
import { BlogComponent } from './components/blog/blog.component';
import { ContactComponent } from './components/contact/contact.component';
import { HomeComponent } from './components/home/home.component';
@NgModule({
  declarations: [
    AppComponent,
    ClassComponent,
    BlogComponent,
    ContactComponent,
    HomeComponent,
```

```
  ],
  imports: [
    BrowserModule,
    AppRoutingModule
  ],
  providers: [],
  bootstrap: [AppComponent]
})
export class AppModule {}
```

12.7.2　路由文件（app-routing.module.ts）

在路由文件中，首先要引入配置路由的模块，然后才可以配置路由，具体内容如下：

```
import { NgModule } from '@angular/core';
import { Routes, RouterModule } from '@angular/router';
import { ClassComponent } from './components/class/class.component';
import { BlogComponent } from './components/blog/blog.component';
import { ContactComponent } from './components/contact/contact.component';
import { HomeComponent } from './components/home/home.component';
const routes: Routes = [
  {
    path:'home',component:HomeComponent
  },
  {
    path:'class',component:ClassComponent
  },
  {
    path:'blog',component:BlogComponent
  },
  {
    path:'contact',component:ContactComponent
  },
//匹配不到要加载的组件或跳转的路由，指定跳转到home
{
  path:'**',
    redirectTo:'home'
}
];
@NgModule({
  imports: [RouterModule.forRoot(routes)],
  exports: [RouterModule]
})
export class AppRoutingModule { }
```

第13章

Web设计与定制网站

本项目使用angular-cli来搭建，使用 Bootstrap 框架来设计样式和功能，包括 LOGO 设计、宣传品设计、包装设计、其他设计、策划、广告设计制作、品牌管理咨询、印刷服务等内容。通过 Web 设计与定制，可以使企业快速熟悉互联网，做全球生意。

13.1　网站概述

本项目是一个单页面项目，主要使用 Bootstrap 中的滚动监听插件进行构建，通过顶部导航栏切换页面，当滚动滚动条时，导航栏中的项目也相应切换。

13.1.1　网站布局

网站是单页面，布局效果如图 13-1 所示。顶部导航栏固定在页面顶部，通过选择选项可切换内容。

13.1.2　设计准备

在 angular-cli 中使用 Bootstrap，首先需要来配置环境，具体的步骤请参考"11.1 配置环境"小节。

导航栏
首页内容
关于我们
我们的团队
我们的服务
我们的博客
我们的定制
脚注

图 13-1　网站布局

13.2　设计主页面导航

本案例是一个单页面项目，所有的页面

内容都在 Angular 的根模板（app.component.html）中完成，所有的样式都在根样式文件（app.component.css）中设计。

整个项目使用 Bootstrap 滚动监听插件进行设计，主页面导航使用导航栏组件设计。通过监听 <body>，主页面导航可以自动更新主页面内容，根据滚动条的位置自动更新对应的导航栏项目，随着滚动滚动条的位置向导航栏添加 active 类。

下面看一下具体的实现步骤：

第 1 步，使用 Bootstrap 导航栏组件设计结构，把导航栏右侧的表单改成联系图标。

```html
<nav class="navbar navbar-expand-lg navbar-light bg-light">
    <button class="navbar-toggler" type="button" data-toggle="collapse" data-target="#navbarContent">
        <span class="navbar-toggler-icon"></span>
    </button>
    <div class="collapse navbar-collapse" id="navbarContent">
        <a class="navbar-brand" href="#">Web设计</a>
        <ul class="navbar-nav mr-auto mt-2 mt-lg-0 nav-list">
            <li class="nav-item active">
                <a class="nav-link" href="#">首页</a>
            </li>
            <li class="nav-item">
                <a class="nav-link" href="#">关于</a>
            </li>
            <li class="nav-item">
                <a class="nav-link" href="#">团队</a>
            </li>
            <li class="nav-item">
                <a class="nav-link" href="#">服务</a>
            </li>
            <li class="nav-item">
                <a class="nav-link" href="#">博客</a>
            </li>
            <li class="nav-item">
                <a class="nav-link" href="#">定制</a>
            </li>
        </ul>
        <div class="px-5">
            <a href="#"><i class="fa fa-weixin"></i></a>
            <a href="#"><i class="fa fa-qq"></i></a>
            <a href="#"><i class="fa fa-twitter"></i></a>
            <a href="#"><i class="fa fa-google-plus"></i></a>
            <a href="#"><i class="fa fa-github"></i></a>
        </div>
    </div>
</nav>
```

第 2 步，添加滚动监听。为 <body> 设置被监听的 Data 属性：data-spy="scroll"，指定监听的导航栏：data-target="#menu"，当 <body> 滚动滚动条时，导航栏项目相应切换。使用 bootstrap 常用的类样式微调导航栏的内容，添加 fixed-top 类把导航栏固定在页面顶部。

然后在导航栏项目中添加对用的锚点："#list1"、"#list2"、"#list3"、"#list4"、"#list5" 和 "#list6"，分别对应主页面的内容：

```
<h4 id="list1" class="list"></h4>
<h4 id="list2" class="list"></h4>
<h4 id="list3" class="list"></h4>
<h4 id="list4" class="list"></h4>
<h4 id="list5" class="list"></h4>
<h4 id="list6" class="list"></h4>
```

导航栏代码如下：

```
<body data-spy="scroll" data-target="#navbar">
<nav class="navbar navbar-expand-md navbar-dark bg-dark fixed-top" id="navbar">
    <a class="navbar-brand px-5" href="#">Web设计</a>
     <button class="navbar-toggler" type="button" data-toggle="collapse" data-target="#navbarContent">
            <span class="navbar-toggler-icon"></span>
    </button>
    <div class="collapse navbar-collapse ml-5" id="navbarContent">
        <ul class="navbar-nav mr-auto mt-2 mt-lg-0 nav-list">
            <li class="nav-item active">
                <a class="nav-link" href="#list1">首页</a>
            </li>
            <li class="nav-item">
                <a class="nav-link" href="#list2">关于</a>
            </li>
            <li class="nav-item">
                <a class="nav-link" href="#list3">团队</a>
            </li>
            <li class="nav-item">
                <a class="nav-link" href="#list4">服务</a>
            </li>
            <li class="nav-item">
                <a class="nav-link" href="#list5">博客</a>
            </li>
            <li class="nav-item">
                <a class="nav-link" href="#list6">定制</a>
            </li>
        </ul>
        <div class="iconColor px-5">
            <a href="#"><i class="fa fa-weixin"></i></a>
            <a href="#"><i class="fa fa-qq"></i></a>
            <a href="#"><i class="fa fa-twitter"></i></a>
            <a href="#"><i class="fa fa-google-plus"></i></a>
            <a href="#"><i class="fa fa-github"></i></a>
        </div>
    </div>
</nav>
</body>
```

第 3 步，设计简单样式。

```
#navbar{
    height: 60px;                    /*定义高度*/
    box-shadow: 0 1px 10px red;      /*定义阴影效果*/
}
.list{
    height: 50px;                    /*定义高度*/
}
```

```
.nav-list li{
    margin-left: 10px;                      /*定义左边外边距*/
}
.nav-list li:hover{
    border-bottom: 2px solid white;    /*定义底边边框*/
}
.iconColor a{
    color: white;                           /*定义字体颜色*/
}
.iconColor a:hover i{
    color:red;                              /*定义字体颜色*/
    transform: scale(1.5);             /*定义2d缩放*/
 }
.active{
    border-bottom: 2px solid red;      /*定义底边边框*/
}
```

其中，以下两个类定义字体图标的样式，在后面的内容中，字体图标也是使用这些类来设计的，后续内容中将不再赘述。

```
.iconColor a{
    color: white;                           /*定义字体颜色*/
}
.iconColor a:hover i{
    color:red;                              /*定义字体颜色*/
    transform: scale(1.5);             /*定义2d缩放*/
 }
```

在谷歌浏览器中运行，导航栏的最终效果如图 13-2 所示。

图 13-2   导航栏的最终效果

13.3   设计主页面内容

13.2 节已经介绍了滚动监听的导航栏，下面来介绍监听的主页面内容以及设计步骤。

13.3.1   设计首页

首先使用 jumbotron 组件设计广告牌，展示网站的主要内容；然后使用网格系统设计布局，介绍网页设计的发展、品牌化和创意。

```
<h4 id="list1" class="list"></h4>
    <div class="img-b">
        <div class="jumbotron jumbotron-fluid text-white d-flex align-items-center m-0">
            <div class="container">
```

```
                        <h1 class="display-4">专业网页设计10年</h1>
                        <p class="lead">我们让每一个品牌都更加出色</p>
                        <a href="" class="btn btn-danger">了解更多>></a>
                    </div>
                </div>
            </div>
            <div class="bg-dark py-5 text-white">
                <div class="container">
                    <div class="row">
                        <div class="col-lg-4">
                            <h2><i class="fa fa-laptop mr-2"></i> 网页设计与<span
class="text-white-50">发展</span></h2>
                            <p>设计网页的目的不同，应选择不同的网页策划与设计方案</p>
                        </div>
                        <div class="col-lg-4">
                            <h2><i class="fa fa-rocket mr-2"></i> 网页设计与<span
class="text-white-50">品牌化</span></h2>
                            <p>网页设计的工作目标，是通过使用更合理的颜色、字体、图片、样式进行页
面设计美化</p>
                        </div>
                        <div class="col-lg-4">
                            <h2><i class="fa fa-camera mr-2"></i>网页设计与<span
class="text-white-50">创意</span></h2>
                            <p>在功能限定的情况下，尽可能给予用户完美的视觉体验</p>
                        </div>
                    </div>
                </div>
            </div>
```

设计 jumbotron 的 RGBA 背景色，在其外层添加一个外包框，并设计背景图片。样式代码如下：

```css
.img-b{
    background: url("../assets/images/0002.jpg") no-repeat;  /*定义背景图片，不平铺*/
    background-size: 1150px 568px;                           /*定义背景图片的大小*/
}
.jumbotron{
    height:500px;                                            /*定义高度*/
    background: rgba(0,0,255,0.6);                           /*定义rgba背景色*/
}
```

在谷歌浏览器中运行首页，效果如图 13-3 所示。

图 13-3　首页效果

13.3.2 关于我们

"关于我们"页面分为上半部分和下半部分。

上半部分介绍我们的职责。首先创建一个响应式容器 <div class="container">，在其中设计标题和文本，然后使用网格系统创建两列布局，左侧展示我们的职责，右侧是一张图片，展示我们的工作状态。

```
<h4 id="list2" class="list"></h4>
    <div class="container">
        <h1 class="text-center">__关于我们__</h1>
        <p class="my-4">运营平台的强大流量资源与用户资源，把企业信息即时地展现在有需求的
移动用户面前，促使用户关注您的企业产品与服务，并进一步与您的企业建立深入沟通，最终达成交易</p>
        <div class="row">
            <div class="col-lg-6">
                <h3 class="mb-4">我们的职责</h3>
                <ul>
                    <li><i class="fa fa-angle-right"></i> 负责对网站整体表现风格的
定位，对用户视觉感受的整体把握。</li>
                    <li><i class="fa fa-angle-right"></i> 进行网页的具体设计制作。</li>
                    <li><i class="fa fa-angle-right"></i> 产品目录的平面设计。</li>
                    <li><i class="fa fa-angle-right"></i> 各类活动的广告设计。</li>
                    <li><i class="fa fa-angle-right"></i> 协助开发人员页面设计等工
作。</li>
                </ul>
                <a class="btn btn-primary" href="#">开始你的工作吧</a>
            </div>
            <div class="col-lg-6">
                <img src="assets/images/0001.png" alt="about" class="img-fluid img-
thumbnail">
            </div>
        </div>
    </div>
</div>
```

在谷歌浏览器中运行，"关于我们"页面上半部分的效果如图 13-4 所示。

图 13-4 "关于我们"页面上半部分的效果

229

下半部分介绍工作内容。使用网格系统创建两列。左侧是一张图片，展示我们的工作状态。其中添加了 **no-gutters** 类来删除网格系统的左右外边距。

```
<h4 id="list2" class="list"></h4>
    <div class="row no-gutters mt-5">
        <div class="col-md-6">
            <img src="assets/images/0014.png" alt="" class="img-fluid">
        </div>
        <div class="col-md-6 bg-dark text-white px-5 pt-5">
            <h3 class="mb-4">工作的内容：</h3>
            <p class="">网页如门面，小到个人主页，大到大公司、大的政府部门以及国际组织等
在网络上无不以网页作为自己的门面。当点击到网站时，首先映入眼帘的是该网页的界面设计，如内容的介绍、按
钮的摆放、文字的组合、色彩的应用、使用的引导等等。这一切都是网页设计的范畴，都是网页设计师的工作。</p>
        </div>
    </div>
```

在谷歌浏览器中运行，"关于我们"页面下半部分的效果如图 13-5 所示。

图 13-5　"关于我们"页面下半部分的效果

最后为图片添加过渡动画和 **2D** 缩放，为文本内容（`<p>`）添加首航缩进 2em。这里设置的内容对整个网页都起作用，所以在后续内容中将不再赘述。

```
img{
    transition: all 0.2s ease-in;              /*定义过渡动画*/
}
img:hover{
    transform: scale(1.1);                     /*定义2d缩放*/
}
p{
    text-indent: 2em;                          /*首行缩进2字符*/
}
```

13.3.3　我们的团队

"我们的团队"页面分为上半部分和下半部分。

上半部分介绍团队成员的照片、联系方式和姓名。使用网格系统设计布局，定义 3 列，每列中添加照片、联系方式图标和姓名。

```
<h4 id="list3" class="list"></h4>
```

```
<div class="container">
    <h1 class="text-center">__我们的团队__</h1>
```

<p class="my-4">每一天，我们都憧憬更高更远的未来，不断前行，加倍自信。团队协作是通向成功的保证，专注则让我们更加优秀。我们有着从业超过十年的设计总监群，也有年轻而具有活力的新生代力量，当业界顶尖的设计师同聚一堂时，那一定可以创造奇迹。我们乐于接受新的挑战，也相信明天一定会更好。</p>

```
    <div class="row">
        <div class="col-12 col-md-4">
            <div class="box"><img src="assets/images/0006.png" alt=""
                class="img-fluid w-100"></div>
            <div class="bg-primary text-center py-2 iconColor">
                <a href="#"><i class="fa fa-weixin"></i></a>
                <a href="#" class="mx-2"><i class="fa fa-qq"></i></a>
                <a href="#"><i class="fa fa-phone"></i></a>
            </div>
            <h2 class="text-center bg-dark text-white py-3">Wilson</h2>
        </div>
        <div class="col-12 col-md-4">
            <div class="box"><img src="assets/images/0007.png" alt=""
                class="img-fluid w-100"></div>
            <div class="bg-primary text-center py-2 iconColor">
                <a href="#"><i class="fa fa-weixin"></i></a>
                <a href="#" class="mx-2"><i class="fa fa-qq"></i></a>
                <a href="#"><i class="fa fa-phone"></i></a>
            </div>
            <h2 class="text-center bg-dark text-white py-3">Anne</h2>
        </div>
        <div class="col-12 col-md-4">
            <div class="box"><img src="assets/images/0008.png" alt=""
                class="img-fluid w-100"></div>
            <div class="bg-primary text-center py-2 iconColor">
                <a href="#"><i class="fa fa-weixin"></i></a>
                <a href="#" class="mx-2"><i class="fa fa-qq"></i></a>
                <a href="#"><i class="fa fa-phone"></i></a>
            </div>
            <h2 class="text-center bg-dark text-white py-3">Kevin</h2>
        </div>
    </div>
</div>
```

在谷歌浏览器中运行，"我们的团队"页面上半部分的效果如图 13-6 所示。

图 13-6　"我们的团队"页面上半部分的效果

下半部分介绍团队的成就，包括获奖、代码行、全球客户和已交付的项目。使用网格进行布局，定义 4 列，每列中都添加了字体图标。

```
<h4 id="list3" class="list"></h4>
    <div class="mt-4 bg1">
        <div class="row text-white">
            <div class="col-md-3 text-center py-5">
                <div><i class="fa fa-trophy fa-3x i-circle rounded-circle"></i></div>
                <h2 class="my-4">50</h2>
                <h5>获奖</h5>
            </div>
            <div class="col-md-3 text-center py-5">
                <div><i class="fa fa-code fa-3x i-circle rounded-circle"></i></div>
                <h2 class="my-4">358000</h2>
                <h5>代码行</h5>
            </div>
            <div class="col-md-3 text-center py-5">
                <div><i class="fa fa-globe fa-3x i-circle rounded-circle"></i></div>
                <h2 class="my-4">786</h2>
                <h5>全球客户</h5>
            </div>
            <div class="col-md-3 text-center py-5">
                <div><i class="fa fa-rocket fa-3x i-circle rounded-circle"></i></div>
                <h2 class="my-4">1280</h2>
                <h5>交付的项目</h5>
            </div>
        </div>
    </div>
```

添加背景色（.bg1），并重新定义字体图标的大小和样式，并添加 2D 缩放效果。

```
.bg1{
    background:  #7870E8;               /*定义背景色*/
    padding:30px 0;                     /*定义内边距*/
}
.i-circle{
    padding: 20px 22px;                 /*定义内边距*/
    background:white;                   /*定义背景颜色*/
    color: #7870E8;                     /*定义字体颜色*/
}
.i-circle1{
    padding: 20px 35px;                 /*定义内边距*/
    background:white;                   /*定义背景色*/
    color: #7870E8;                     /*定义字体颜色*/
}
.i-circle:hover{
    transform: scale(1.1);              /*定义2d缩放*/
}
.i-circle1:hover{
    transform: scale(1.1);              /*定义2d缩放*/
}
```

在谷歌浏览器中运行，"我们的团队"页面下半部分的效果如图 13-7 所示。

图 13-7   "我们的团队"页面下半部分的效果

13.3.4　我们的服务

"我们的服务"页面使用网格系统布局，首先定义 4 列，每列占 6 份，呈两排显示；然后在每列中再嵌套网格系统，定义两列，分别占 4 份和 8 份，左侧是字体图标，右侧是服务内容。

```
<div class="bg-dark pb-5 text-white">
    <h4 id="list4" class="list"></h4>
    <div class="container">
        <h1 class="text-center">  我们的服务  </h1>
         <p class="my-4">我们可以为您的公司提供全面服务——从检验和审核，到测试和分
            析以及认证。我们致力于为您的公司提供每个领域中的最佳解决方案。</p>
    </div>
    <div class="row">
        <div class="col-md-6">
            <div class="row">
                <div class="col-md-4 text-center"><i class="fa fa-diamond
                    fa-3x i-circle rounded-circle"></i></div>
                <div class="col-md-8">
                    <h4>认证</h4>
                     <p>在众多技术领域和国家地区，我们都已获得授信以验证您的体系、产
                        品、人员或资产满足特定要求，并颁发证书正式确认。</p>
                    <a class="btn btn-primary" href="#">更多信息</a>
                </div>
            </div>
        </div>
        <div class="col-md-6 mb-5">
            <div class="row">
                <div class="col-md-4 text-center"><i class="fa fa-mobile
                    fa-3x i-circle1 rounded-circle"></i></div>
                <div class="col-md-8">
                    <h4>咨询</h4>
                    <p>我们可以为您提供质量、安全、环境和社会责任方面的建议、全球行
                        业基准和技术咨询服务。</p>
                    <a class="btn btn-primary" href="">更多信息</a>
                </div>
            </div>
        </div>
        <div class="col-md-6">
            <div class="row">
                <div class="col-md-4 text-center"><i class="fa fa-rocket
```

```
                        fa-3x i-circle rounded-circle"></i></div>
            <div class="col-md-8">
                <h4>培训</h4>
                <p>我们提供全方位的培训服务，覆盖了与您业务活动相关的所有符合性
                    问题。从而帮助您改进质量、安全、社会责任领域的能力，并
                    且鼓励您考虑"人员因素"。</p>
                <a class="btn btn-primary" href="">更多信息</a>
            </div>
        </div>
    </div>
    <div class="col-md-6">
        <div class="row">
            <div class="col-md-4 text-center"><i class="fa fa-internet-
                explorer fa-3x i-circle rounded-circle"></i></div>
            <div class="col-md-8">
                <h4>检查与审核</h4>
                <p>在全世界的每个经济领域中，我们都能够依照本地或国际标准和法
                    规，或自愿要求，对您的设施、设备和产品实施检验——并审核您的
                    系统与流程。</p>
                <a class="btn btn-primary" href="">更多信息</a>
            </div>
        </div>
    </div>
</div>
</div>
```

在谷歌浏览器中运行，"我们的服务"页面效果如图 13-8 所示。

图 13-8　"我们的服务"页面效果

13.3.5　我们的博客

"我们的博客"页面直接使用网格系统进行布局，定义 6 列，每列占 4 份，所以呈 2 行进行排列，每列中添加一张图片。图片添加了过渡效果和 2D 缩放，具体参考"关于我们"一节中的样式代码。

```
<div class="container blog">
    <h4 id="list5" class="list"></h4>
    <h1 class="text-center">__我们的博客__</h1>
    <p class="my-4">"乐于分享，加速成长，共同进步,和谐共赢"，不仅说到，并且做到了! 知识
        不是力量，知识只是潜能，应用改变自我和世界才有价值，知行合一! 分享知识会得到更多知识
        以及更多超越知识的东西! 分享是人与人之间最基础的信任。</p>
    <div class="row">
        <div class="col-4">
            <img src="assets/images/0009.png" alt="" class="img-fluid">
        </div>
        <div class="col-4">
            <img src="assets/images/0010.png" alt="" class="img-fluid">
        </div>
        <div class="col-4 mb-4">
            <img src="assets/images/0011.png" alt="" class="img-fluid">
        </div>
        <div class="col-4">
            <img src="assets/images/0012.png" alt="" class="img-fluid">
        </div>
        <div class="col-4">
            <img src="assets/images/0013.png" alt="" class="img-fluid">
        </div>
        <div class="col-4">
            <img src="assets/images/0015.png" alt="" class="img-fluid">
        </div>
    </div>
</div>
```

在谷歌浏览器中运行，"我们的博客"页面效果如图 13-9 所示。

图 13-9 "我们的博客"页面效果

13.3.6 我们的定制

"我们的定制"页面使用网格系统进行布局，定义 3 列，每列占 4 份。每列内容由

两部分构成：套餐和说明，说明部分使用 bootstrap 列表组组件进行设计。

```html
<h4 id="list6" class="list"></h4>
    <div class="container px-5">
        <h1 class="text-center">__我们的定制__</h1>
        <p class="my-4">我们的定制内容包括以下3种，您可以根据需要进行选择，期待与您的
            合作。</p>
        <div class="row text-white">
            <div class="col-4">
                <div class="text-center">
                    <h5 class="bg-light py-3 m-0 text-success">创业基础</h5>
                    <h5 class="bg-primary py-2 m-0">服务标准</h5>
                </div>
                <ul class="list-group list-group-flush text-center ">
                    <li class="list-group-item list-group-item-secondary">1-3年
                        经验设计师</li>
                    <li class="list-group-item list-group-item-secondary">2套
                        LOGO设计方案</li>
                    <li class="list-group-item list-group-item-secondary">3个工
                        作日出设计初稿</li>
                    <li class="list-group-item list-group-item-secondary">5个工
                        作日出设计稿</li>
                    <li class="list-group-item list-group-item-secondary">12项
                        可编辑矢量源文件</li>
                     <li class="list-group-item list-group-item-secondary py-
4"><a href="#" class="btn btn-primary">现在定制</a></li>
                </ul>
            </div>
            <div class="col-4">
                <div class="text-center">
                    <h5 class="bg-success py-3 m-0">豪华套餐</h5>
                    <h5 class="bg-dark py-2 m-0">服务标准</h5>
                </div>
                <ul class="list-group list-group-flush text-center ">
                    <li class="list-group-item list-group-item-secondary">3-5年
                        经验设计师</li>
                     <li class="list-group-item list-group-item-secondary">3套
                         LOGO设计方案</li>
                    <li class="list-group-item list-group-item-secondary">2个工
                        作日出LOGO设计初稿</li>
                    <li class="list-group-item list-group-item-secondary">5-8个
                        工作日出设计稿</li>
                     <li class="list-group-item list-group-item-secondary">30项
                        可编辑矢量源文件</li>
                        <li class="list-group-item list-group-item-secondary py-
                            4"><a href="#" class="btn btn-primary">现在定制</a></li>
                </ul>
            </div>
            <div class="col-4">
                <div class="text-center">
                    <h5 class="bg-light py-3 m-0 text-success">全部套餐</h5>
                    <h5 class="bg-primary py-2 m-0">服务标准</h5>
                </div>
                <ul class="list-group list-group-flush text-center ">
                    <li class="list-group-item list-group-item-secondary">5年以
                        上经验设计师</li>
                        <li class="list-group-item list-group-item-secondary">4套
                            LOGO设计方案</li>
```

```
            <li class="list-group-item list-group-item-secondary">5个工
                作日出LOGO设计初稿</li>
            <li class="list-group-item list-group-item-secondary">7-9个
                工作日出设计稿</li>
             <li class="list-group-item list-group-item-secondary">58项
                可编辑矢量源文件</li>
                <li class="list-group-item list-group-item-secondary py-
                4"><a href="#" class="btn btn-primary">现在定制</a></li>
            </ul>
        </div>
        </div>
    </div>
```

在谷歌浏览器中运行，"我们的定制"页面效果如图 13-10 所示。

图 13-10   "我们的定制"页面效果

13.4   设计脚注

首先定义脚注外包含框，设置黑色背景颜色，白色字体颜色；然后定义内容部分，包括一组联系图标和版权说明。

```
<footer class="footer bg-dark text-white py-5 mt-5">
    <div class="iconColor text-center">
        <a href="#"><i class="fa fa-weixin fa-2x"></i></a>
        <a href="#" class=" mx-3"><i class="fa fa-qq fa-2x"></i></a>
        <a href="#"><i class="fa fa-twitter fa-2x"></i></a>
        <a href="#" class="mx-3"><i class="fa fa-google-plus fa-2x"></i></a>
        <a href="#"><i class="fa fa-github fa-2x"></i></a>
```

```
    </div>
    <div class="text-center my-3">
        <p>Copyright &copy; 2020.</p>
    </div>
</footer>
```

在谷歌浏览器中运行，脚注的效果如图 13-11 所示。

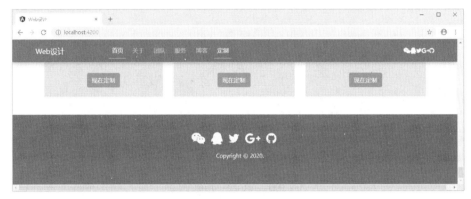

图 13-11 脚注的效果

第14章

仿星巴克网站

本项目使用 angular-cli 脚手架搭建，使用 Bootstrap 框架来设计样式和功能。本项目是制作咖啡销售网站，通过网站呈现咖啡的理念和咖啡的文化，页面采用两栏的布局形式，设计风格简单、时尚，浏览时让人心情舒畅。

14.1 网站概述

网站的设计思路和设计风格与 Bootstrap 框架风格完美融合，下面就来具体介绍实现的步骤。

14.1.1 设计效果

本项目制作咖啡网站，主要设计首页效果，其他页面设计可以套用首页模板。首页在大屏（≥ 992px）设备中显示，效果如图 14-1、图 14-2 所示。

图 14-1　大屏显示的首页上半部分效果　　图 14-2　大屏显示的首页下半部分效果

在小屏设备（<768px）上显示时，可以看到底边栏导航，效果如图 14-3 所示。

图 14-3　小屏设备显示效果

14.1.2　设计准备

首先使用 angular-cli 生成一个项目。

在 angular-cli 中使用 Bootstrap，首先需要来配置环境，具体的步骤请参考"11.1 配置环境"小节。

配置完后，在项目的 index.html 文件中，引入编写的 JavaScript 代码。

```
<!doctype html>
<html lang="en">
<head>
  <meta charset="utf-8">
  <title>仿星巴克</title>
  <base href="/">
  <meta name="viewport" content="width=device-width, initial-scale=1">
  <link rel="icon" type="image/x-icon" href="favicon.ico">
   <link href="//netdna.bootstrapcdn.com/font-awesome/4.7.0/css/font-awesome.
min.css" rel="stylesheet">
  <script src="assets/js/jquery-1.8.3.min.js"></script>
  <script src="assets/js/index1.js"></script>
  <script src="assets/js/index.js"></script>
</head>
<body>
  <app-root></app-root>
</body>
</html>
```

提示

本项目所有的页面内容都在 angular 根模板（app.component.html）中完成，所有的样式都在根样式文件（app.component.css）中设计。

14.2　设计首页布局

本项目的首页分为三个部分：左侧可切换导航、右侧主体内容和底部隐藏导航栏，如图 14-4 所示。

左侧可切换导航和右侧主体内容使用 Bootstrap 框架的网格系统进行设计，在大屏设备（≥ 992px）中，左侧可切换导航占网格系统的 3 份，右侧主体内容占 9 份；在中、小屏设备（<992px）中，左侧可切换导航和右侧主体内容各占一行。

底部隐藏导航栏使用无序列表进行设计，添加了 d-block d-sm-none 类，只在小屏设备上显示。

图 14-4　首页布局效果

```
<div class="row">
    <!--左侧导航-->
    <div class="col-12 col-lg-3 left "></div>
    <!--右侧主体内容-->
    <div class="col-12 col-lg-9 right"></div>
</div>
<!--隐藏导航栏-->
<div >
    <ul>
        <li><a href="index.html"></a></li>
    </ul>
</div>
```

还添加了一些自定义样式来调整页面布局，代码如下：

```
@media (max-width: 992px){
    /*在小屏设备中，设置外边距，上下外边距为1rem，左右为0*/
    .left{
        margin:1rem 0;
    }
}
@media (min-width: 992px){
    /*在大屏设备中，左侧导航设置固定定位，右侧主体内容设置左边外边距25%*/
```

```
.left {
    position: fixed;
    top: 0;
    left: 0;
}
.right{
    margin-left:25% ;
}
}
```

14.3　设计可切换导航

本项目左侧导航的设计很复杂，根据不同宽度的设备有 3 种显示效果。

设计步骤：

第 1 步，设计切换导航的布局。可切换导航使用网格系统进行设计，在大屏设备（>992px）上占网格系统的 3 份，如图 14-5 所示；在中、小屏（<992px）上占满整行，如图 14-6 所示。

图 14-5　大屏设备布局效果

图 14-6　中、小屏设备布局效果

```
<div class="col -12 col-lg-3"></div>
```

第 2 步，设计导航展示内容。导航展示内容包括导航条和登录注册两部分。导航条用网格系统布局，嵌套 bootstrap 导航组件进行设计，使用 <ul class="nav"> 定义；登录注册使用 bootstrap 的按钮组件进行设计，使用 <a href="#" class="btn"> 定义。设计在小屏设备上隐藏登录注册，如图 14-7 所示，包裹在 <div class="d-none d-sm-block"> 容器中。

图 14-7　小屏设备上隐藏登录注册

```html
<div class="col-sm-12 col-lg-3 left ">
<div id="template1">
<div class="row">
    <div class="col-10">
        <!--导航条-->
        <ul class="nav">
            <li class="nav-item">
                <a class="nav-link active" href="index.html">
              <img width="40" src="images/logo.png" alt=""
                class="rounded-circle">
                </a>
            </li>
            <li class="nav-item mt-1">
                <a class="nav-link" href="javascript:void(0);">账户</a>
            </li>
            <li class="nav-item mt-1">
                <a class="nav-link" href="javascript:void(0);">菜单</a>
            </li>
        </ul>
    </div>
    <div class="col-2 mt-2 font-menu text-right">
        <a id="a1" href="javascript:void(0); "><i class="fa fa-bars"></i></a>
    </div>
</div>
<div class="margin1">
    <h5 class="ml-3 my-3 d-none d-sm-block text-lg-center">
        <b>心情惬意，来杯咖啡吧</b>  <i class="fa fa-coffee"></i>
    </h5>
    <div class="ml-3 my-3 d-none d-sm-block text-lg-center">
        <a href="#" class="card-link btn  rounded-pill text-success"><i
            class="fa fa-user-circle"></i> 登 录</a>
      <a href="#" class="card-link btn btn-outline-success rounded-pill text-
        success">注 册</a>
    </div>
</div>
</div>
</div>
</div>
```

第 3 步，设计隐藏导航内容。隐藏导航内容包含在 id 为 #template2 的容器中，在默认情况下是隐藏的，使用 bootstrap 隐藏样式 d-none 来设置，内容包括导航条、菜单栏和登录注册。

导航条用网格系统布局，嵌套 bootstrap 导航组件进行设计，使用 <ul class="nav"> 定义。菜单栏使用 h6 标签和超链接进行设计，使用 <h6><a href="a.html"> 定义。登录注册使用按钮组件进行设计，使用 <a href="#" class="btn"> 定义。

```
<div class="col-sm-12 col-lg-3 left ">
<div id="template2" class="d-none">
    <div class="row">
    <div class="col-10">
        <ul class="nav">
                    <li class="nav-item">
                        <a class="nav-link active" href="index.html">
                            <img width="40" src="images/logo.png" alt=""
                                class="rounded-circle">
                        </a>
                    </li>
                    <li class="nav-item">
                        <a class="nav-link mt-2" href="index.html">
                            咖啡俱乐部
                        </a>
                    </li>
                </ul>
            </div>
            <div class="col-2 mt-2 font-menu text-right">
                    <a id="a2" href="javascript:void(0);"><i class="fa fa-
                        times"></i></a>
            </div>
        </div>
        <div class="margin2">
            <div class="ml-5 mt-5">
                <h6><a href="a.html">门店</a></h6>
                <h6><a href="b.html">俱乐部</a></h6>
                <h6><a href="c.html">菜单</a></h6>
                <hr/>
                <h6><a href="d.html">移动应用</a></h6>
                <h6><a href="e.html">臻选精品</a></h6>
                <h6><a href="f.html">专星送</a></h6>
                <h6><a href="g.html">咖啡讲堂</a></h6>
                <h6><a href="h.html">烘焙工厂</a></h6>
                <h6><a href="i.html">帮助中心</a></h6>
                <hr/>
                <a href="#" class="card-link btn rounded-pill text-success
                    pl-0"><i class="fa fa-user-circle"></i> 登 录</a>
                    <a href="#" class="card-link btn btn-outline-success
                        rounded-pill text-success">注 册</a>
        </div>
    </div>
</div>
</div>
```

第4步，设计自定义样式，使页面更加美观。

```
.left{
    border-right: 2px solid #eeeeee;
}
.left a{
    font-weight: bold;
    color: #000;
}
@media (min-width: 992px){
    /*使用媒体查询定义导航的高度，当屏幕宽度大于992px时，导航高度为100vh*/
    .left{
```

```
            height:100vh;
        }
    }
    @media (max-width: 992px){
        /*使用媒体查询定义字体大小*/
        /*当屏幕尺寸小于768px时，页面的根字体大小为14px*/
        .left{
            margin:1rem 0;
        }
    }
    @media (min-width: 992px){
        /*当屏幕尺寸大于768px时，页面的根字体大小为15px*/
        .left {
            position: fixed;
            top: 0;
            left: 0;
        }
        .margin1{
            margin-top:40vh;
        }
    }
    .margin2 h6{
        margin: 20px 0;
        font-weight:bold;
    }
```

第 5 步，添加交互行为。在可切换导航中，为 <i class="fa fa-bars"> 图标和 <i class="fa fa-times"> 图标添加单击事件。在大屏设备中，为使页面更友好，设计在大屏设备上切换导航时，显示右侧主体内容，当单击 <i class="fa fa-bars"> 图标时，如图 14-8 所示，切换隐藏的导航内容；在隐藏的导航内容中，单击 <i class="fa fa-times"> 图标时，如图 14-9 所示，可切回导航展示内容。在中、小屏设备（<992px）上，隐藏右侧主体内容，单击 <i class="fa fa-bars"> 图标时，如图 14-10、图 14-12 所示，切回隐藏的导航内容；在隐藏的导航内容中，单击 <i class="fa fa-times"> 图标时，如图 14-11、图 14-13 所示，可切回导航展示内容。

实现导航展示内容和隐藏内容交互行为的脚本代码如下：

```javascript
$(function(){
    $("#a1").click(function () {
        $("#template1").addClass("d-none");
        $(".right").addClass("d-none d-lg-block");
        $("#template2").removeClass("d-none");
    })
    $("#a2").click(function () {
        $("#template2").addClass("d-none");
        $(".right").removeClass("d-none");
        $("#template1").removeClass("d-none");
    })
})
```

图 14-8 大屏设备切换隐藏的导航内容

图 14-9 大屏设备切回导航展示的内容

图 14-10 中屏设备切换隐藏的导航内容　　　图 14-11 中屏设备切回导航展示的内容

図 14-12　小屏设备切换隐藏的导航内容　　図 14-13　小屏设备切回导航展示的内容

14.4　主体内容

使页面排版具有可读性、可理解性，并且清晰明了至关重要，好的排版可以让人感觉清爽；另一方面，糟糕的排版容易使人分心。排版是为了内容更好的呈现，应以不增加用户认知负荷的原则来设计。

本项目的主体内容包括轮播广告、产品推荐区、logo 展示、特色展示区和产品生产流程 5 个部分，页面排版如图 14-14 所示。

```
┌─────────────────────────────────┐
│          轮播广告区               │
├─────────────────────────────────┤
│            推荐区                 │
│  ┌──────┐  ┌──────┐  ┌──────┐   │
│  └──────┘  └──────┘  └──────┘   │
├─────────────────────────────────┤
│  ┌─────────────┐ ┌─────────────┐│
│  │公司名称以及注│ │             ││
│  │册登录链接    │ │公司Logo展    ││
│  └─────────────┘ └─────────────┘│
├─────────────────────────────────┤
│          特色展示区               │
│ ┌────┐ ┌────┐ ┌────┐ ┌────┐     │
│ └────┘ └────┘ └────┘ └────┘     │
├─────────────────────────────────┤
│          生产流程                 │
│  ┌──────┐  ┌──────┐  ┌──────┐   │
│  └──────┘  └──────┘  └──────┘   │
└─────────────────────────────────┘
```

图 14-14　主体内容排版设计

14.4.1　设计轮播广告区

Bootstrap 轮播插件结构比较固定，轮播包含框需要指明 ID 值和 carousel、slide 类。框内包含三部分组件：标签框（carousel-indicators）、图文内容框（carousel-inner）和左右导航按钮（carousel-control-prev、carousel-control-next）。通过 data-target="#carousel"属性启动轮播，使用 data-slide-to="0"、data-slide ="pre"、data-slide ="next" 定义交互按钮的行为。完整的代码如下：

```
<div id="carousel" class="carousel slide">
    <!--标签框-->
    <ol class="carousel-indicators">
        <li data-target="#carousel" data-slide-to="0" class="active"></li>
    </ol>
    <!--图文内容框-->
    <div class="carousel-inner">
        <div class="carousel-item active">
            <img src="images " class="d-block w-100" alt="...">
            <!--文本说明框-->
            <div class="carousel-caption d-none d-sm-block">
                <h5> </h5>
                <p> </p>
            </div>
        </div>
    </div>
    <!--左右导航按钮-->
    <a class="carousel-control-prev" href="#carousel" data-slide="prev">
        <span class="carousel-control-prev-icon"></span>
    </a>
    <a class="carousel-control-next" href="#carousel" data-slide="next">
        <span class="carousel-control-next-icon"></span>
    </a>
</div>
```

设计本项目轮播广告位的结构。本项目没有添加标签框和文本说明框（<div class="carousel-caption">）。代码如下：

```
<div class="col-sm-12 col-lg-9 right p-0 clearfix">
        <div id="carouselExampleControls" class="carousel slide" data-
            ride="carousel">
        <div class="carousel-inner max-h">
            <div class="carousel-item active">
                <img src="images/001.jpg" class="d-block w-100" alt="...">
            </div>
            <div class="carousel-item">
                <img src="images/002.jpg" class="d-block w-100" alt="...">
            </div>
            <div class="carousel-item">
                <img src="images/003.jpg" class="d-block w-100" alt="...">
            </div>
        </div>
            <a class="carousel-control-prev" href="#carouselExampleControls"
            data-slide="prev">
            <span class="carousel-control-prev-icon"></span>
        </a>
```

```
            <a class="carousel-control-next" href="#carouselExampleControls"
              data-slide="next">
              <span class="carousel-control-next-icon" ></span>
            </a>
        </div>
    </div>
```

为了避免轮播中的图片过大而影响整体页面，这里为轮播区设置一个最大高度 max-h 类。

```
.max-h{
    max-height:300px;                    /*居中对齐*/
}
```

在谷歌浏览器中运行，轮播效果如图 14-15 所示。

图 14-15　轮播效果

14.4.2　设计产品推荐区

产品推荐区使用 bootstrap 中的卡片组件进行设计。卡片组件中有 3 种排版方式，分别为卡片组、卡片阵列和多列卡片浮动排版。本项目使用多列卡片浮动排版。多列卡片浮动排版使用 <div class="card-columns"> 进行定义。

```
<div class="p-4 list">
<h5 class="text-center my-3">咖啡推荐</h5>
<h5 class="text-center mb-4 text-secondary">
<small>在购物旗舰店可以发现更多咖啡心意</small>
</h5>
<!—多列卡片浮动排版-->
<div class="card-columns">
<div class="my-4 my-sm-0">
<img class="card-img-top" src="images/006.jpg" alt="">
</div>
<div class="my-4 my-sm-0">
<img class="card-img-top" src="images/004.jpg" alt="">
</div>
```

```
<div class="my-4 my-sm-0">
<img class="card-img-top" src="images/005.jpg" alt="">
</div>
</div>
</div>
```

为推荐区添加自定义样式，包括颜色和圆角效果。

```
.list{
    background: #eeeeee;                    /*定义背景颜色*/
}
.list-border{
    border: 2px solid #DBDBDB;           /*定义边框*/
    border-top:1px solid #DBDBDB ;       /*定义顶部边框*/
}
```

在谷歌浏览器中运行，产品推荐区如图 14-16 所示。

图 14-16　产品推荐区效果

14.4.3　设计登录注册和 logo

登录注册和 logo 使用网格系统布局，并添加响应式设计。在中、大屏设备（≥ 768px）中，左侧是登录注册，右侧是公司 Logo，如图 14-17 所示；在小屏设备（<768px）中，登录注册和 logo 将各占一行，如图 14-18 所示。

图 14-17　中、大屏设备显示效果

图 14-18　小屏设备显示效果

对于左侧的登录注册，使用卡片组件进行设计，并添加响应式的对齐方式 text-center 和 text-sm-left。在小屏设备（<768px）中，内容居中对齐；在中、大屏设备（≥ 768px）中，内容居左对齐。代码如下：

```
<div class="row py-5">
    <div class="col-12 col-sm-6 pt-2">
    <div class="card border-0 text-center text-sm-left">
    <div class="card-body ml-5">
    <h4 class="card-title">咖啡俱乐部</h4>
    <p class="card-text">开启您的星享之旅，星星越多、会员等级越高、好礼越丰富。</p>
    <a href="#" class="card-link btn btn-outline-success">注册</a>
    <a href="#" class="card-link btn btn-outline-success">登录</a>
    </div>
    </div>
    </div>
    <div class="col-12 col-sm-6 text-center mt-5">
    <a href=""><img src="images/007.png" alt="" class="img-fluid"></a>
    </div>
</div>
```

14.4.4　设计特色展示区

特色展示使用网格系统进行设计，并添加响应类。在中、大屏设备（≥ 768px）中显示为一行四列，如图 14-19 所示；在小屏幕设备（<768px）中显示为一行两列，如图 14-20 所示；在超小屏幕设备（<576px）中显示为一行一列，如图 14-21 所示。

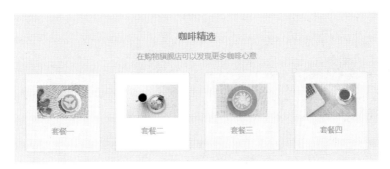

图 14-19　中、大屏设备显示效果

图 14-20　小屏设备显示效果

图 14-21　超小屏设备显示效果

特色展示区实现代码如下：

```
<div class="p-4 list">
<h5 class="text-center my-3">咖啡精选</h5>
<h5 class="text-center mb-4 text-secondary">
<small>在购物旗舰店可以发现更多咖啡心意</small>
</h5>
<div class="row">
    <div class="col-12 col-sm-6 col-md-3 mb-3 mb-md-0">
    <div class="bg-light p-4 list-border rounded">
```

```
                <img class="img-fluid" src="images/008.jpg" alt="">
                <h6 class="text-secondary text-center mt-3">套餐一</h6>
            </div>
            </div>
            <div class="col-12 col-sm-6 col-md-3 mb-3 mb-md-0">
                <div class="bg-white p-4 list-border rounded">
                <img class="img-fluid" src="images/009.jpg" alt="">
                <h6 class="text-secondary text-center mt-3">套餐二</h6>
                </div>
            </div>
            <div class="col-12 col-sm-6 col-md-3 mb-3 mb-md-0">
            <div class="bg-light p-4 list-border rounded">
            <img class="img-fluid" src="images/010.jpg" alt="">
            <h6 class="text-secondary text-center mt-3">套餐三</h6>
            </div>
            </div>
            <div class="col-12 col-sm-6 col-md-3 mb-3 mb-md-0">
                <div class="bg-light p-4 list-border rounded">
                    <img class="img-fluid" src="images/011.jpg" alt="">
                    <h6 class="text-secondary text-center mt-3">套餐四</h6>
                </div>
            </div>
            </div>
        </div>
</div>
```

14.4.5 设计产品生产流程区

第1步，设计结构。产品生产流程区主要由标题和图片展示组成。标题使用 h 标签设计，图片展示使用 ul 标签设计。在图片展示部分还添加了左右两个箭头，使用 font-awesome 字体图标进行设计。代码如下：

```
<div class="p-4">
            <h5 class="text-center my-3">咖啡讲堂</h5>
            <h5 class="text-center mb-4 text-secondary"><small>了解更多咖啡文化</small></h5>
            <div class="box">
                <ul id="ulList" class="clearfix">
                    <li class="list-border rounded">
                        <img src="images/015.jpg" alt="" width="300">
                        <h6 class="text-center mt-3">咖啡种植</h6>
                    </li>
                    <li class="list-border rounded">
                        <img src="images/014.jpg" alt="" width="300">
                        <h6 class="text-center mt-3">咖啡调制</h6>
                    </li>
                    <li class="list-border rounded">
                        <img src="images/014.jpg" alt="" width="300">
                        <h6 class="text-center mt-3">咖啡烘焙</h6>
                    </li>
                    <li class="list-border rounded">
                        <img src="images/012.jpg" alt="" width="300">
                        <h6 class="text-center mt-3">手冲咖啡</h6>
                    </li>
                </ul>
                <div id="left">
                    <i class="fa fa-chevron-circle-left fa-2x text-success"></i>
```

```
            </div>
            <div id="right">
                <i class="fa fa-chevron-circle-right fa-2x text-success"></i>
            </div>
        </div>
    </div>
```

第 2 步，设计自定义样式。

```
.box{
    width:100%;              /*定义宽度*/
    height: 300px;            /*定义高度*/
    overflow: hidden;         /*超出隐藏*/
    position: relative;        /*相对定位*/
}
#ulList{
    list-style: none;           /*去掉无序列表的项目符号*/
    width:1400px;            /*定义宽度*/
    position: absolute;        /*定义绝对定位*/
}
#ulList li{
    float: left;             /*定义左浮动*/
    margin-left: 15px;         /*定义左边外边距*/
    z-index: 1;              /*定义堆叠顺序*/
}
#left{
    position:absolute;         /*定义绝对定位*/
    left:20px;top: 30%;        /*距离左侧和顶部的距离*/
    z-index: 10;              /*定义堆叠顺序*/
    cursor:pointer;           /*定义鼠标指针显示形状*/
}
#right{
    position:absolute;         /*定义绝对定位*/
    right:20px; top: 30%;      /*距离右侧和顶部的距离*/
    z-index: 10;              /*定义堆叠顺序*/
    cursor:pointer;           /*定义鼠标指针显示形状*/
}
.font-menu{
    font-size: 1.3rem;         /*定义字体大小*/
}
```

第 3 步，添加用户行为。

```
<script src="jquery-1.8.3.min.js"></script>
<script>
    $(function(){
        var nowIndex=0;                              //定义变量nowIndex
        var liNumber=$("#ulList li").length;          //计算li的个数
        function change(index){
            var ulMove=index*300;                     //定义移动距离
                                                      //定义动画,动画时间为0.5秒
$("#ulList").animate({left:"-"+ulMove+"px"},500);
        }
        $("#left").click(function(){
            nowIndex = (nowIndex > 0) ? (--nowIndex) :0; //使用三元运算符判断nowIndex
            change(nowIndex);                          //调用change ( ) 方法
        })
        $("#right").click(function(){
```

```
//使用三元运算符判断nowIndex
    nowIndex=(nowIndex<liNumber-1) ? (++nowIndex) :(liNumber-1);
            change(nowIndex);                        //调用change（）方法
        });
    })
</script>
```

在谷歌浏览器中运行，效果如图 14-22 所示；单击右侧箭头，#ulList 向左移动，效果如图 14-23 所示。

图 14-22　生产流程区效果

图 14-23　滚动后效果

14.5　设计底部隐藏导航

设计步骤如下。

(1) 设计底部隐藏导航布局。首先定义一个容器 <div id="footer">，用来包裹导航。在该容器上添加一些 bootstrap 通用样式，使用 fixed-bottom 固定在页面底部，使用 bg-light 设置高亮背景，使用 border-top 设置上边框，使用 d-block 和 d-sm-none 设置导航只在小屏幕上显示。

```
<!--footer——在sm型设备尺寸下显示-->
```

```
<div class="row fixed-bottom d-block d-sm-none bg-light border-top py-1"
  id="footer" >
  <ul class="text-center p-0" id="myTab">
      <li><a class="ab" href="index.html"><i class="fa fa-home fa-2x p-1"></
      i><br/>主页</a></li>
      <li><a href="javascript:void(0);"><i class="fa fa-calendar-minus-o fa-2x
      p-1"></i><br/>门店</a></li>
      <li><a href="javascript:void(0);"><i class="fa fa-user-circle-o fa-2x
      p-1"></i><br/>我的账户</a></li>
      <li><a href="javascript:void(0);"><i class="fa fa-bitbucket-square fa-2x
      p-1"></i><br/>菜单</a></li>
      <li><a href="javascript:void(0);"><i class="fa fa-table fa-2x p-1"></
      i><br/>更多</a></li>
  </ul>
</div>
```

(2) 设计字体颜色以及每个导航元素的宽度。

```
.ab{
    color:#00A862!important;          /*定义字体颜色*/
}
#myTab li{
    width: 20vw;                  /*定义宽度*/
    min-width: 30px;              /*定义最小宽度*/
    font-size: 0.8rem;            /*定义字体大小*/
    color: #919191;               /*定义字体颜色*/
}
```

(3) 为导航元素添加单击事件，被单击元素添加 ab 类，其他元素则删除 ab 类。

```
$(function(){
    $("#footer ul li").click(function(){
        $(this).find("a").addClass("ab");
        $(this).siblings().find("a").removeClass("ab");
    })
})
```

在谷歌浏览器中运行项目，单击"门店"，将切换到门店页面，效果如图 14-24 所示。

图 14-24　切换"门店"页面效果

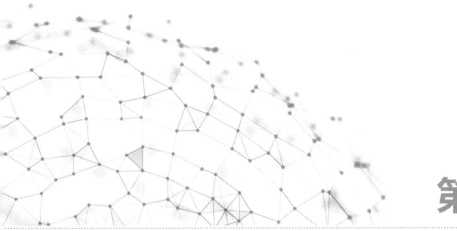

第15章

仿支付宝"淘票票电影"APP

本章将制作一个电影网站 APP——神影视频，它使用 Angular-cli 进行搭建，页面简洁、精致，和一些常见的电影购票类似，例如支付宝中的"淘票票电影"。

15.1　准备工作

15.1.1　开发环境

本项目的开发环境如下：

● 编辑器 Webstrom。

● Node 10.16.0。

● Npm 6.9.0。

● Angular-cli：8.3.3。

● 测试浏览器 Google 版本 59.0.3071.104（开发者内部版本）（32 位）。

15.1.2　搭建 Angular 脚手架

本项目使用 Angular 脚手架进行搭建，关于脚手架的全局安装请参考本书"Angular-cli 安装"章节。下面介绍项目的创建过程：

（1）首先打开项目目录（要创建项目的目录），如图 15-1 所示。

图 15-1　要创建项目的目录

（2）打开"命令提示符"窗口，先切换到对应的磁盘，然后在窗口中输入"cd F:\webframe\code\angular"命令，按 Enter 键进入项目路径，如图 15-2 所示。

图 15-2　进入项目路径

（3）用 ng new 命令创建项目，项目名称为"shenying"，如图 15-3 所示。

图 15-3　创建 shenying 项目

（4）按 Enter 键后，会提示是否在项目中配置路由模块，这里选择"y"配置路由，如图 15-4 所示。

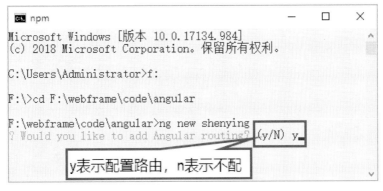

图 15-4　配置路由

（5）再次按 Enter 键提示配置 CSS 预处理器，本项目选择使用 CSS，如图 15-5 所示。

```
F:\webframe\code\angular>ng new shenying
? Would you like to add Angular routing? Yes
? Which stylesheet format would you like to use? (Use arrow keys)
> CSS
  SCSS    [ https://sass-lang.com/documentation/syntax#scss
          ]
  Sass    [ https://sass-lang.com/documentation/syntax#the-indented-syntax ]
  Less    [ http://lesscss.org
          ]
(Move up and down to reveal more choices)_
```

图 15-5　配置 CSS 预处理器

（6）按 Enter 键进行模块配置，如图 15-6 所示。

```
? Which stylesheet format would you like to use? CSS
CREATE shenying/angular.json (3609 bytes)
CREATE shenying/package.json (1282 bytes)
CREATE shenying/README.md (1025 bytes)
CREATE shenying/tsconfig.json (543 bytes)
CREATE shenying/tslint.json (1988 bytes)
CREATE shenying/.editorconfig (246 bytes)
CREATE shenying/.gitignore (631 bytes)
CREATE shenying/browserslist (429 bytes)
CREATE shenying/karma.conf.js (1020 bytes)
CREATE shenying/tsconfig.app.json (270 bytes)
CREATE shenying/tsconfig.spec.json (270 bytes)
CREATE shenying/src/favicon.ico (948 bytes)
CREATE shenying/src/index.html (294 bytes)
CREATE shenying/src/main.ts (372 bytes)
CREATE shenying/src/polyfills.ts (2838 bytes)
CREATE shenying/src/styles.css (80 bytes)
CREATE shenying/src/test.ts (642 bytes)
CREATE shenying/src/assets/.gitkeep (0 bytes)
CREATE shenying/src/environments/environment.prod.ts (51 bytes)
CREATE shenying/src/environments/environment.ts (662 bytes)
CREATE shenying/src/app/app-routing.module.ts (246 bytes)
```

图 15-6　配置项目模块

（7）配置完成后，在 Webstorm 中打开项目目录，结构如图 15-7 所示。

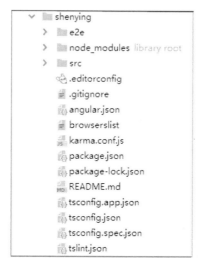

图 15-7　项目目录的结构

项目搭建完成后，测试一下是否能正常启动。根据提示，首先进入项目目录，在命令行输入"cd shenying"，按 Enter 键，如图 15-8 所示；然后再输入"ng serve"启动项目。

项目启动成功之后，提供一个域名 http://localhost:4200，供我们测试使用，如图 15-9 所示。

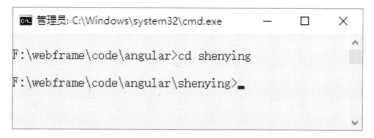

图 15-8　进入项目目录

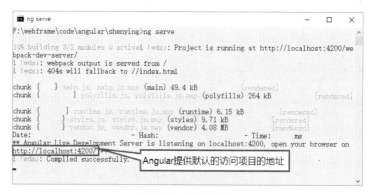

图 15-9　测试域名

在谷歌浏览器中输入本地域名"http://localhost:4200"，按 Enter 键。打开谷歌浏览器的控制台，选择使用谷歌浏览器的模拟手机效果，如图 15-10 所示。

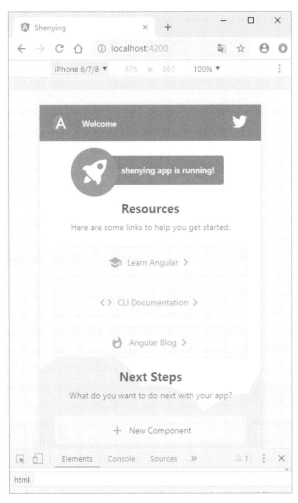

图 15-10　项目运行效果

15.1.3　创建项目组件

这里使用命令来创建组件，命令如下：

```
ng g component components/ci-list        ----影院列表组件
ng g component components/cinema         ----影院页面组件
ng g component components/city           ----城市组件
ng g component components/comingsoon     ----即将上映组件
ng g component components/header         ----头部组件
ng g component components/login          ----登录/注册组件
ng g component components/mine           ----我的页面组件
ng g component components/movie          ----电影页面组件
ng g component components/nowplaying     ----正在热映组件
ng g component components/search         ----搜索组件
ng g component components/tabbar         ----底部导航组件
```

组件创建完成后，目录机构如图 15-11 所示。

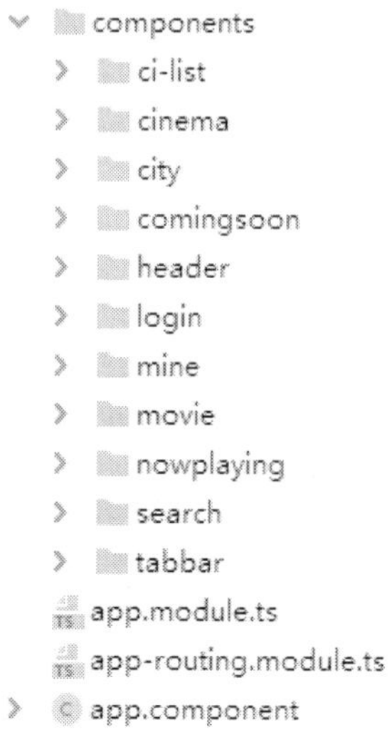

图 15-11 components 文件夹的结构

其中，components 文件夹用来放置项目的组件，app.component 是项目的根组件，app.module.ts 是项目的根模块，app-routing.module.ts 是路由模块。

15.2 设计项目组件

把重复利用的内容进行组件化，方便调用。本项目的组件在 components 目录中进行定义。

本项目主要由 3 个页面构成，分别是电影页面、影院页面和我的页面。这三个页面都包括头部内容和底部的导航栏，可以分别设计成组件，在每个页面中引入即可。

15.2.1 设计头部和底部导航组件

1. 头部组件（header）

header.component.html 模板的内容如下：

```
<header id="header">
  <h1>{{title}}</h1>
</header>
```

在 header.component.ts 中引入 Input 装饰器，用于接收父组件传来的值。

```
import { Component, OnInit ,Input} from '@angular/core';
@Component({
  selector: 'app-header',
  templateUrl: './header.component.html',
  styleUrls: ['./header.component.css']
```

```
})
export class HeaderComponent implements OnInit {
  //接受父组件传递过来的值
  @Input() title:any;
  constructor() { }
  ngOnInit() {
  }
}
```

header.component.css 样式文件：

```
#header{
  width: 100%;
  height: 50px;
  color: #ffffff;
  background: #e54847;
  border-bottom:1px solid #e54847;
  position: relative;
}
#header h1{
  font-size: 18px;
  text-align: center;
  line-height: 50px;
  font-weight: normal;
}
#header i{
  position: absolute;
  left: 5px;top: 50%;
  margin-top: -13px;
  font-size: 26px;
}
```

头部组件在谷歌浏览器中运行的效果如图 15-12 所示。

神影电影

图 15-12　头部组件效果

2. 底部导航组件（tabbar）

在底部的导航中，配置一级路由，用来切换电影页面、影院页面和我的页面。另外，当目标路由成功激活时，链接元素自动设置一个表示激活的 CSS 类名 active。

tabbar.component.html 模板的内容如下：

```
<div id="footer">
  <ul>
    <li>
      <a [routerLink]="['/movie']" routerLinkActive="active">
        <i class="fa fa-film"></i>
        <span>电影</span>
      </a>
    </li>
    <li>
      <a [routerLink]="['/cinema']" routerLinkActive="active">
```

```
        <i class="fa fa-youtube-square"></i>
        <span>影院</span>
      </a>
    </li>
    <li>
      <a [routerLink]="['/mine']" routerLinkActive="active">
        <i class="fa fa-user-circle"></i>
        <span>我的</span>
      </a>
    </li>
  </ul>
</div>
```

tabbar.component.ts 文件的内容如下：

```
import { Component, OnInit } from '@angular/core';
@Component({
  selector: 'app-tabbar',
  templateUrl: './tabbar.component.html',
  styleUrls: ['./tabbar.component.css']
})
export class TabbarComponent implements OnInit {
  constructor() { }
  ngOnInit() {
  }
}
```

tabbar.component.css 样式文件的内容如下：

```
#footer{
  width: 100%;
  height: 50px;
  background: white;
  border-top: 2px solid #ebe8e3;
  position: fixed;
  left: 0;
  bottom: 0;
}
#footer ul{
  display: flex;
  text-align: center;
  height: 50px;
  align-items: center;
}
#footer ul li{
  flex: 1;
  height: 40px;
}
.active{ color: #f03d37;}
#footer ul i{font-size: 20px;}
#footer ul span{
  display:block;
  font-size: 12px;
  line-height: 18px;
}
```

底部导航组件在谷歌浏览器中运行的效果如图 15-13 所示。

图 15-13　底部导航组件效果

15.2.2　设计电影页面组件

电影页面有 4 个组件，即城市、正在热映、即将上映和搜索。

1. 城市组件（city）

在城市组件中，只列举了首字母以 A、B、C、D、E 开头的城市。

city.component.html 模板的内容如下：

```html
<div class="city_body">
  <div class="city_list">
    <div class="city_hot">
      <h2>热门城市</h2>
      <ul class="clearfix">
        <li>北京</li>
        <li>上海</li>
        <li>天津</li>
        <li>合肥</li>
        <li>郑州</li>
      </ul>
    </div>
    <div class="city_sort">
      <div>
        <h2>A</h2>
        <ul>
          <li>阿克苏</li>
          <li>安康</li>
          <li>安庆</li>
        </ul>
      </div>
      <div>
        <h2>B</h2>
        <ul>
          <li>白山</li>
          <li>白城</li>
          <li>宝鸡</li>
        </ul>
      </div>
      <div>
        <h2>C</h2>
        <ul>
          <li>沧州</li>
          <li>长春</li>
          <li>昌吉</li>
        </ul>
      </div>
      <div>
        <h2>D</h2>
        <ul>
```

```
        <li>大理</li>
        <li>大连</li>
        <li>大庆</li>
      </ul>
    </div>
    <div>
      <h2>E</h2>
      <ul>
        <li>鄂尔多斯</li>
        <li>恩施</li>
        <li>鄂州</li>
      </ul>
    </div>
  </div>
</div>
<div class="city_index">
  <ul>
    <li>A</li>
    <li>B</li>
    <li>C</li>
    <li>D</li>
    <li>E</li>
  </ul>
</div>
</div>
```

city.component.ts 文件的内容如下：

```
import { Component, OnInit } from '@angular/core';
@Component({
  selector: 'app-city',
  templateUrl: './city.component.html',
  styleUrls: ['./city.component.css']
})
export class CityComponent implements OnInit {
  constructor() { }
  ngOnInit() {
  }
}
```

city.component.css 样式文件的内容如下：

```
#content .city_body{
  margin-top: 45px;
  display: flex;
  width: 100%;
  position: absolute;
  top: 0;
  bottom: 0;
}
.city_body .city_list{
  flex: 1;
  overflow: auto;
  background: #fff5f0;
}
.city_body .city_list::-webkit-scrollbar{
  background-color: transparent;
  width: 0;
}
```

```
.city_body .city_hot{
  margin-top: 20px;
}
.city_body .city_hot h2{
  padding-left: 15px;
  line-height: 30px;
  font-size: 14px;
  background: #f0f0f0;
  font-weight:normal;
}
.city_body .city_hot ul li{
  float: left;
  background: #fff;
  width: 29%;
  height: 33px;
  margin-top: 15px;
  margin-left: 3%;
  padding:0 4px;
  border: 1px solid #e6e6e6;
  border-radius: 3px;
  line-height: 33px;
  text-align: center;
  box-sizing: border-box;
}
.city_body .city_sort div{
  margin-top: 20px;
}
.city_body .city_sort h2{
  padding-left: 15px;
  line-height: 30px;
  font-size: 14px;
  background: #f0f0f0;
  font-weight: normal;
}
.city_body .city_sort ul{
  padding-left: 10px;
  margin-top: 10px;
}
.city_body .city_sort ul li{
  line-height: 30px;
}
.city_body .city_index{
  width: 20px;
  display: flex;
  flex-direction: column;
  justify-content: center;
  text-align: center;
  border-left:1px solid #e6e6e6 ;
}
```

城市组件在谷歌浏览器中运行的效果如图 15-14 所示。

图 15-14　城市组件效果

2. 正在热映（nowplaying）

正在热映组件用一个列表设计完成，代码如下：

nowplaying.component.html 模板的内容如下：

```html
<div class="movie_body">
  <ul>
    <li>
      <div class="pic_show"><img src="assets/images/001.png" alt=""></div>
      <div class="info_list">
        <h2>机械师2：复活</h2>
        <p>观众评<span class="grade"> 8.9</span></p>
        <p>主演：  杰森·斯坦森 杰西卡·阿尔芭 汤米·李·琼斯 杨紫琼 山姆·哈兹尔丁</p>
        <p>今天50家影院放映800场</p>
      </div>
      <div class="btn_mall">
        购票
      </div>
    </li>
    <li>
      <div class="pic_show"><img src="assets/images/002.png" alt=""></div>
      <div class="info_list">
        <h2>敢死队</h2>
        <p>观众评<span class="grade"> 8.7</span></p>
        <p>主演：  西尔维斯特·史泰龙，杰森·斯坦森，梅尔·吉布森</p>
        <p>今天50家影院放映750场</p>
      </div>
      <div class="btn_mall">
        购票
      </div>
    </li>
    <li>
      <div class="pic_show"><img src="assets/images/003.png" alt=""></div>
      <div class="info_list">
```

```
            <h2>最后的巫师猎人</h2>
            <p>观众评<span class="grade"> 8.4</span></p>
            <p>主演： 范·迪塞尔，萝斯·莱斯利，伊利亚·伍德，迈克尔·凯恩，丽纳·欧文</p>
            <p>今天50家影院放映600场</p>
        </div>
        <div class="btn_mall">
          购票
        </div>
      </li>
      <li>
        <div class="pic_show"><img src="assets/images/004.png" alt=""></div>
        <div class="info_list">
          <h2>饥饿游戏3</h2>
          <p>观众评<span class="grade"> 7.6</span></p>
          <p>主演： 詹妮弗·劳伦斯，乔什·哈切森，利亚姆·海姆斯沃斯</p>
          <p>今天50家影院放映550场</p>
        </div>
        <div class="btn_mall">
          购票
        </div>
      </li>
      <li>
        <div class="pic_show"><img src="assets/images/005.png" alt=""></div>
        <div class="info_list">
          <h2>钢铁骑士</h2>
          <p>观众评<span class="grade"> 7.3</span></p>
          <p>主演： 本·温切尔，乔什·布雷纳，玛丽亚·贝罗， 迈克·道尔， 安迪·加西亚</p>
          <p>今天50家影院放映500场</p>
        </div>
        <div class="btn_mall">
          购票
        </div>
      </li>
      <li>
        <div class="pic_show"><img src="assets/images/006.png" alt=""></div>
        <div class="info_list">
          <h2>奔跑者
          </h2>
          <p>观众评<span class="grade"> 6.6</span></p>
          <p>主演： 尼古拉斯·凯奇，康妮·尼尔森，莎拉·保罗森，彼得·方达</p>
          <p>今天50家影院放映500场</p>
        </div>
        <div class="btn_mall">
          购票
        </div>
      </li>
    </ul>
</div>
```

nowplaying.component.ts 文件的内容如下：

```
import { Component, OnInit } from '@angular/core';
@Component({
  selector: 'app-nowplaying',
  templateUrl: './nowplaying.component.html',
  styleUrls: ['./nowplaying.component.css']
})
export class NowplayingComponent implements OnInit {
```

```
    constructor() { }
    ngOnInit() {
    }
}
```

nowplaying.component.css 样式文件的内容如下：

```css
#content .movie_body{
  flex: 1;overflow: auto;
}
.movie_body ul{
  margin: 0 12px;
  overflow: hidden;
}
.movie_body ul li{margin-top: 12px;display: flex;align-items: center;border-
bottom: 1px solid #e6e6e6;padding-bottom: 10px;}
.movie_body .pic_show{width: 64px;height: 90px;}
.movie_body .pic_show img{width: 100%;}
.movie_body .info_list{margin-left:10px;flex: 1;position: relative; }
.movie_body .info_list h2{
  font-size: 17px; line-height: 24px;
  width: 150px;overflow: hidden;
  white-space: nowrap;
  text-overflow:ellipsis ;
}
.movie_body .info_list p{
  font-size:13px;
  color: #666;
  line-height: 22px;
  width: 200px;
  overflow: hidden;
  white-space: nowrap;
  text-overflow:ellipsis ;
}
.movie_body .info_list .grade{
  font-weight: 700;
  color: #faaf00;
  font-size: 15px;
}
.movie_body .info_list img{
  width: 50px;
  position: absolute;
  right: 10px;
  top: 5px;
}
.movie_body .btn_mall, .movie_body .btn_pre{
  width: 47px;
  height: 27px;
  line-height: 28px;
  text-align: center;
  background-color: #f03d37;
  color: #fff;
  border-radius: 4px;
  font-size: 12px;
  cursor: pointer;
}
.movie_body .btn_pre{
  background-color: #3c9fe6;
}
```

正在热映组件在谷歌浏览器中的运行效果如图 15-15 所示。

图 15-15　正在热映组件效果

3. 即将上映组件（comingsoon）

即将上映组件和正在热映组件类似，由一个列表组成，代码如下：

comingsoon.component.html 模板的内容如下：

```
<div class="movie_body">
  <ul>
    <li>
      <div class="pic_show"><img src="assets/images/007.png" alt=""></div>
      <div class="info_list">
        <h2>佐罗和麦克斯</h2>
        <p><span class="person">46465</span>人想看</p>
        <p>主演：格兰特·鲍尔 艾米·斯马特 博伊德·肯斯特纳</p>
        <p>未来30天内上映</p>
      </div>
      <div class="btn_pre">
        预售
      </div>
    </li>
    <li>
      <div class="pic_show"><img src="assets/images/008.png" alt=""></div>
      <div class="info_list">
        <h2>废材特工</h2>
        <p><span class="person">64645</span>人想看</p>
        <p>主演： 杰西·艾森伯格，克里斯汀·斯图尔特，约翰·雷吉扎莫</p>
        <p>未来30天内上映</p>
      </div>
      <div class="btn_pre">
        预售
      </div>
    </li>
```

```html
<li>
  <div class="pic_show"><img src="assets/images/009.png" alt=""></div>
  <div class="info_list">
    <h2>凤凰城遗忘录</h2>
    <p><span class="person">42465</span>人想看</p>
    <p>主演：Clint Jordan</p>
    <p>未来30天内上映</p>
  </div>
  <div class="btn_pre">
    预售
  </div>
</li>
<li>
  <div class="pic_show"><img src="assets/images/010.png" alt=""></div>
  <div class="info_list">
    <h2>新灰姑娘</h2>
    <p><span class="person">46465</span>人想看</p>
    <p>主演：Cassandra Morris, Kristen Day</p>
    <p>未来30天内上映</p>
  </div>
  <div class="btn_pre">
    预售
  </div>
</li>
<li>
  <div class="pic_show"><img src="assets/images/011.png" alt=""></div>
  <div class="info_list">
    <h2>鲨卷风4：四度觉醒</h2>
    <p><span class="person">38465</span>人想看</p>
    <p>主演：塔拉·雷德, Ian Ziering, Masiela Lusha</p>
    <p>未来30天内上映</p>
  </div>
  <div class="btn_pre">
    预售
  </div>
</li>
<li>
  <div class="pic_show"><img src="assets/images/012.png" alt=""></div>
  <div class="info_list">
    <h2>全境警戒</h2>
    <p><span class="person">46465</span>人想看</p>
    <p>主演：戴夫·巴蒂斯塔, 布兰特妮·斯诺, Angelic Zambrana</p>
    <p>未来30天内上映</p>
  </div>
  <div class="btn_pre">
    预售
  </div>
</li>
  </ul>
</div>
```

comingsoon.component.ts 文件的内容如下：

```typescript
import { Component, OnInit } from '@angular/core';
@Component({
  selector: 'app-comingsoon',
  templateUrl: './comingsoon.component.html',
  styleUrls: ['./comingsoon.component.css']
})
export class ComingsoonComponent implements OnInit {
```

```
    constructor() { }
    ngOnInit() {
    }
}
```

comingsoon.component.css 样式的文件如下：

```
#content .movie_body{
  flex: 1;overflow: auto;
}
.movie_body ul{
  margin: 0 12px;
  overflow: hidden;
}
.movie_body ul li{margin-top: 12px;display: flex;align-items: center;border-
  bottom: 1px solid #e6e6e6;padding-bottom: 10px;}
.movie_body .pic_show{width: 64px;height: 90px;}
.movie_body .pic_show img{width: 100%;}
.movie_body .info_list{margin-left:10px;flex: 1;position: relative; }
.movie_body .info_list h2{
  font-size: 17px; line-height: 24px;
  width: 150px;overflow: hidden;
  white-space: nowrap;
  text-overflow:ellipsis ;
}
.movie_body .info_list p{
  font-size:13px;
  color: #666;
  line-height: 22px;
  width: 200px;
  overflow: hidden;
  white-space: nowrap;
  text-overflow:ellipsis ;
}
.movie_body .info_list .grade{
  font-weight: 700;
  color: #faaf00;
  font-size: 15px;
}
.movie_body .info_list img{
  width: 50px;
  position: absolute;
  right: 10px;
  top: 5px;
}
.movie_body .btn_mall, .movie_body .btn_pre{
  width: 47px;
  height: 27px;
  line-height: 28px;
  text-align: center;
  background-color: #f03d37;
  color: #fff;
  border-radius: 4px;
  font-size: 12px;
  cursor: pointer;
}
.movie_body .btn_pre{
  background-color: #3c9fe6;
}
```

即将上映组件在谷歌浏览器中的运行效果如图 15-16 所示。

图 15-16　即将上映组件效果

4. 搜索组件（search）

search.component.html 模板的内容如下：

```html
<div class="search_body">
  <div class="search_input">
    <div class="search_input_wrapper">
      <i class="fa fa-search"></i>
      <input type="text">
    </div>
  </div>
  <div class="search_result">
    <h3>电影/电视剧/综艺</h3>
    <ul>
      <li>
        <div class="img"><img src="assets/images/001.png" alt=""></div>
        <div class="info">
          <p><span>机械师2 </span><span>8.9</span></p>
          <p>剧情，喜剧，犯罪</p>
          <p>2020-6-30</p>
        </div>
      </li>
    </ul>
  </div>
</div>
```

search.component.ts 文件的内容如下：

```typescript
import { Component, OnInit } from '@angular/core';
@Component({
```

```
  selector: 'app-search',
  templateUrl: './search.component.html',
  styleUrls: ['./search.component.css']
})
export class SearchComponent implements OnInit {
  constructor() { }
  ngOnInit() {
  }
}
```

search.component.css 样式文件的内容如下：

```css
#content .search_body{
  flex: 1;
  overflow: auto;
}
.search_body .search_input{
  padding: 8px 10px;
  background-color: #f5f5f5;
  border-bottom: 1px solid #e5e5e5;
}
.search_body .search_input_wrapper{
  padding: 0 10px;
  border: 1px solid #e6e6e6;
  border-radius: 5px;
  background-color: #fff;
  display: flex;
}
.search_body .search_input_wrapper i{
  font-size: 16px;
  padding: 4px 0;
}
.search_body .search_input_wrapper input{
  border: none;
  font-size: 13px;
  color: #333;
  padding: 4px 0;
  outline: none;
}
.search_body .search_result h3{
  font-size: 15px;
  color: #999;
  padding: 9px 15px;
  border-bottom: 1px solid #e6e6e6;
}
.search_body .search_result li{
  border-bottom: 1px #c9c9c9 dashed;
  padding: 10px 15px;
  box-sizing: border-box;
  display: flex;
}
.search_body .search_result .img{
  width: 60px;
  float: left;
}
.search_body .search_result .img img{
  width: 100%;
}
.search_body .search_result .info{
```

```
    float: left;
    margin-left: 15px;
    flex: 1;
  }
.search_body .search_result .info p{
    height: 22px;
    display: flex;
    line-height: 22px;
    font-size: 12px;
  }
.search_body .search_result .info p:nth-of-type(1) span:nth-of-type(1){
    font-size: 18px;
    flex: 1;
  }
.search_body .search_result .info p:nth-of-type(1) span:nth-of-type(2){
    font-size: 16px;
    color: #fc7103;
  }
```

搜索组件在谷歌浏览器中的运行效果如图 15-17 所示。

图 15-17　搜索组件效果

15.2.3　设计影院页面组件

影院页面只有一个组件，即影院列表组件（ci-list），也是由一个列表组设计完成的。ci-list.component.html 模板的内容如下：

```
<div class="cinema_body">
  <ul>
    <li>
      <div>
```

```
        <span>大地影院延庆金锣湾店</span>
        <span class="q"><span class="price"> 38.5</span> 元起</span>
      </div>
      <div class="address">
        <span>延庆区北街39号H座首层</span>
        <span> >100km </span>
      </div>
      <div class="card">
        <div>小吃</div>
        <div>折扣卡</div>
      </div>
    </li>
    <li>
      <div>
        <span>燕山影剧院</span>
        <span class="q"><span class="price"> 37.5</span> 元起</span>
      </div>
      <div class="address">
        <span>房山区燕山岗南路3号</span>
        <span> >120km</span>
      </div>
      <div class="card">
        <div>小吃</div>
        <div>折扣卡</div>
      </div>
    </li>
    <li>
      <div>
        <span>万达影城昌平保利光魔店</span>
        <span class="q"><span class="price"> 37.9</span> 元起</span>
      </div>
      <div class="address">
        <span>昌平区鼓楼南街佳莲时代广场四层</span>
        <span> >80km </span>
      </div>
      <div class="card">
        <div>小吃</div>
        <div>折扣卡</div>
      </div>
    </li>
    <li>
      <div>
        <span>门头沟影剧院</span>
        <span class="q"><span class="price"> 30.9</span> 元起</span>
      </div>
      <div class="address">
        <span>门头沟区新桥大街12号</span>
        <span>  >110km </span>
      </div>
      <div class="card">
        <div>小吃</div>
        <div>折扣卡</div>
      </div>
    </li>
  </ul>
</div>
```

ci-list.component.ts 文件的内容如下：

```
import { Component, OnInit } from '@angular/core';
@Component({
  selector: 'app-ci-list',
  templateUrl: './ci-list.component.html',
  styleUrls: ['./ci-list.component.css']
})
export class CiListComponent implements OnInit {
  constructor() { }
  ngOnInit() {
  }
}
```

ci-list.component.css 样式文件的内容如下：

```
#content .cinema_body{
  flex: 1;
  overflow: auto;
}
.cinema_body ul{
  padding: 20px;
}
.cinema_body li{
  border-bottom: 1px solid #e6e6e6;
  margin-bottom: 20px;
}
.cinema_body div{
  margin-bottom: 10px;
}
.cinema_body .q{
  font-size: 11px;
  color: #f03d37;
}
.cinema_body .price{
  font-size: 18px;
}
.cinema_body .address{
  font-size: 13px;
  color:#666;
}
.cinema_body .address span:nth-of-type(2){
  float: right;
}
.cinema_body .card{
  display: flex;
}
.cinema_body .card div{
  padding: 0 3px;
  height: 15px;
  line-height: 15px;
  border-radius:2px;
  color: #f90;
  border:1px solid #f90;
}
.cinema_body .card div.or{
  color: #f90;
  border: 1px solid #f90;
}
.cinema_body .card div.bl{
  color: #589daf;
  border: 1px solid #589daf;
}
```

影院页面组件在谷歌浏览器中的运行效果如图 15-18 所示。

图 15-18　影院页面组件效果

15.2.4　设计我的页面组件

我的页面只有一个登录 / 注册组件，这里只是一个简单的登录 / 注册表单，并没有实现前后端的交互。

login.component.html 模板的内容如下：

```
<div class="login_body">
  <div>
    <input class="login_text" type="text" placeholder="账号/手机号/邮箱">
  </div>
  <div>
    <input class="login_text" type="password" placeholder="请输入您的密码">
  </div>
  <div class="login_btn">
    <input type="submit" value="登录">
  </div>
  <div class="login_link">
    <a href="#">立即注册</a>
    <a href="#">找回密码</a>
  </div>
</div>
```

login.component.ts 文件的内容如下：

```
import { Component, OnInit } from '@angular/core';
@Component({
  selector: 'app-login',
  templateUrl: './login.component.html',
  styleUrls: ['./login.component.css']
})
export class LoginComponent implements OnInit {
  constructor() { }
  ngOnInit() {
  }
}
```

login.component.css 样式文件的内容如下：

```css
#content .login_body{
  width: 100%;
}
.login_body .login_text{
  width: 100%;
  height: 40px;
  border: none;
  border-bottom: 1px #ccc solid;
  margin:0 5px;
  outline: none;
}
.login_body .login_btn{
  height: 50px;
  margin: 10px;
}
.login_body .login_btn input{
  display: block;
  width: 100%;
  height: 100%;
  background: #e54847;
  border-radius: 3px;
  border: none;
  color: white;
}
.login_body .login_link{
  display: flex;
  justify-content: space-between;
}
.login_body .login_link a{
  text-decoration: none;
  margin: 0 5px;
  font-size: 12px;
  color:#e54847;
}
```

我的页面组件在谷歌浏览器中的运行效果如图 15-19 所示。

图 15-19　我的页面组件效果

15.3　设计主组件

　　本项目主要有三个主组件：电影页面组件、影院页面组件和我的页面组件，前面已经介绍了它们包含的所有组件，接下来就是组合它们。

15.3.1　电影页面组件

　　电影页面（movie）顶部有 4 个导航元素，对应着前面定义的城市、正在热映、即将上映和搜索等组件，使用路由进行导航切换。

movie.component.html 模板的内容如下：

```
<div id="main">
  <!-- 头部组件-->
  <app-header [title]="title"></app-header>
  <div id="content">
    <div class="movie_menu">
      <div>
          <a [routerLink]="['/movie/city']" routerLinkActive="active"
            class="city_name">
          <span>北京 </span><i class="fa fa-caret-down"></i>
          </a>
      </div>
      <div class="hot_swtich">
        <div>
            <a [routerLink]="['/movie/nowPlaying']" routerLinkActive="active"
              class="hot_item active">
            正在热映
          </a>
        </div>
        <div>
            <a [routerLink]="['/movie/comingSoon']" routerLinkActive="active"
              class="hot_item">
            即将上映
          </a>
        </div>
      </div>
      <div>
          <a [routerLink]="['/movie/search']" routerLinkActive="active"
            class="search_entry">
          <i class="fa fa-search"></i>
          </a>
      </div>
    </div>
    <!--二级路由渲染-->
    <router-outlet></router-outlet>
  </div>
  <!-- 尾部组件-->
  <app-tabbar></app-tabbar>
</div>
```

movie.component.ts 文件的内容如下：

```
import { Component, OnInit } from '@angular/core';
@Component({
```

```
  selector: 'app-movie',
  templateUrl: './movie.component.html',
  styleUrls: ['./movie.component.css']
})
export class MovieComponent implements OnInit {
public title:string="神影电影";
  constructor() { }
  ngOnInit() {
  }
}
```

movie.component.css 样式文件内容如下：

```
#content .movie_menu{
  width: 100%;
  height: 45px;
  border-bottom: 1px solid #e6e6e6;
  display: flex;
  justify-content: space-between;
}
.movie_menu .city_name{
  margin-left: 20px;
  height: 100%;
  line-height: 45px;
}
.movie_menu .city_name.router-link-active{
  color: #ef4238;
  border-bottom: 2px solid #ef4238;
  box-sizing: border-box;
}
.movie_menu .hot_swtich{
  display: flex;
  height: 100%;
  line-height: 45px;
}
.movie_menu .hot_item{
  font-size: 15px;
  color: #666;
  width: 80px;
  text-align: center;
  margin: 0 12px;
  font-weight: 700;
}
.movie_menu .hot_item.router-link-active{
  color: #ef4238;
  border-bottom:2px solid #ef4238;
}
.movie_menu .search_entry{
  margin-right: 20px;
  height: 100%;
  line-height: 45px;
}
.movie_menu .search_entry.router-link-active{
  color: #ef4238;
  border-bottom:2px solid #ef4238;
  box-sizing: border-box;
}
.movie_menu .search_entry i{
```

```
        font-size: 24px;
        color: red;
    }
```

　　电影页面组件在谷歌浏览器中运行，依次切换城市组件、正在热映组件、即将上映组件和搜索组件，效果如图 15-20～图 15-23 所示。

图 15-20　城市组件

图 15-21　正在热映组件

图 15-22　即将上映组件

图 15-23　搜索组件

15.3.2 影院页面组件

在影院页面组件中直接引入头部组件、底部导航组件和影院列表组件。

cinema.component.html 模板的内容如下：

```html
<div id="main">
  <app-header [title]="title"></app-header>
  <div id="content">
    <div class="cinema_menu">
      <div class="city_switch">
        全城 <i class="fa fa-caret-down"></i>
      </div>
      <div class="city_switch">
        品牌 <i class="fa fa-caret-down"></i>
      </div>
      <div class="city_switch">
        特色 <i class="fa fa-caret-down"></i>
      </div>
    </div>
    <app-ci-list></app-ci-list>
  </div>
  <app-tabbar></app-tabbar>
</div>
```

cinema.component.ts 文件的内容如下：

```typescript
import { Component, OnInit } from '@angular/core';
@Component({
  selector: 'app-cinema',
  templateUrl: './cinema.component.html',
  styleUrls: ['./cinema.component.css']
})
export class CinemaComponent implements OnInit {
  public title:string='神影影院';
  constructor() { }
  ngOnInit() {
  }
}
```

cinema.component.css 样式文件的内容如下：

```css
#content .cinema_menu{
  width: 100%;
  height: 45px;
  border-bottom: 1px solid #e6e6e6;
  display: flex;
  justify-content: space-around;
  align-items: center;
  background: white;
}
```

影院页面组件在谷歌浏览器中的运行效果如图 15-24 所示。

图 15-24　影院页面组件效果

15.3.3　我的页面组件

在影院页面组件中直接引入头部组件、底部导航组件和影院列表组件。

mine.component.html 模板的内容如下：

```html
<div id="main">
  <app-header [title]="title"></app-header>
  <div id="content">
    <app-login></app-login>
  </div>
  <app-tabbar></app-tabbar>
</div>
```

mine.component.ts 文件的内容如下：

```typescript
import { Component, OnInit } from '@angular/core';
@Component({
  selector: 'app-mine',
  templateUrl: './mine.component.html',
  styleUrls: ['./mine.component.css']
})
export class MineComponent implements OnInit {
  public title:string="我的神影";
  constructor() { }
  ngOnInit() {
  }
}
```

我的页面组件在谷歌浏览器中的运行效果如图 15-25 所示。

图 15-25　我的页面组件效果

15.4　项目的重要文件

除了上面的组件以外，项目还有一些重要文件，介绍如下。

15.4.1　主页面（index.html）

index.html 文件是脚手架搭建的项目的默认主页面，所有组件都渲染到 <div id="app"></div> 中。

```
<!doctype html>
<html>
<head>
  <meta charset="utf-8">
  <title>shenying</title>
  <base href="/">
   <meta name="viewport" content="width=device-width,initial-scale=1.0,user-
     scalable=no">
  <link rel="icon" type="image/x-icon" href="favicon.ico">
  <!--引入字体图标文件-->
   <link href="//netdna.bootstrapcdn.com/font-awesome/4.7.0/css/font-awesome.
     min.css" rel="stylesheet">
</head>
<body>
  <app-root></app-root>
</body>
</html>
```

其中引入了 font-awesome.css 字体样式。

15.4.2　根模块（app.module.ts）

在根模块中，需要把组件和模块引入并注册，才能正常使用。文件内容如下：

```
import { BrowserModule } from '@angular/platform-browser';
import { NgModule } from '@angular/core';
import { AppRoutingModule } from './app-routing.module';
import { AppComponent } from './app.component';
import { CiListComponent } from './components/ci-list/ci-list.component';
import { CinemaComponent } from './components/cinema/cinema.component';
import { CityComponent } from './components/city/city.component';
import { ComingsoonComponent } from './components/comingsoon/comingsoon.
  component';
import { HeaderComponent } from './components/header/header.component';
import { LoginComponent } from './components/login/login.component';
import { MineComponent } from './components/mine/mine.component';
import { MovieComponent } from './components/movie/movie.component';
import { NowplayingComponent } from './components/nowplaying/nowplaying.
  component';
import { SearchComponent } from './components/search/search.component';
import { TabbarComponent } from './components/tabbar/tabbar.component';
@NgModule({
  declarations: [
    AppComponent,
    CiListComponent,
    CinemaComponent,
    CityComponent,
    ComingsoonComponent,
    HeaderComponent,
    LoginComponent,
    MineComponent,
    MovieComponent,
    NowplayingComponent,
    SearchComponent,
    TabbarComponent,
  ],
  imports: [
    BrowserModule,
    AppRoutingModule
  ],
  providers: [],
  bootstrap: [AppComponent]
})
export class AppModule { }
```

15.4.3　路由文件（app-routing.module.ts）

在路由文件中，首先要引入配置路由的模块，然后才可以配置路由，具体内容如下：

```
import { NgModule } from '@angular/core';
import { Routes, RouterModule } from '@angular/router';
import { CinemaComponent } from './components/cinema/cinema.component';
import { CityComponent } from './components/city/city.component';
import { ComingsoonComponent } from './components/comingsoon/comingsoon.
  component';
```

```
import { MineComponent } from './components/mine/mine.component';
import { MovieComponent } from './components/movie/movie.component';
import { NowplayingComponent } from './components/nowplaying/nowplaying.
  component';
import { SearchComponent } from './components/search/search.component';
const routes: Routes = [
  {
    path:'movie',component:MovieComponent,
    children:[
      {path:'city',component:CityComponent,},
      {path:'nowPlaying',component:NowplayingComponent,},
      {path:'comingSoon',component:ComingsoonComponent,},
      {path:'search',component:SearchComponent,},
      { path:'**',redirectTo:'city',}
    ]
  },
  {
    path:'cinema',component:CinemaComponent,
  },
  {
    path:'mine',component:MineComponent,
  },
  { path:'**',redirectTo:'movie',},
];
@NgModule({
  imports: [RouterModule.forRoot(routes)],
  exports: [RouterModule]
})
export class AppRoutingModule {}
```

15.4.4　项目公共样式（style.css）

对项目中的样式进行一些初始化，代码如下：

```
*{margin: 0;padding: 0;}
ul,li{list-style: none;}
img{display: block;}
.clearfix:after{content:"";display: block;clear: both;}
```

15.4.5　根组件（app.component）

所有的子组件都会渲染到根组件上，具体的文件代码如下。

app.component.html 模板文件的内容如下：

```
<router-outlet></router-outlet>
```

app.component.ts 文件的内容如下：

```
import { Component } from '@angular/core';
@Component({
  selector: 'app-root',
  templateUrl: './app.component.html',
  styleUrls: ['./app.component.css']
```

```
})
export class AppComponent {
  title = 'shenying';
}
```

app.component.css 样式文件的内容如下：

```
html,body{height: 100%;}
#main{height: 100%;display: flex;flex-direction: column;}
#content{flex:1;overflow: auto;margin-bottom: 50px;position: relative;display:
flex;flex-direction: column;}
```

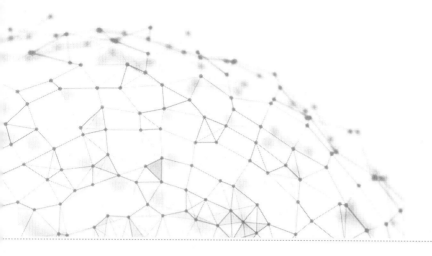

第16章

仿网易云音乐网站

本项目是制作一个仿造网易云音乐 PC 端的网站，实现其部分功能，包括：歌单的选择、歌曲的播放、歌手的选择和会员的登录注册等，并实现网易云核心的播放器功能。

16.1 准备工作

16.1.1 开发环境

本项目的开发环境如下：

- 编辑器 Webstrom。
- Node 10.16.0。
- Npm 6.9.0。
- Angular-cli：8.3.3。
- 测试浏览器 Google 版本 59.0.3071.104（开发者内部版本）（32位）。

16.1.2 创建项目

(1) 首先进入项目目录，执行以下命令来创建项目，如图 16-1 所示。

```
ng new ng-music --style=less --routing -S
```

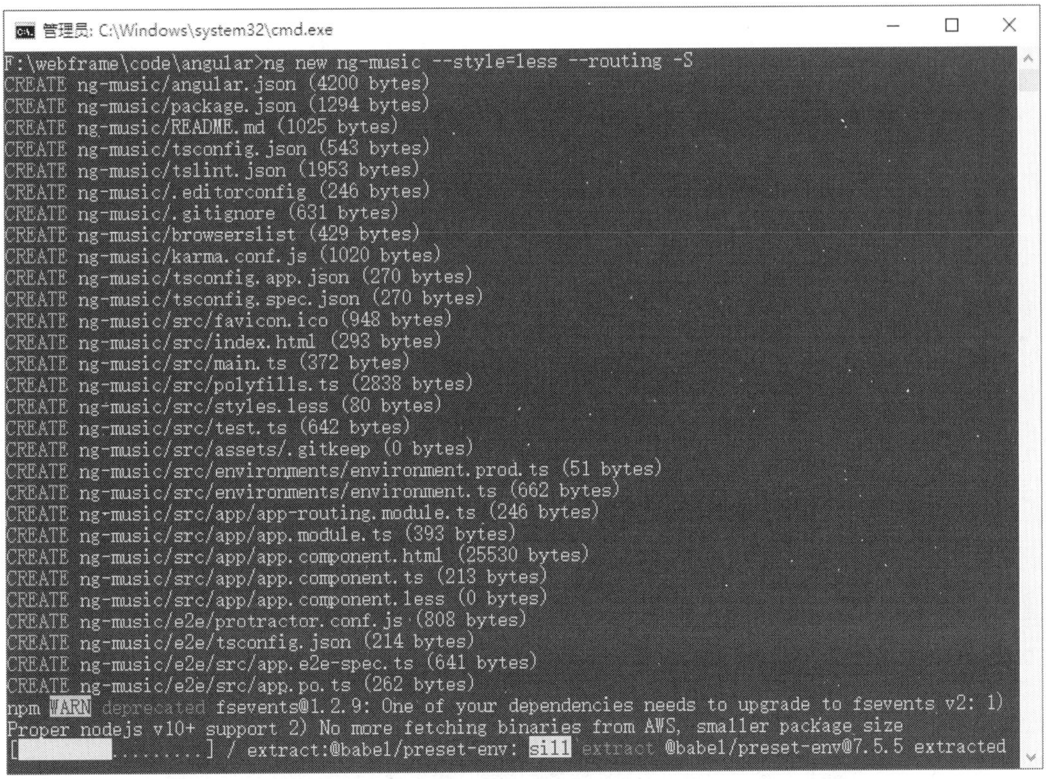

图 16-1　创建项目

项目创建完成以后，启动项目：

```
cd music
ng serve
```

项目启动成功之后，如图 16-2 所示。

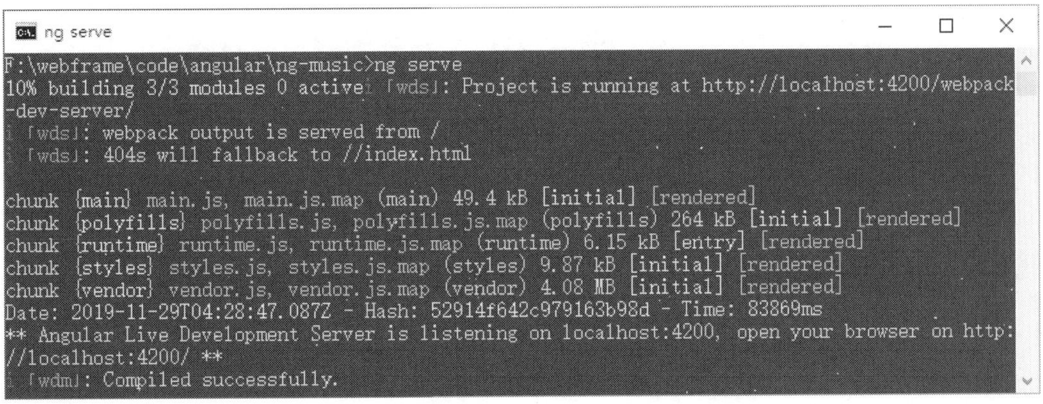

图 16-2　启动项目

在谷歌浏览器中打开 localhost:4200，如图 16-3 所示。

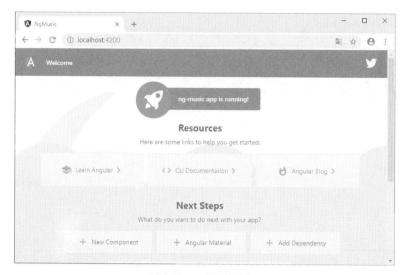

图 16-3 项目效果

(2) 安装 ng-zorro-antd 框架。首先进入上面创建的项目，然后执行以下命令进行安装，如图 16-4 所示。

```
ng add ng-zorro-antd
```

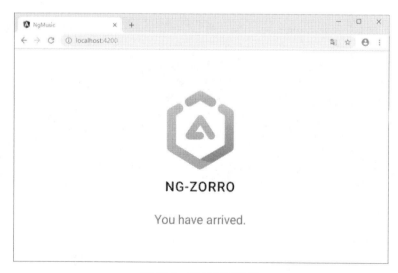

图 16-4 安装 ng-zorro-antd 框架

此时项目的页面效果变成如图 16-5 所示。

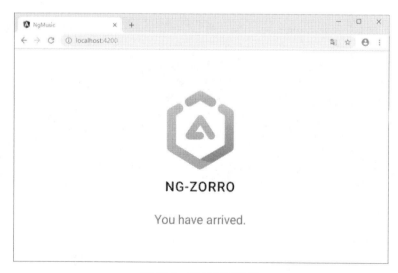

图 16-5 项目页面效果

提示

　　ng-zorro-antd 是一个类似于 Bootstrap 的框架，由阿里计算平台事业部、阿里云等不同部门的一些小伙伴在原业务组件的基础上共同构建而成，而且是开源的，组件功能很齐全。

16.1.3　模块设计

项目创建完成以后，默认会生成一个根模块 app.module.ts，对于小型项目来说，这个文件足够用了，但是对于大型项目，所有的组件和指令都放在根模块中，就会显得比较臃肿，并且难以维护，根模块的"压力"也比较大。所以应创建一些模块来分担根模块的压力，只需要在根模块中引入新创建的模块即可。

项目的根模块内容如下：

```
import { NgModule } from '@angular/core';
import { AppComponent } from './app.component';
import { Minor } from './minor/minor ';
@NgModule({
  declarations: [
    AppComponent
  ],
  imports: [
    Minor  //引入Minor模块
  ],
  bootstrap: [AppComponent]
})
export class AppModule { }
```

下面对项目创建的模块进行说明。

（1）创建 minor 模块，处理项目的其他模块和组件：

```
ng g m core
```

内容如下：

```
import { NgModule, SkipSelf, Optional } from '@angular/core';
import { BrowserModule } from '@angular/platform-browser';
import { AppRoutingModule } from '../app-routing.module';
import { HttpClientModule } from '@angular/common/http';
import { BrowserAnimationsModule } from '@angular/platform-browser/animations';
import { ServicesModule } from '../services/services.module';
import { PagesModule } from '../pages/pages.module';
import { ShareModule } from '../share/share.module';
import { registerLocaleData } from '@angular/common';
import zh from '@angular/common/locales/zh';
import { NZ_I18N, zh_CN } from 'ng-zorro-antd';
import { AppStoreModule } from '../store';
registerLocaleData(zh);
@NgModule({
  declarations: [],
  imports: [
```

```
      BrowserModule,
      HttpClientModule,
      BrowserAnimationsModule,
      ServicesModule,
      PagesModule,
      ShareModule,
      AppStoreModule,
      AppRoutingModule,
    ],
    exports: [
      ShareModule,
      AppRoutingModule
    ],
    providers: [{ provide: NZ_I18N, useValue: zh_CN }],
})
export class Minor {
    constructor(@SkipSelf() @Optional() parentModule: Minor) {
      // 判断，如果存在，抛出错误
      if (parentModule) {
        throw new Error('Minor 只能被根模块引入');
      }
    }
}
```

（2）创建 share 模块，用来存放项目经常用到的模块和组件：

```
ng g m share
```

内容如下：

```
import { NgModule } from '@angular/core';
import { CommonModule } from '@angular/common';
import { NgZorroAntdModule } from 'ng-zorro-antd';
import { FormsModule } from '@angular/forms';
import { WyUiModule } from './wy-ui/wy-ui.module';
import { ImgDefaultDirective } from './directives/img-default.directive';
@NgModule({
    imports: [
      CommonModule,
      NgZorroAntdModule,
      FormsModule,
      WyUiModule
    ],
    exports: [
      CommonModule,
      NgZorroAntdModule,
      FormsModule,
      WyUiModule
    ]
})
export class ShareModule { }
```

（3）创建 pages 模块，用来管理项目的所有页面：

```
ng g m pages
```

内容如下：

```
import { NgModule } from '@angular/core';
import { HomeModule } from './home/home.module';
import { SheetListModule } from './sheet-list/sheet-list.module';
import { SheetInfoModule } from './sheet-info/sheet-info.module';
import { SongInfoModule } from './song-info/song-info.module';
import { SingerModule } from './singer/singer.module';
import { MemberModule } from './member/member.module';
@NgModule({
  declarations: [],
  imports: [
    HomeModule,
    SheetListModule,
    SheetInfoModule,
    SongInfoModule,
    SingerModule,
    MemberModule
  ],
  exports: [
    HomeModule,
    SheetListModule,
    SheetInfoModule,
    SongInfoModule,
    SingerModule,
    MemberModule
  ]
})
export class PagesModule { }
```

（4）创建 services 服务模块，主要存放 http 服务：

```
ng g m services
```

内容如下：

```
import { NgModule, InjectionToken } from '@angular/core';
@NgModule({
  declarations: [],
  imports: [
  ],
  providers: []
})
export class ServicesModule { }
```

16.1.4　数据来源

项目所使用的数据都是第三方库 NeteaseCloudMusicApi-master 提供的，它包含网易云音乐的所有数据接口，可以访问 https://github.com/Binaryify/NeteaseCloudMusicApi 下载到本地，如图 16-6 所示。

图 16-6   第三方库

下载完成后，解压，然后安装依赖：

```
npm install
```

安装完成之后启动：

```
npm start
```

启动成功后效果如图 16-7 所示。

图 16-7   启动第三方库

这时便可以在项目中使用它提供的接口获取数据了。可以在浏览器中访问 http://localhost:3000，来查看它提供的内容，如图 16-8 所示。

图 16-8   网易云音乐 API 页面

16.1.5　定义数据的类型

项目中所请求的数据，其字段类型需要进行定义，我们在 common.type.ts 和 member.type.ts 中进行定义。

common.type.ts 文件的内容如下：

```
export interface AnyJson {
  [key: string]: any;
}
export interface SampleBack extends AnyJson {
  code: number;
}
//轮播
export interface Banner {
  targetId: number;
  url: string;
  imageUrl: string;
}
export interface HotTag {
  id: number;
  name: string;
  position: number;
}

// 歌手
export interface Singer {
  id: number;
  name: string;
  alias: string[];
  picUrl: string;
  albumSize: number;
}
export interface SingerDetail {
  artist: Singer;
  hotSongs: Song[];
}
// 歌曲
export interface Song {
  id: number;
  name: string;
  url: string;
  ar: Singer[];
  al: { id: number; name: string; picUrl: string };
  dt: number;
}
// 播放地址
export interface SongUrl {
  id: number;
  url: string;
}
// 歌单
export interface SongSheet {
  id: number;
  userId: number;
  name: string;
  picUrl: string;
```

```
    coverImgUrl: string;
    playCount: number;
    tags: string[];
    createTime: number;
    creator: { nickname: string; avatarUrl: string; };
    description: string;
    subscribedCount: number;
    shareCount: number;
    commentCount: number;
    subscribed: boolean;
    tracks: Song[];
    trackCount: number;
}
// 歌词
export interface Lyric {
    lyric: string;
    tlyric: string;
}
// 歌单列表
export interface SheetList {
    playlists: SongSheet[];
    total: number;
}
export interface SearchResult {
    artists?: Singer[];
    playlists?: SongSheet[];
    songs?: Song[];
}
```

member.type.ts 文件的内容如下：

```
import { Song, SongSheet } from './common.types';
export interface Signin {
    code: number;
    point?: number;
    msg?: string;
}
export interface User {
    // 等级
    level?: number;
    // 听歌记录
    listenSongs?: number;
    profile: {
        userId: number;
        nickname: string;
        avatarUrl: string;
        backgroundUrl: string;
        signature: string;
        // 性别
        gender: number;
        // 粉丝
        followeds: number;
        // 关注
        follows: number;
        // 动态
        eventCount: number;
    };
}
```

```
export interface RecordVal {
  playCount: number;
  score: number;
  song: Song;
}
type recordKeys = 'weekData' | 'allData';

export type UserRecord = {
  [key in recordKeys]: RecordVal[];
};

export interface UserSheet {
  self: SongSheet[];
  subscribed: SongSheet[];
}
```

16.2 页面的头部和脚注设计

头部和脚注部分在每个页面中都存在，所以直接在 app.component.html 中进行设计即可，具体的代码如下：

```html
<div id="app">
  <nz-layout class="layout">
    <!--头部内容-->
    <nz-header class="header">
      <div class="wrap">
        <div class="left">
          <h1>Ng-Music</h1>
          <!--导航菜单-->
          <ul nz-menu nzTheme="dark" nzMode="horizontal">
            <li nz-menu-item *ngFor="let item of menu" [nzSelected]="routeTitle
              === item.label" [routerLink]="item.path">{{item.label}}</li>
          </ul>
        </div>
        <div class="right">
              <app-wy-search (onSearch)="onSearch($event)"
                [searchResult]="searchResult"></app-wy-search>
          <div class="member">
            <div class="no-login" *ngIf="!user else logined">
              <ul nz-menu nzTheme="dark" nzMode="horizontal">
                <li nz-submenu>
                  <div title>
                    <span>登录</span>
                    <i nz-icon type="down" nzTheme="outline"></i>
                  </div>
                  <ul>
                    <li nz-menu-item (click)="openModalByMenu('loginByPhone')">
                      <i nz-icon type="mobile" nzTheme="outline"></i>
                      手机登录
                    </li>
                    <li nz-menu-item (click)="openModalByMenu('register')">
                      <i nz-icon type="user-add" nzTheme="outline"></i>
                      注册
                    </li>
                  </ul>
```

```
                </li>
              </ul>
            </div>
            <ng-template #logined>
              <div class="login">
                <ul nz-menu nzMode="horizontal" nzTheme="dark">
                  <li nz-submenu>
                    <div title>
                              <nz-avatar nzIcon="user" [nzSrc]="user.profile.
                                  avatarUrl"></nz-avatar>
                      <i nz-icon type="down" nzTheme="outline"></i>
                    </div>
                    <ul>
                      <li nz-menu-item [routerLink]="['/member', user.profile.
                        userId]">
                        <i nz-icon nzType="user" nzTheme="outline"></i>我的主页
                      </li>
                      <li nz-menu-item (click)="onLogout()">
                        <i nz-icon nzType="close-circle" nzTheme="outline"></
                          i>退出
                      </li>
                    </ul>
                  </li>
                </ul>
              </div>
            </ng-template>
          </div>
        </div>
      </div>
    </nz-header>
    <!—路由渲染的内容-->
    <nz-content class="content">
      <router-outlet></router-outlet>
    </nz-content>
    <!--脚注内容-->
    <nz-footer class="footer">
      Fake netease cloud music ©2019 Implement By Angular
    </nz-footer>
  </nz-layout>
</div>
```

头部和脚注在谷歌浏览器中显示的效果如图 16-9 所示。

图 16-9　页面头部和脚注显示效果

16.3 轮播组件

关于轮播组件的数据，可以在网易云音乐 API 中找到对应的接口，如图 16-10 所示。

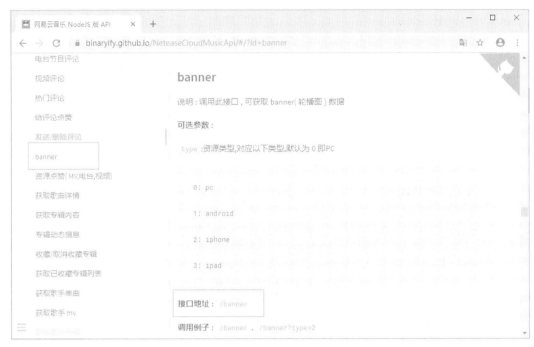

图 16-10　轮播 API

我们可以访问 http://localhost:3000/banner，查看轮播的数据，如图 16-11 所示。

图 16-11　轮播数据

知道在哪里可以请求数据后，就可以在项目中编写代码来获取数据。在请求数据时，由于页面加载速度过快，而页面所需要的数据还没有加载完，会导致页面部分出现空白的情况，所以我们使用 resolve 路由守卫来解决这个问题。

首先在 home 模块中创建一个守卫文件 home.resolve.service.ts，代码如下：

```
import { Injectable } from '@angular/core';
import { Resolve } from '@angular/router';
import { HomeService } from 'src/app/services/home.service';
import { SingerService } from 'src/app/services/singer.service';
import { Banner, SongSheet, Singer, HotTag } from '../../services/data-types/
  common.types';
import { Observable, forkJoin } from 'rxjs';
import { first } from 'rxjs/internal/operators';
type HomeDataType = [Banner[], HotTag[], SongSheet[], Singer[]];
@Injectable()
export class HomeResolverService implements Resolve<HomeDataType> {
  constructor(
    private homeServe: HomeService,
    private singerServe: SingerService
  ) {}
  resolve(): Observable<HomeDataType> {
    // 返回项目请求的数据
    return forkJoin([
      this.homeServe.getBanners(),
      this.homeServe.getHotTags(),
      this.homeServe.getPerosonalSheetList(),
      this.singerServe.getEnterSinger()
    ]).pipe(first());
  }
}
```

在 services 模块中创建一个 home.service.ts 文件，编写轮播的数据接口：

```
ng g s services/home
```

具体的内容如下：

```
import { Injectable, Inject } from '@angular/core';
import { ServicesModule} from './services.module';
import { Observable } from 'rxjs';
import { HttpClient } from '@angular/common/http';
import { Banner, HotTag, SongSheet } from './data-types/common.types';
import { map } from 'rxjs/internal/operators';
// 该模块注入ServicesModule中
@Injectable({
  providedIn: ServicesModule
})
export class HomeService {
  constructor(private http: HttpClient) { }
  //获取轮播图的数据
  getBanners(): Observable<Banner[]> {
    return this.http.get( 'http://localhost:3000/banner')
    .pipe(map((res: { banners: Banner[] }) => res.banners));
  }
}
```

获取数据以后，我们便可以将数据渲染到页面中。在 pages 模块中创建一个 home 模块，在 home.component.html 中渲染数据。

```html
<div class="home">
  <app-wy-carousel #wyCarousel [activeIndex]="carouselActiveIndex" (changeSlid
    e)="onChangeSlide($event)">
    <nz-carousel
    nzAutoPlay
    nzEffect="fade"
    [nzDotRender]="wyCarousel.dotRef"
    (nzBeforeChange)="onBeforeChange($event)">
    <!--循环渲染轮播的数据-->
        <div class="carousel-item" nz-carousel-content *ngFor="let item of
          banners">
      <a [href]="item.url" target="_blank" class="banner-item">
        <img appImgDefault [src]="item.imageUrl" />
      </a>
    </div>
    </nz-carousel>
  </app-wy-carousel>
</div>
```

在 home.component.ts 文件中引用上面定义的轮播接口

```typescript
import { Component, OnInit, ViewChild } from '@angular/core';
import { Banner, HotTag, SongSheet, Singer } from '../../services/data-types/
  common.types';
import { NzCarouselComponent } from 'ng-zorro-antd';
import { ActivatedRoute, Router } from '@angular/router';
import { map } from 'rxjs/internal/operators';
import { SheetService } from 'src/app/services/sheet.service';
import { BatchActionsService } from '../../store/batch-actions.service';
import { ModalTypes } from '../../store/reducers/member.reducer';
import { User } from 'src/app/services/data-types/member.type';
import { AppStoreModule } from '../../store/index';
import { Store, select } from '@ngrx/store';
import { getUserId } from '../../store/selectors/member.selector';
import { MemberService } from 'src/app/services/member.service';
import { SetUserId } from 'src/app/store/actions/member.actions';
@Component({
  selector: 'app-home',
  templateUrl: './home.component.html',
  styleUrls: ['./home.component.less']
})
export class HomeComponent implements OnInit {
  carouselActiveIndex = 0;
  //保存数据
  banners: Banner[];
  hotTags: HotTag[];
  songSheetList: SongSheet[];
  singers: Singer[];
  user: User;
   @ViewChild(NzCarouselComponent, { static: true }) private nzCarousel:
     NzCarouselComponent;
  // 使用路由守卫
  constructor(
    private route: ActivatedRoute,
    private router: Router,
```

```
      private sheetServe: SheetService,
      private batchActionsServe: BatchActionsService,
      private store$: Store<AppStoreModule>,
      private memberServe: MemberService,
  ) {
      this.route.data.pipe(map(res => res.homeDatas)).subscribe(([banners,
        hotTags, songSheetList, singers]) => {
      // 调用数据
      this.banners = banners;
      this.hotTags = hotTags;
      this.songSheetList = songSheetList;
      this.singers = singers;
    });
      this.store$.pipe(select('member'), select(getUserId)).subscribe(id => {
      if (id) {
        this.getUserDetail(id);
      } else {
        this.user = null;
      }
    });
  }
  ngOnInit() {
  }
  private getUserDetail(id: string) {
    this.memberServe.getUserDetail(id).subscribe(user => this.user = user);
  }
  onBeforeChange({ to }) {
    this.carouselActiveIndex = to;
  }
  onChangeSlide(type: 'pre' | 'next') {
    this.nzCarousel[type]();
  }
  onPlaySheet(id: number) {
    this.sheetServe.playSheet(id).subscribe(list => {
      this.batchActionsServe.selectPlayList({ list, index: 0});
    });
  }
  toInfo(id: number) {
    this.router.navigate(['/sheetInfo', id]);
  }
  openModal() {
    this.batchActionsServe.controlModal(true, ModalTypes.Default);
  }
}
```

在 home 模块下创建一个 wy-carousel 组件，用来设计轮播的控制箭头和标签（小圆点）。

```
ng g c pages/home/components/wy-carousel
```

wy-carouse.component.html 文件的内容如下：

```html
<div class="carousel">
  <div class="wrap">
<!--轮播左箭头-->
    <i nz-icon class="arrow left" nzType="left" nzTheme="outline" (click)="onC
      hangeSlide('pre')"></i>
    <ng-content></ng-content>
```

```
  <ng-template #dot let-number>
    <i class="dot" [class.active]="activeIndex === number"></i>
  </ng-template>
  <!--轮播右箭头-->
  <i nz-icon class="arrow right" nzType="right" nzTheme="outline" (click)="o
    nChangeSlide('next')"></i>
  </div>
</div>
```

wy-carouse.component.ts 文件的内容如下：

```
import { Component, OnInit, TemplateRef, ViewChild, Input, Output,
  EventEmitter, ChangeDetectionStrategy } from '@angular/core';
@Component({
  selector: 'app-wy-carousel',
  templateUrl: './wy-carousel.component.html',
  styleUrls: ['./wy-carousel.component.less'],
  changeDetection: ChangeDetectionStrategy.OnPush
})
export class WyCarouselComponent implements OnInit {
  @Input() activeIndex = 0;
  @Output() changeSlide = new EventEmitter<'pre' | 'next'>();
  @ViewChild('dot', { static: true }) dotRef: TemplateRef<any>;
  constructor() { }
  ngOnInit() {
  }
  onChangeSlide(type: 'pre' | 'next') {
    this.changeSlide.emit(type);
  }
}
```

轮播在谷歌浏览器中的显示效果如图 16-12 所示。

图 16-12　轮播页面效果

16.4　推荐歌单

推荐歌单的设计和前面的轮播图一样，首先在 home.service.ts 文件中编写数据接口，代码如下：

```
//获取热门标签
  getHotTags(): Observable<HotTag[]> {
    return this.http.get( 'http://localhost:3000/playlist/hot')
```

```
  .pipe(map((res: { tags: HotTag[] }) => {
    // 截取5个标签数据进行展示
    return res.tags.sort((x: HotTag, y: HotTag) => x.position - y.position).
      slice(0, 5);
  }));
}
//获取热门歌单
getPerosonalSheetList(): Observable<SongSheet[]> {
  return this.http.get('http://localhost:3000/personalized')
    .pipe(map((res: { result: SongSheet[] }) => res.result.slice(0, 16)));
}
```

然后在 home 组件中引用，代码参考上面的 home.component.ts 文件。home.component.html 文件的代码如下：

```html
<div class="main">
  <div class="wrap">
    <div class="left">
      <div class="sec">
        <div class="up">
          <div class="navs">
            <h2>
              <i></i>
              <a>热门推荐</a>
            </h2>
            <nav>
              <a *ngFor="let item of hotTags" routerLink="/sheet"
                [queryParams]="{cat: item.name}">{{item.name}}</a>
            </nav>
          </div>
          <a routerLink="/sheet">
            更多
            <i nz-icon type="arrow-right" theme="outline"></i>
          </a>
        </div>
        <div class="down">
          <div class="down-wrap">
            <!--引入歌单组件-->
            <app-single-sheet
              class="sheet-item"
              *ngFor="let item of songSheetList"
              [sheet]="item"
              (onPlay)="onPlaySheet($event)"
              (click)="toInfo(item.id)">
            </app-single-sheet>
          </div>
        </div>
      </div>
    </div>
  </div>
</div>
```

在模块设计中说过，可以将经常用到的组件放进 share 模块中，这里的歌单在项目中会经常用到，我们把它提取出来写成一个组件，放到 share 模块中。

在 share 模块中先创建一个 wy-ui 模块，用来管理共享的组件。

```
ng g m share/wy-ui
```

然后在 **wy-ui** 模块中创建歌单组件 single-sheet：

```
ng g c share/wy-ui/single-sheet
```

single-sheet.component.html 文件的内容如下：

```html
<ng-container>
  <a class="cover">
    <!--封面图-->
    <img appImgDefault [src]="coverImg" [alt]="sheet.name">
    <div class="bottom">
    <!--播放量-->
      <div class="num">
        <i class="icon erji"></i>
        <!--使用管道处理播放量-->
        <span>{{sheet.playCount | playCount}}</span>
      </div>
      <!--播放的图标-->
      <i class="icon play" (click)="playSheet($event, sheet.id)"></i>
    </div>
  </a>
  <!--歌曲名称-->
  <span class="dec">{{sheet.name}}</span>
</ng-container>
```

若播放量大于 10000，则渲染成 "1 万" 的效果。下面在 share 模块中创建一个全局通用的管道：

```
ng g p share/play-count
```

内容如下：

```typescript
import { Pipe, PipeTransform } from '@angular/core';
@Pipe({
  name: 'playCount'
})
export class PlayCountPipe implements PipeTransform {
  transform(value: number): number | string {
    // 当大于1万时，末尾加上万，并除以10000
    if (value > 10000) {
      return Math.floor(value / 10000) + '万';
    } else {
      return value;
    }
  }
}
```

推荐歌单在谷歌浏览器中的显示效果如图 16-13 所示。

图 16-13 推荐歌单页面效果

16.5 歌手列表

下面设计歌手列表，在 services 模块中再创建一个服务文件，用来编写接口：

```
ng g s services/singer
```

其内容如下：

```
import { Injectable, Inject } from '@angular/core';
import { ServicesModule} from './services.module';
import { Observable } from 'rxjs';
import { HttpClient, HttpParams } from '@angular/common/http';
import { map } from 'rxjs/internal/operators';
import { Singer, SingerDetail } from './data-types/common.types';
import queryString from 'query-string';
interface SingerParams {
  offset: number;
  limit: number;
```

```
  cat?: string;
}
const defaultParams: SingerParams = {
  offset: 0,
  limit: 9,
  cat: '7002'
};
@Injectable({
  providedIn: ServicesModule
})
export class SingerService {
  constructor(private http: HttpClient) { }
  getEnterSinger(args: SingerParams = defaultParams): Observable<Singer[]> {
    const params = new HttpParams({ fromString: queryString.stringify(args) });
    return this.http.get( 'http://localhost:3000/artist/list', { params })
    .pipe(map((res: { artists: Singer[] }) => res.artists));
  }
  // 获取歌手详情和热门歌曲
  getSingerDetail(id: string): Observable<SingerDetail> {
    const params = new HttpParams().set('id', id);
    return this.http.get( 'http://localhost:3000/artists', { params })
      .pipe(map(res => res as SingerDetail));
  }
  // 获取相似歌手
  getSimiSinger(id: string): Observable<Singer[]> {
    const params = new HttpParams().set('id', id);
    return this.http.get( 'http://localhost:3000/simi/artist', { params })
      .pipe(map((res: { artists: Singer[] }) => res.artists));
  }
}
```

在 home.component.html 中编写韩国女歌手的列表，内容如下：

```
<div class="main">
    <div class="wrap">
      <div class="right">
        <!--引入member-card组件-->
        <app-member-card [user]="user" (openModal)="openModal()"></app-member-card>
        <div class="settled-singer">
          <div class="tit"><b>韩国女歌手</b></div>
          <div class="list">
              <div class="card" *ngFor="let item of singers" [routerLink]="['/
                singer', item.id]">
              <div class="pic">
                <img appImgDefault [src]="item.picUrl" [alt]="item.name">
              </div>
              <div class="txt">
                <b class="ellipsis">{{item.name}}</b>
                <span>专辑数: {{item.albumSize}}</span>
              </div>
            </div>
          </div>
        </div>
      </div>
    </div>
</div>
```

对于歌手列表顶部的登录部分，登录后页面就会变化，所以我们把它写成一个组件，这里创建一个 member-card 组件：

```
ng g c pages/home/component/member-card
```

内容如下：

```html
<div class="member">
  <div class="login" *ngIf="!user else logined">
    <p>登录网易云音乐，可以享受无限收藏的乐趣，并且无限同步到手机</p>
    <button nz-button class="btn" (click)="openModal.emit()">用户登录</button>
  </div>
  <ng-template #logined>
    <div class="n-myinfo">
      <div class="f-cb clearfix">
        <div class="head">
          <img [src]="user.profile.avatarUrl"
            [alt]="user.profile.nickname" />
        </div>
        <div class="info">
          <h4><a class="nm ellipsis">{{user.profile.nickname}}</a></h4>
          <p class="lv">
            <span class="u-lv u-icn2">
              {{user.level}}<i class="lvright
              u-icn2"></i>
              </span>
          </p>
            <div class="btnwrap f-pr" nz-tooltip [nzTitle]="tipTitle" nzPlacement="bottom"
              [nzVisible]="showTip">
                <button nz-button nzType="primary"
                  nzBlock (click)="onSignin()">签到</
                  button>
            </div>
        </div>
      </div>
      <ul class="dny clearfix">
        <li class="fst">
          <strong class="ellipsis">{{user.profile.
            eventCount}}</strong>
          <span>动态</span>
        </li>
        <li>
          <strong class="ellipsis">{{user.profile.
            follows}}</strong>
          <span>关注</span>
        </li>
        <li class="lst">
          <strong class="ellipsis">{{user.profile.
            followeds}}</strong>
          <span>粉丝</span>
        </li>
      </ul>
    </div>
  </ng-template>
</div>
```

歌手列表在谷歌浏览器中运行的效果如图 16-14 所示。

图 16-14　歌手列表
页面效果

16.6　底部播放器

页面底部的播放器也是一个公共的部分，在每个页面中都会显示，所以在 share 模块中进行设计。首先创建一个模块：

```
ng g m share/wy-ui/wy-player
```

在模块中创建 wy-player 组件：

```
ng g c share/wy-ui/wy-player
```

由于播放器组件在每个页面中都存在，所以把这个组件添加到根组件（app.component.html）中。

wy-player 组件的代码如下：

```html
<div class="m-player"
  [@showHide]="showPlayer"
  appClickoutside
  [bindFlag]="bindFlag"
  (onClickOutSide)="onClickOutSide($event)"
  (mouseenter)="togglePlayer('show')"
  (mouseleave)="togglePlayer('hide')"
  (@showHide.start)="animating = true"
  (@showHide.done)="onAnimateDone($event)"
>
  <div class="lock" (click)="isLocked = !isLocked">
    <div class="left"><i [class.locked]="isLocked"></i></div>
  </div>
  <div class="hand"></div>
  <div class="container">
    <div class="wrap">
      <div class="btns">
        <i class="prev" (click)="onPrev(currentIndex - 1)"></i>
        <i class="toggle" [class.playing]="playing" (click)="onToggle()"></i>
        <i class="next" (click)="onNext(currentIndex + 1)"></i>
      </div>
      <div class="head">
        <img [src]="picUrl" />
          <i class="mask" (click)="toInfo(['/songInfo', currentSong &&
            currentSong.id])"></i>
      </div>
      <div class="play">
        <div class="words clearfix">
          <p class="ellipsis margin-bottom-none" (click)="toInfo(['/songInfo',
            currentSong.id])">{{currentSong?.name}}</p>
          <ul class="songs clearfix margin-bottom-none">
            <li *ngFor="let item of currentSong?.ar; last as isLast">
              <a (click)="toInfo(['/singer', item.id])">{{item.name}}</a>
              <span [hidden]="isLast">/</span>
            </li>
          </ul>
        </div>
        <div class="bar">
          <div class="slider-wrap">
                <app-wy-slider [bufferOffset]="bufferPercent"
```

```
            [(ngModel)]="percent" (wyOnAfterChange)="onPercentChange
            ($event)"></app-wy-slider>
        </div>
        <span class="time">
          <em>{{currentTime | formatTime}}</em> / {{duration | formatTime}}
        </span>
      </div>
    </div>
    <div class="oper">
        <i class="like" title="收藏" (click)="onLikeSong(currentSong.
          id.toString())"></i>
      <i class="share" title="分享" (click)="onShareSong(currentSong)"></i>
    </div>
    <div class="ctrl">
      <i class="volume" title="音量" (click)="toggleVolPanel()"></i>
        <i [ngClass]="currentMode.type" [title]="currentMode.label"
          (click)="changeMode()"></i>
          <p nz-tooltip [nzTitle]="controlTooltip.title"
            [nzVisible]="controlTooltip.show" nzOverlayClassName="tip-bg"
            class="open" (click)="toggleListPanel()">
        <span></span>
      </p>
      <div class="control-vol" [hidden]="!showVolumnPanel">
        <app-wy-slider [wyVertical]="true" [(ngModel)]="volume" (ngModelChan
          ge)="onVolumeChange($event)"></app-wy-slider>
      </div>
    </div>
    <app-wy-player-panel
      [playing]="playing"
      [songList]="songList"
      [currentSong]="currentSong"
      [show]="showPanel"
      (onChangeSong)="onChangeSong($event)"
      (onClose)="showPanel = false"
      (onDeleteSong)="onDeleteSong($event)"
      (onClearSong)="onClearSong()"
      (onToInfo)="toInfo($event)"
      (onLikeSong)="onLikeSong($event)"
      (onShareSong)="onShareSong($event)"
    >
    </app-wy-player-panel>
  </div>
</div>
<audio
  #audio
  [src]="currentSong?.url"
  (canplay)="onCanplay()"
  (timeupdate)="onTimeUpdate($event)"
  (ended)="onEnded()"
  (error)="onError()"
>
</audio>
</div>
```

在 single-sheet.component.html 中，当单击播放图标时会跳转到播放列表：

```
<!--播放的图标-->
    <i class="icon play" (click)="playSheet($event, sheet.id)"></i>
```

然后创建一个 sheet.service.ts 和 song.service.ts 文件，用来处理歌单数据：

```
ng g s services/sheet
ng g s services/song
```

sheet.service.ts 文件的内容如下：

```
import { ServicesModule } from './services.module';
import { Injectable, Inject } from '@angular/core';
import { SongSheet, Song, SheetList } from './data-types/common.types';
import { Observable, from } from 'rxjs';
import { HttpParams, HttpClient } from '@angular/common/http';
import { map, pluck, switchMap } from 'rxjs/internal/operators';
import { SongService } from './song.service';
import queryString from 'query-string';
export interface SheetParams {
  offset: number;
  limit: number;
  order: 'new' | 'hot';
  cat: string;
}
@Injectable({
  providedIn: ServicesModule
})
export class SheetService {
  constructor(
    private http: HttpClient,
    private songServe: SongService
  ) { }
  // 获取歌单列表
  getSheets(args: SheetParams): Observable<SheetList> {
    const params = new HttpParams({ fromString: queryString.stringify(args) });
      return this.http.get( 'http://localhost:3000/top/playlist', { params
        }).pipe(map(res => res as SheetList));
  }
  // 获取歌单详情
  getSongSheetDetail(id: number): Observable<SongSheet> {
    const params = new HttpParams().set('id', id.toString());
    return this.http.get( 'http://localhost:3000/playlist/detail', { params })
    .pipe(map((res: { playlist: SongSheet }) => res.playlist));
  }
  playSheet(id: number): Observable<Song[]> {
    return this.getSongSheetDetail(id)
      .pipe(pluck('tracks'), switchMap(tracks => this.songServe.
        getSongList(tracks)));
  }
}
```

song.service.ts 文件的内容如下：

```
import { ServicesModule } from './services.module';
import { Injectable, Inject } from '@angular/core';
import { SongSheet, SongUrl, Song, Lyric } from './data-types/common.types';
import { Observable } from 'rxjs';
import { HttpParams, HttpClient } from '@angular/common/http';
import { map } from 'rxjs/internal/operators';
@Injectable({
```

```
    providedIn: ServicesModule
})
export class SongService {
  constructor(private http: HttpClient) { }
// 获取歌单的url
  getSongUrl(ids: string): Observable<SongUrl[]> {
    const params = new HttpParams().set('id', ids);
    return this.http.get('http://localhost:3000/song/url', { params })
    .pipe(map((res: { data: SongUrl[] }) => res.data));
  }
  getSongList(songs: Song | Song[]): Observable<Song[]> {
    const songArr = Array.isArray(songs) ? songs.slice() : [songs];
    const ids = songArr.map(item => item.id).join(',');
    return this.getSongUrl(ids).pipe(map(urls => this.generateSongList(songArr,
      urls)));
  }
  private generateSongList(songs: Song[], urls: SongUrl[]): Song[] {
    const result = [];
    songs.forEach(song => {
      const url = urls.find(songUrl => songUrl.id === song.id).url;
      if (url) {
        result.push({ ...song, url });
      }
    });
    return result;
  }
  // 歌曲详情
  getSongDetail(ids: string): Observable<Song> {
    const params = new HttpParams().set('ids', ids);
    return this.http.get('http://localhost:3000/song/detail', { params })
    .pipe(map((res: { songs: Song }) => res.songs[0]));
  }
  // 获取歌词
  getLyric(id: number): Observable<Lyric> {
    const params = new HttpParams().set('id', id.toString());
    return this.http.get( 'http://localhost:3000/lyric', { params })
      .pipe(map((res: { [key: string]: { lyric: string; } }) => {
        try {
          return {
            lyric: res.lrc.lyric,
            tlyric: res.tlyric.lyric,
          };
        } catch (err) {
          return {
            lyric: '',
            tlyric: '',
          };
        }
      }));
  }
}
```

播放器在谷歌浏览器中的显示效果如图 16-15 所示。

图 16-15 底部播放器页面效果

16.7 滑块组件

播放歌曲时，在底部的播放器中会有一个进度条和声音控制条，把它们封装成一个滑块组件。首先在 share 中创建一个 wy-slider 模块，来管理滑块：

```
ng g m share/wy-ui/wy-slider
```

然后创建 wy-slider 组件：

```
ng g c share/wy-ui/wy-slider --export
```

wy-slider.component.html 文件的代码如下：

```
<div class="wy-slider" #wySlider [class.wy-slider-vertical]="wyVertical">
    <app-wy-slider-track [wyVertical]="wyVertical" [wyLength]="bufferOffset"
[wyBuffer]="true"></app-wy-slider-track>
    <app-wy-slider-track [wyVertical]="wyVertical" [wyLength]="offset"></app-wy-
slider-track>
    <app-wy-slider-handle [wyVertical]="wyVertical" [wyOffset]="offset"></app-
wy-slider-handle>
</div>
```

在上面的代码中，创建了 wy-slider-track 和 wy-slider-handle 组件：

```
ng g c share/wy-ui/wy-slider-track
ng g c share/wy-ui/wy-slider-handle
```

wy-slider-track.ts 文件的内容如下：

```
import { Component, OnInit, Input, OnChanges, SimpleChanges,
 ChangeDetectionStrategy } from '@angular/core';
import { WySliderStyle } from './wy-slider-types';
@Component({
  selector: 'app-wy-slider-track',
   template: `<div class="wy-slider-track" [class.buffer]="wyBuffer"
     [ngStyle]="style"></div>`,
  changeDetection: ChangeDetectionStrategy.OnPush
})
export class WySliderTrackComponent implements OnInit, OnChanges {
  @Input() wyVertical = false;
  @Input() wyLength: number;
  @Input() wyBuffer = false;
  style: WySliderStyle = {};
  constructor() { }
  ngOnInit() {
  }
  ngOnChanges(changes: SimpleChanges): void {
    if (changes.wyLength) {
      if (this.wyVertical) {
        this.style.height = this.wyLength + '%';
        this.style.left = null;
        this.style.width = null;
      } else {
        this.style.width = this.wyLength + '%';
        this.style.bottom = null;
```

```
            this.style.height = null;
        }
      }
    }
}
```

wy-slider-handle.ts 文件的内容如下：

```
import { Component, OnInit, Input, OnChanges, SimpleChanges,
ChangeDetectionStrategy } from '@angular/core';
import { WySliderStyle } from './wy-slider-types';
@Component({
  selector: 'app-wy-slider-handle',
  template: `<div class="wy-slider-handle" [ngStyle]="style"></div>`,
  changeDetection: ChangeDetectionStrategy.OnPush
})
export class WySliderHandleComponent implements OnInit, OnChanges {
  @Input() wyVertical = false;
  //滑块偏移的位置
  @Input() wyOffset: number;
  style: WySliderStyle = {};
  constructor() { }
  ngOnInit() {
  }
  ngOnChanges(changes: SimpleChanges): void {
    if (changes.wyOffset) {
      this.style[this.wyVertical ? 'bottom' : 'left'] = this.wyOffset + '%';
    }
  }
}
```

滑块在谷歌浏览器中运行的效果如图 16-16 所示。

图 16-16　滑块效果

16.8　ngrx 状态管理

使用 **ngrx** 插件管理播放器的各种功能，例如播放前面一首歌、循环播放、暂停等。
先在 **app** 文件夹下创建一个 **store** 模块：

```
ng g m store
```

然后在 **store** 文件夹下创建 3 个文件夹：actions、selectors 和 reducers，用来实现播放前面一首歌、循环播放、暂停等功能。

首先在 reducers 文件夹中创建一个 player.reducer.ts 文件，在这个文件中先定义播放器的一些元数据：

```typescript
import { SetPlayList, SetSongList, SetPlayMode, SetCurrentIndex,
SetCurrentAction } from '../actions/player.actions';
import { PlayMode } from 'src/app/share/wy-ui/wy-player/player-type';
import { Song } from '../../services/data-types/common.types';
import { createReducer, on, Action } from '@ngrx/store';
import { SetPlaying } from '../actions/player.actions';
export enum CurrentActions {
  Add,
  Play,
  Delete,
  Clear,
  Other
}
export interface PlayState {
  // 播放状态
  playing: boolean;
  // 播放模式
  playMode: PlayMode;
  // 歌曲列表
  songList: Song[];
  // 播放列表
  playList: Song[];
  // 当前正在播放的索引
  currentIndex: number;
  // 当前操作
  currentAction: CurrentActions;
}
// 定义播放器初始的状态
export const initialState: PlayState = {
  playing: false,
  songList: [],
  playList: [],
  playMode: { type: 'loop', label: '循环' },
  currentIndex: -1,
  currentAction: CurrentActions.Other
};
const reducer = createReducer(
  initialState,
  on(SetPlaying, (state, { playing }) => ({ ...state, playing })),
  on(SetPlayList, (state, { playList }) => ({ ...state, playList })),
  on(SetSongList, (state, { songList }) => ({ ...state, songList })),
  on(SetPlayMode, (state, { playMode }) => ({ ...state, playMode })),
  on(SetCurrentIndex, (state, { currentIndex }) => ({ ...state, currentIndex })),
  on(SetCurrentAction, (state, { currentAction }) => ({ ...state, currentAction }))
);
export function playerReducer(state: PlayState, action: Action) {
  return reducer(state, action);
}
```

其中播放模式在 player-type.ts 文件中定义：

```typescript
export interface PlayMode {
  type: 'loop' | 'random' | 'singleLoop';
  label: '循环' | '随机' | '单曲循环';
}
```

在 actions 文件夹下，创建 player.actions.ts 文件，编写播放器的动作。

```typescript
import { createAction, props } from '@ngrx/store';
import { Song } from '../../services/data-types/common.types';
import { PlayMode } from '../../share/wy-ui/wy-player/player-type';
import { CurrentActions } from '../reducers/player.reducer';
export const SetPlaying = createAction('[player] Set playing', props<{ playing:
  boolean }>());
export const SetPlayList = createAction('[player] Set playList', props<{
  playList: Song[] }>());
export const SetSongList = createAction('[player] Set songList', props<{
  songList: Song[] }>());
export const SetPlayMode = createAction('[player] Set playMode', props<{
  playMode: PlayMode }>());
export const SetCurrentIndex = createAction('[player] Set currentIndex',
  props<{ currentIndex: number }>());
export const SetCurrentAction = createAction('[player] Set currentAction',
  props<{ currentAction: CurrentActions }>());
```

在 selectors 文件夹下创建 play.selector.ts 文件，页面可以在这个文件中拿到数据。

```typescript
import { PlayState } from '../reducers/player.reducer';
import { createSelector } from '@ngrx/store';
const selectPlayerStates = (state: PlayState) => state;
export const getPlaying = createSelector(selectPlayerStates, (state: PlayState)
  => state.playing);
export const getPlayList = createSelector(selectPlayerStates, (state:
  PlayState) => state.playList);
export const getSongList = createSelector(selectPlayerStates, (state:
  PlayState) => state.songList);
export const getPlayMode = createSelector(selectPlayerStates, (state:
  PlayState) => state.playMode);
export const getCurrentIndex = createSelector(selectPlayerStates, (state:
  PlayState) => state.currentIndex);
export const getCurrentAction = createSelector(selectPlayerStates, (state:
  PlayState) => state.currentAction);
export const getCurrentSong = createSelector(selectPlayerStates, ({ playList,
  currentIndex }: PlayState) => playList[currentIndex]);
```

在 store 模块中处理播放器的状态，代码如下：

```typescript
import { NgModule } from '@angular/core';
import { StoreModule } from '@ngrx/store';
import { playerReducer } from './reducers/player.reducer';
import { StoreDevtoolsModule } from '@ngrx/store-devtools';
import { environment } from '../../environments/environment';
import { memberReducer } from './reducers/member.reducer';
@NgModule({
  declarations: [],
  imports: [
    StoreModule.forRoot({ player: playerReducer, member: memberReducer }, {
      runtimeChecks: {
        strictStateImmutability: true,
        strictActionImmutability: true,
        strictStateSerializability: true,
        strictActionSerializability: true,
      }
```

```
    }),
    StoreDevtoolsModule.instrument({
      maxAge: 20,
      logOnly: environment.production
    })
  ]
})
export class AppStoreModule { }
```

16.9　实现播放器功能

播放器的功能包括播放歌单、播放 - 暂停 - 前进 - 后退、控制播放进度、控制音量和播放模式，具体功能在 wy-player.component.ts 文件中实现，代码如下：

```
import { Component, OnInit, ViewChild, ElementRef, AfterViewInit, Inject } from
  '@angular/core';
import { Store, select } from '@ngrx/store';
import { AppStoreModule } from '../../../store/index';
import { getSongList, getPlayList, getCurrentIndex, getPlayMode,
  getCurrentSong, getCurrentAction } from '../../../store/selectors/player.selector';
import { Song, Singer } from '../../../services/data-types/common.types';
import { PlayMode } from './player-type';
import { SetCurrentIndex, SetCurrentAction } from 'src/app/store/actions/
  player.actions';
import { Subscription, fromEvent, timer } from 'rxjs';
import { DOCUMENT } from '@angular/common';
import { SetPlayMode, SetPlayList, SetSongList } from '../../../store/actions/
  player.actions';
import { shuffle, findIndex } from 'src/app/utils/array';
import { WyPlayerPanelComponent } from './wy-player-panel/wy-player-panel.
  component';
import { NzModalService } from 'ng-zorro-antd';
import { BatchActionsService } from 'src/app/store/batch-actions.service';
import { Router } from '@angular/router';
import { trigger, style, transition, animate, state, AnimationEvent } from '@
  angular/animations';
import { CurrentActions } from '../../../store/reducers/player.reducer';
import { SetShareInfo } from 'src/app/store/actions/member.actions';
const modeTypes: PlayMode[] = [{
  type: 'loop',
  label: '循环'
}, {
  type: 'random',
  label: '随机'
}, {
  type: 'singleLoop',
  label: '单曲循环'
}];
enum TipTitles {
  Add = '已添加到列表',
  Play = '已开始播放'
}
@Component({
  selector: 'app-wy-player',
  templateUrl: './wy-player.component.html',
```

319

```
    styleUrls: ['./wy-player.component.less'],
    animations: [trigger('showHide', [
      state('show', style({ bottom: 0 })),
      state('hide', style({ bottom: -71 })),
      transition('show=>hide', [animate('0.3s')]),
      transition('hide=>show', [animate('0.1s')])
    ])]
})
export class WyPlayerComponent implements OnInit {
  showPlayer = 'hide';
  isLocked = false;
  controlTooltip = {
    title: '',
    show: false
  };
  // 动画的状态
  animating = false;
  percent = 0;
  bufferPercent = 0;
  songList: Song[];
  playList: Song[];
  currentIndex: number;
  currentSong: Song;
  duration: number;
  currentTime: number;
  // 播放状态
  playing = false;
  // 是否可以播放
  songReady = false;
  // 音量
  volume = 60;
  // 是否显示音量面板
  showVolumnPanel = false;
  // 是否显示列表面板
  showPanel = false;
  // 是否绑定document click事件
  bindFlag = false;
  private winClick: Subscription;
  // 当前模式
  currentMode: PlayMode;
  modeCount = 0;
  @ViewChild('audio', { static: true }) private audio: ElementRef;
  @ViewChild(WyPlayerPanelComponent, { static: false }) private playerPanel:
    WyPlayerPanelComponent;
  private audioEl: HTMLAudioElement;
  constructor(
    private store$: Store<AppStoreModule>,
    @Inject(DOCUMENT) private doc: Document,
    private nzModalServe: NzModalService,
    private batchActionsServe: BatchActionsService,
    private router: Router
  ) {
    const appStore$ = this.store$.pipe(select('player'));
    const stateArr = [{
      type: getSongList,
      cb: list => this.watchList(list, 'songList')
    }, {
      type: getPlayList,
      cb: list => this.watchList(list, 'playList')
```

```
    }, {
      type: getCurrentIndex,
      cb: index => this.watchCurrentIndex(index)
    }, {
      type: getPlayMode,
      cb: mode => this.watchPlayMode(mode)
    }, {
      type: getCurrentSong,
      cb: song => this.watchCurrentSong(song)
    }, {
      type: getCurrentAction,
      cb: action => this.watchCurrentAction(action)
    }];
    stateArr.forEach(item => {
      appStore$.pipe(select(item.type)).subscribe(item.cb);
    });
  }
  ngOnInit() {
    this.audioEl = this.audio.nativeElement;
  }
  private watchList(list: Song[], type: string) {
    this[type] = list;
  }
  private watchCurrentIndex(index: number) {
    this.currentIndex = index;
  }
  private watchPlayMode(mode: PlayMode) {
    this.currentMode = mode;
    if (this.songList) {
      let list = this.songList.slice();
      if (mode.type === 'random') {
        list = shuffle(this.songList);
      }
      this.updateCurrentIndex(list, this.currentSong);
      this.store$.dispatch(SetPlayList({ playList: list }));
    }
  }
  private watchCurrentSong(song: Song) {
    this.currentSong = song;
    this.bufferPercent = 0;
    if (song) {
      this.duration = song.dt / 1000;
    }
  }
  private watchCurrentAction(action: CurrentActions) {
    const title = TipTitles[CurrentActions[action]];
    if (title) {
      this.controlTooltip.title = title;
      if (this.showPlayer === 'hide') {
        this.togglePlayer('show');
      } else {
        this.showToolTip();
      }
    }
    this.store$.dispatch(SetCurrentAction({ currentAction: CurrentActions.Other
    }));
  }
  onAnimateDone(event: AnimationEvent) {
    this.animating = false;
```

```
        if (event.toState === 'show' && this.controlTooltip.title) {
          this.showToolTip();
        }
      }
      private showToolTip() {
        this.controlTooltip.show = true;
        timer(1500).subscribe(() => {
          this.controlTooltip = {
            title: '',
            show: false
          };
        });
      }
      private updateCurrentIndex(list: Song[], song: Song) {
        const newIndex = findIndex(list, song);
        this.store$.dispatch(SetCurrentIndex({ currentIndex: newIndex }));
      }
      // 改变模式
      changeMode() {
          this.store$.dispatch(SetPlayMode({ playMode: modeTypes[++this.modeCount %
            3] }));
      }
      onClickOutSide(target: HTMLElement) {
        if (target.dataset.act !== 'delete') {
          this.showVolumnPanel = false;
          this.showPanel = false;
          this.bindFlag = false;
        }
      }
      onPercentChange(per: number) {
        if (this.currentSong) {
          const currentTime = this.duration * (per / 100);
          this.audioEl.currentTime = currentTime;
          if (this.playerPanel) {
            this.playerPanel.seekLyric(currentTime * 1000);
          }
        }
      }
      // 控制音量
      onVolumeChange(per: number) {
        this.audioEl.volume = per / 100;
      }
      // 控制音量面板
      toggleVolPanel() {
        this.togglePanel('showVolumnPanel');
      }
      // 控制列表面板
      toggleListPanel() {
        if (this.songList.length) {
          this.togglePanel('showPanel');
        }
      }
      togglePanel(type: string) {
        this[type] = !this[type];
        this.bindFlag = (this.showVolumnPanel || this.showPanel);
      }
      // 播放/暂停
      onToggle() {
        if (!this.currentSong) {
```

```
      if (this.playList.length) {
        this.updateIndex(0);
      }
    } else {
      if (this.songReady) {
        this.playing = !this.playing;
        if (this.playing) {
          this.audioEl.play();
        } else {
          this.audioEl.pause();
        }
      }
    }
  }
}
// 上一曲
onPrev(index: number) {
  if (!this.songReady) { return; }
  if (this.playList.length === 1) {
    this.loop();
  } else {
    const newIndex = index < 0 ? this.playList.length - 1 : index;
    this.updateIndex(newIndex);
  }
}
// 下一曲
onNext(index: number) {
  if (!this.songReady) { return; }
  if (this.playList.length === 1) {
    this.loop();
  } else {
    const newIndex = index >= this.playList.length ? 0 : index;
    this.updateIndex(newIndex);
  }
}
// 播放结束
onEnded() {
  this.playing = false;
  if (this.currentMode.type === 'singleLoop') {
    this.loop();
  } else {
    this.onNext(this.currentIndex + 1);
  }
}
// 播放错误
onError() {
  this.playing = false;
  this.bufferPercent = 0;
}
// 单曲循环
private loop() {
  this.audioEl.currentTime = 0;
  this.play();
  if (this.playerPanel) {
    this.playerPanel.seekLyric(0);
  }
}
private updateIndex(index: number) {
  this.store$.dispatch(SetCurrentIndex({ currentIndex: index }));
  this.songReady = false;
```

```
    }
    onCanplay() {
      this.songReady = true;
      this.play();
    }
    onTimeUpdate(e: Event) {
      this.currentTime = (e.target as HTMLAudioElement).currentTime;
      this.percent = (this.currentTime / this.duration) * 100;
      const buffered = this.audioEl.buffered;
      if (buffered.length && this.bufferPercent < 100) {
        this.bufferPercent = (buffered.end(0) / this.duration) * 100;
      }
    }
    private play() {
      this.audioEl.play();
      this.playing = true;
    }
    get picUrl(): string {
      return this.currentSong ? this.currentSong.al.picUrl : '//s4.music.126.net/
        style/web2/img/default/default_album.jpg';
    }
    // 改变歌曲
    onChangeSong(song: Song) {
      this.updateCurrentIndex(this.playList, song);
    }
    // 删除歌曲
    onDeleteSong(song: Song) {
      this.batchActionsServe.deleteSong(song);
    }
    // 清空歌曲
    onClearSong() {
      this.nzModalServe.confirm({
        nzTitle: '确认清空列表?',
        nzOnOk: () => {
          this.batchActionsServe.clearSong();
        }
      });
    }
    // 跳转
    toInfo(path: [string, number]) {
      if (path[1]) {
        this.showVolumnPanel = false;
        this.showPanel = false;
        this.router.navigate(path);
      }
    }
    togglePlayer(type: string) {
      if (!this.isLocked && !this.animating) {
        this.showPlayer = type;
      }
    }
    // 收藏歌曲
    onLikeSong(id: string) {
      this.batchActionsServe.likeSong(id);
    }
    // 分享
    onShareSong(resource: Song, type = 'song') {
      const txt = this.makeTxt('歌曲', resource.name, resource.ar);
        this.store$.dispatch(SetShareInfo({ info: { id: resource.id.toString(),
```

```
            type, txt } }));
    }
    private makeTxt(type: string, name: string, makeBy: Singer[]): string {
        const makeByStr = makeBy.map(item => item.name).join('/');
        return `${type}: ${name} -- ${makeByStr}`;
    }
}
```

关于播放器的页面内容，请参考前面介绍的 **wy-player.component.html** 文件。

在谷歌浏览器中运行的效果如图 16-17 所示。

图 16-17　播放器的功能

16.10　播放列表和歌词

实现播放器的功能之后，我们再来看一下播放列表的设计。

新建一个组件：

```
ng g c share/wy-player/wy-player-panel
```

在这个组件中实现了列表滚动、初始化歌词数据、歌词解析、歌词滚动、删除和清空歌曲等功能，具体内容如下：

```html
<div class="play-panel" [class.show]="show">
  <div class="hd">
    <div class="hdc">
      <h4>播放列表（<span>{{songList.length}}</span>）</h4>
      <div class="add-all">
        <i class="icon" title="收藏全部"></i>收藏全部
      </div>
      <span class="line"></span>
      <div class="clear-all" (click)="onClearSong.emit()">
        <i class="icon trush" title="清除"></i>清除
      </div>
      <p class="playing-name">{{currentSong?.name}}</p>
      <i class="icon close" (click)="onClose.emit()"></i>
    </div>
  </div>
  <div class="bd">
    <img src="//music.163.com/api/img/blur/109951163826278397" class="imgbg">
    <div class="msk"></div>
     <app-wy-scroll class="list-wrap" [data]="songList" (onScrollEnd)="scrollY
      = $event">
      <ul>
            <li *ngFor="let item of songList; index as i" [class.
              current]="currentIndex === i" (click)="onChangeSong.emit(item)">
```

```
        <i class="col arrow"></i>
        <div class="col name ellipsis">{{item.name}}</div>
        <div class="col icons">
            <i class="ico like" title="收藏" (click)="likeSong($event, item.
                id)"></i>
              <i class="ico share" title="分享" (click)="shareSong($event,
                  item)"></i>
                <i class="ico trush" title="删除" data-act="delete"
                    (click)="onDeleteSong.emit(item)"></i>
        </div>
        <div class="singers clearfix ellipsis">
            <div class="singer-item" *ngFor="let singer of item.ar; last as
                isLast">
                <a class="col ellipsis" (click)="toInfo($event, ['/singer',
                    singer.id])">{{singer.name}}</a>
              <span [hidden]="isLast">/</span>
            </div>
        </div>
        <div class="col duration">{{ (item.dt / 1000) | formatTime}}</div>
          <div class="col link" (click)="toInfo($event, ['/songInfo', item.
              id])"></div>
      </li>
    </ul>
  </app-wy-scroll>
  <app-wy-scroll class="list-lyric" [data]="currentLyric">
    <ul>
        <li *ngFor="let item of currentLyric; index as i" [class.
            current]="currentLineNum === i">
        {{item.txt}} <br /> {{item.txtCn}}
      </li>
    </ul>
  </app-wy-scroll>
  </div>
</div>
```

接下来还需要让播放列表滚动起来，再新建一个组件 wy-scroll：

```
ng g c share/wy-ui/wy-player/wy-scroll
```

wy-scroll.component.ts 文件的代码如下：

```
import { Component, OnInit, ViewEncapsulation, ChangeDetectionStrategy,
  ViewChild, ElementRef, AfterViewInit, Input, OnChanges, SimpleChanges, Output,
  EventEmitter, Inject } from '@angular/core';
import BScroll from '@better-scroll/core';
import ScrollBar from '@better-scroll/scroll-bar';
import MouseWheel from '@better-scroll/mouse-wheel';
import { timer } from 'rxjs';
BScroll.use(MouseWheel);
BScroll.use(ScrollBar);
@Component({
  selector: 'app-wy-scroll',
  template: `
    <div class="wy-scroll" #wrap>
      <ng-content></ng-content>
    </div>
  `,
  styles: [`.wy-scroll{width: 100%; height: 100%; overflow: hidden;}`],
```

```
  encapsulation: ViewEncapsulation.None,
  changeDetection: ChangeDetectionStrategy.OnPush
})
export class WyScrollComponent implements OnInit, AfterViewInit, OnChanges {
  @Input() data: any[];
  @Input() refreshDelay = 50;
  private bs: BScroll;
  @Output() private onScrollEnd = new EventEmitter<number>();
  @ViewChild('wrap', { static: true }) private wrapRef: ElementRef;
  constructor(readonly el: ElementRef) { }
  ngOnInit() {
  }
  ngAfterViewInit() {
   this.bs = new BScroll(this.wrapRef.nativeElement, {
      scrollbar: {
        interactive: true
      },
      mouseWheel: {}
   });
   this.bs.on('scrollEnd', ({ y }) => this.onScrollEnd.emit(y));
  }
  ngOnChanges(changes: SimpleChanges): void {
    if (changes.data) {
      this.refreshScroll();
    }
  }
  scrollToElement(...args) {
    this.bs.scrollToElement.apply(this.bs, args);
  }
  scrollTo(...args) {
    this.bs.scrollTo.apply(this.bs, args);
  }
  private refresh() {
    this.bs.refresh();
  }
  refreshScroll() {
    timer(this.refreshDelay).subscribe(() => {
      this.refresh();
    });
  }
}
```

然后是歌词的内容，首先在 song.service.ts 中获取歌词的数据：

```
// 获取歌词
  getLyric(id: number): Observable<Lyric> {
    const params = new HttpParams().set('id', id.toString());
    return this.http.get( 'http://localhost:3000/lyric', { params })
      .pipe(map((res: { [key: string]: { lyric: string; } }) => {
        try {
          return {
            lyric: res.lrc.lyric,
            tlyric: res.tlyric.lyric,
          };
        } catch (err) {
          return {
            lyric: '',
            tlyric: '',
          };
```

拿到的数据需要进行解析，新建一个 wy-lyric.ts 文件，具体的解析内容如下：

```typescript
import { Lyric } from '../../../../services/data-types/common.types';
import { from, zip, Subject, Subscription, timer } from 'rxjs';
import { skip } from 'rxjs/internal/operators';
// [00:34.940]  [00:34]  [0:34]
// const timeExp = /\[(\d{2}):(\d{2})\.(\d{2,3})\]/;
// const timeExp = /\[(\d{2}):(\d{2})(\.\d{2,3})?\]/;
const timeExp = /\[(\d{1,2}):(\d{2})(?:\.(\d{2,3}))?\]/;
export interface BaseLyricLine {
  txt: string;
  txtCn: string;
}
interface LyricLine extends BaseLyricLine {
  time: number;
}
interface Handler extends BaseLyricLine {
  lineNum: number;
}
export class WyLyric {
  private lrc: Lyric;
  lines: LyricLine[] = [];
  private playing = false;
  private curNum: number;
  private startStamp: number;
  private pauseStamp: number;
  handler = new Subject<Handler>();
  private timer$: Subscription;
  constructor(lrc: Lyric) {
    this.lrc = lrc;
    this.init();
  }
  private init() {
    if (this.lrc.tlyric) {
      this.generTLyric();
    } else {
      this.generLyric();
    }
  }
  private generLyric() {
    const lines = this.lrc.lyric.split('\n');
    lines.forEach(line => this.makeLine(line));
  }
  private generTLyric() {
    const lines = this.lrc.lyric.split('\n');
    const tlines = this.lrc.tlyric.split('\n').filter(item => timeExp.exec(item)
      !== null);
    const moreLine = lines.length - tlines.length;
    let tempArr = [];
    if (moreLine >= 0) {
      tempArr = [lines, tlines];
    } else {
      tempArr = [tlines, lines];
    }
    const first = timeExp.exec(tempArr[1][0])[0];
    const skipIndex = tempArr[0].findIndex(item => {
```

AngularJS 从入门到项目实战

328

```
      const exec = timeExp.exec(item);
      if (exec) {
        return exec[0] === first;
      }
    });
    const _skip = skipIndex === -1 ? 0 : skipIndex;
    const skipItems = tempArr[0].slice(0, _skip);
    if (skipItems.length) {
      skipItems.forEach(line => this.makeLine(line));
    }
    let zipLines$;
    if (moreLine > 0) {
      zipLines$ = zip(from(lines).pipe(skip(_skip)), from(tlines));
    } else {
      zipLines$ = zip(from(lines), from(tlines).pipe(skip(_skip)));
    }
    zipLines$.subscribe(([line, tline]) => this.makeLine(line, tline));
  }
  private makeLine(line: string, tline = '') {
    const result = timeExp.exec(line);
    if (result) {
      const txt = line.replace(timeExp, '').trim();
      const txtCn = tline ? tline.replace(timeExp, '').trim() : '';
      if (txt) {
        const thirdResult = result[3] || '00';
        const len = thirdResult.length;
        const _thirdResult = len > 2 ? parseInt(thirdResult) :
          parseInt(thirdResult) * 10;
        const time = Number(result[1]) * 60 * 1000 + Number(result[2]) * 1000
          + _thirdResult;
        this.lines.push({ txt, txtCn, time });
      }
    }
  }
  play(startTime = 0, skip = false) {
    if (!this.lines.length) { return; }
    if (!this.playing) {
      this.playing = true;
    }
    this.curNum = this.findCurNum(startTime);
    this.startStamp = Date.now() - startTime;
    if (!skip) {
      this.callHandler(this.curNum - 1);
    }
    if (this.curNum < this.lines.length) {
      this.clearTimer();
      this.playReset();
    }
  }
  private playReset() {
    const line = this.lines[this.curNum];
    const delay = line.time - (Date.now() - this.startStamp);
    this.timer$ = timer(delay).subscribe(() => {
      this.callHandler(this.curNum++);
      if (this.curNum < this.lines.length && this.playing) {
        this.playReset();
      }
    });
  }
```

```
    private clearTimer() {
      this.timer$ && this.timer$.unsubscribe();
    }
    private callHandler(i: number) {
      if (i > 0) {
        this.handler.next({
          txt: this.lines[i].txt,
          txtCn: this.lines[i].txtCn,
          lineNum: i
        });
      }
    }
    private findCurNum(time: number): number {
      const index = this.lines.findIndex(item => time <= item.time);
      return index === -1 ? this.lines.length - 1 : index;
    }
    togglePlay(playing: boolean) {
      const now  = Date.now();
      this.playing = playing;
      if (playing) {
        const startTime = (this.pauseStamp || now) - (this.startStamp || now);
        this.play(startTime, true);
      } else {
        this.stop();
        this.pauseStamp = now;
      }
    }
    stop() {
      if (this.playing) {
        this.playing = false;
      }
      this.clearTimer();
    }
    seek(time: number) {
      this.play(time);
    }
}
```

最后在 wy-player-panel.component.html 中渲染：

```html
<app-wy-scroll class="list-lyric" [data]="currentLyric">
    <ul>
        <li *ngFor="let item of currentLyric; index as i" [class.
            current]="currentLineNum === i">
        {{item.txt}} <br /> {{item.txtCn}}
        </li>
    </ul>
   </app-wy-scroll>
```

播放列表和歌词在谷歌浏览器中的显示效果如图 16-18 所示。

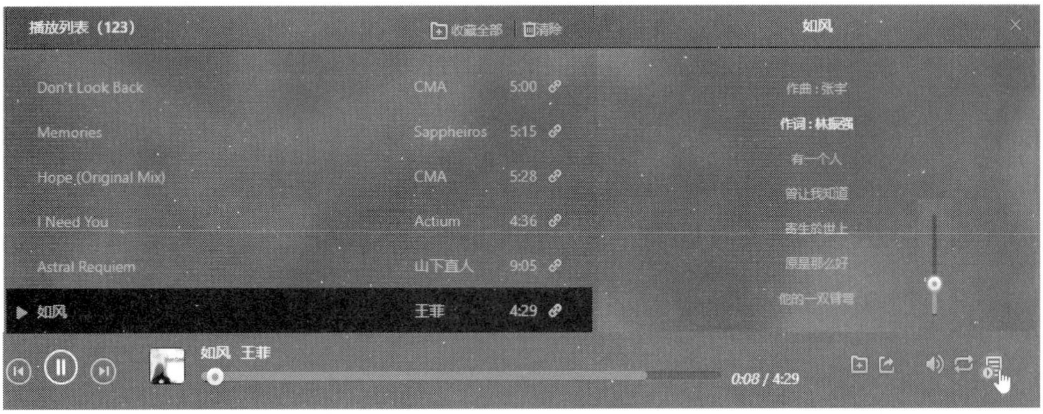

图 16-18　播放列表和歌词页面效果

16.11　歌单列表

在 pages 文件夹下新建一个 sheet-list 模块来管理歌单列表数据：

```
ng g m pages/sheet-list --routing
```

然后在 pages 文件夹下创建一个 sheet-list 页面组件：

```
ng g c pages/sheet-list
```

在 sheet-list-routing.module.ts 文件中配置路由：

```
import { NgModule } from '@angular/core';
import { Routes, RouterModule } from '@angular/router';
import { SheetListComponent } from './sheet-list.component';
const routes: Routes = [{
  path: '', component: SheetListComponent, data: { title: '歌单' }
}];
@NgModule({
  imports: [RouterModule.forChild(routes)],
  exports: [RouterModule]
})
export class SheetListRoutingModule { }
```

在 sheet-list.component.ts 中获取歌单列表数据：

```
import { Component, OnInit } from '@angular/core';
import { SheetParams, SheetService } from '../../services/sheet.service';
import { ActivatedRoute, Router } from '@angular/router';
import { SheetList } from 'src/app/services/data-types/common.types';
import { BatchActionsService } from '../../store/batch-actions.service';
@Component({
  selector: 'app-sheet-list',
  templateUrl: './sheet-list.component.html',
  styleUrls: ['./sheet-list.component.less']
})
export class SheetListComponent implements OnInit {
  listParams: SheetParams = {
```

```
    cat: '全部',
    order: 'hot',
    offset: 1,
    limit: 35
  };
  sheets: SheetList;
  orderValue = 'hot';
  constructor(
    private route: ActivatedRoute,
    private router: Router,
    private sheetServe: SheetService,
    private batchActionsServe: BatchActionsService
  ) {
    this.listParams.cat = this.route.snapshot.queryParamMap.get('cat') || '全部';
    this.getList();
  }
  ngOnInit() {
  }
  onOrderChange(order: 'new' | 'hot') {
    this.listParams.order = order;
    this.listParams.offset = 1;
    this.getList();
  }
  onPageChange(page: number) {
    this.listParams.offset = page;
    this.getList();
  }
  private getList() {
    this.sheetServe.getSheets(this.listParams).subscribe(sheets => this.sheets
      = sheets);
  }
  onPlaySheet(id: number) {
    this.sheetServe.playSheet(id).subscribe(list => {
      this.batchActionsServe.selectPlayList({ list, index: 0});
    });
  }
  toInfo(id: number) {
    this.router.navigate(['/sheetInfo', id]);
  }
}
```

然后在 sheet-list.component.html 页面中渲染内容：

```html
<div class="sheet wrap feature-wrap">
  <div class="list-r">
    <div class="top">
      <div class="cat">
        <span>{{listParams.cat}}</span>
      </div>
      <nz-radio-group nzButtonStyle="solid" [(ngModel)]="orderValue" (ngModelC
        hange)="onOrderChange($event)">
        <label nz-radio-button nzValue="hot">热门</label>
        <label nz-radio-button nzValue="new">最新</label>
      </nz-radio-group>
    </div>
    <div class="list">
      <app-single-sheet
        class="sheet-item"
        *ngFor="let item of sheets?.playlists"
```

```
      [sheet]="item"
      (onPlay)="onPlaySheet($event)"
      (click)="toInfo(item.id)">
    </app-single-sheet>
  </div>
  <nz-pagination
    class="pagination"
    [nzPageSize]="listParams.limit"
    [nzPageIndex]="listParams.offset"
    [nzTotal]="sheets?.total"
    (nzPageIndexChange)="onPageChange($event)">
  </nz-pagination>
  </div>
</div>
```

歌单列表在谷歌浏览器中的运行效果如图 16-19 所示。

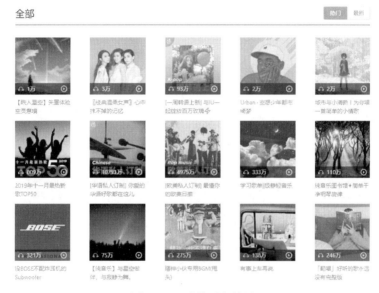

图 16-19　歌单列表效果

16.12　歌单详情页

在歌单列表中单击任意一个选项，可以进入歌单详细页面。对于详情页的设计，创建一个 sheet-info 模块：

```
ng g m pages/sheet-info --routing
```

再创建一个 sheet-info 页面组件，用来显示歌单详情：

```
ng g c pages/sheet-info
```

在 sheet-info-routing.module.ts 文件中配置路由：

```
import { NgModule } from '@angular/core';
import { Routes, RouterModule } from '@angular/router';
import { SheetInfoComponent } from './sheet-info.component';
import { SheetInfoResolverService } from './sheet-info-resolver.service';
const routes: Routes = [{
  path: '', component: SheetInfoComponent, data: { title: '歌单详情' }, resolve:
    { sheetInfo: SheetInfoResolverService }
}];
@NgModule({
  imports: [RouterModule.forChild(routes)],
  exports: [RouterModule],
  providers: [SheetInfoResolverService]
})
export class SheetInfoRoutingModule { }
```

在 sheet-info.component.ts 文件中获取歌单详情页数据：

```
import { Component, OnInit, OnDestroy } from '@angular/core';
import { ActivatedRoute } from '@angular/router';
import { map, takeUntil } from 'rxjs/internal/operators';
import { SongSheet, Song, Singer } from '../../services/data-types/common.
  types';
import { AppStoreModule } from '../../store/index';
import { Store, select } from '@ngrx/store';
import { Observable, Subject } from 'rxjs';
import { getCurrentSong } from '../../store/selectors/player.selector';
import { SongService } from '../../services/song.service';
import { BatchActionsService } from '../../store/batch-actions.service';
import { NzMessageService } from 'ng-zorro-antd';
import { findIndex } from 'src/app/utils/array';
import { ModalTypes } from '../../store/reducers/member.reducer';
import { MemberService } from '../../services/member.service';
import { SetShareInfo } from '../../store/actions/member.actions';
@Component({
  selector: 'app-sheet-info',
  templateUrl: './sheet-info.component.html',
  styleUrls: ['./sheet-info.component.less']
})
export class SheetInfoComponent implements OnInit, OnDestroy {
  sheetInfo: SongSheet;
  description = {
    short: '',
    long: ''
  };
  controlDesc = {
    isExpand: false,
    label: '展开',
    iconCls: 'down'
  };
  currentSong: Song;
  currentIndex = -1;
  private destroy$ = new Subject<void>();
  constructor(
    private route: ActivatedRoute,
    private store$: Store<AppStoreModule>,
    private songServe: SongService,
    private batchActionServe: BatchActionsService,
    private messageServe: NzMessageService,
    private memberServe: MemberService
```

```
    ) {
      this.route.data.pipe(map(res => res.sheetInfo)).subscribe(res => {
        this.sheetInfo = res;
        if (res.description) {
          this.changeDesc(res.description);
        }
        this.listenCurrent();
      });
    }
  ngOnInit() {
  }
  private listenCurrent() {
    this.store$
    .pipe(select('player'), select(getCurrentSong), takeUntil(this.destroy$))
    .subscribe(song => {
      this.currentSong = song;
      if (song) {
        this.currentIndex = findIndex(this.sheetInfo.tracks, song);
      } else {
        this.currentIndex = -1;
      }
    });
  }
  private changeDesc(desc: string) {
    if (desc.length < 99) {
      this.description = {
        short: this.replaceBr('<b>介绍: </b>' + desc),
        long: ''
      };
    } else {
      this.description = {
        short: this.replaceBr('<b>介绍: </b>' + desc.slice(0, 99)) + '...',
        long: this.replaceBr('<b>介绍: </b>' + desc)
      };
    }
  }
  private replaceBr(str: string): string {
    return str.replace(/\n/g, '<br />');
  }
  toggleDesc() {
    this.controlDesc.isExpand = !this.controlDesc.isExpand;
    if (this.controlDesc.isExpand) {
      this.controlDesc.label = '收起';
      this.controlDesc.iconCls = 'up';
    } else {
      this.controlDesc.label = '展开';
      this.controlDesc.iconCls = 'down';
    }
  }
  // 添加一首歌曲
  onAddSong(song: Song, isPlay = false) {
    if (!this.currentSong || this.currentSong.id !== song.id) {
      this.songServe.getSongList(song)
      .subscribe(list => {
        if (list.length) {
          this.batchActionServe.insertSong(list[0], isPlay);
        } else {
          this.alertMessage('warning', '无url!');
        }
```

```
          });
        }
      }
      onAddSongs(songs: Song[], isPlay = false) {
        this.songServe.getSongList(songs).subscribe(list => {
          if (list.length) {
            if (isPlay) {
              this.batchActionServe.selectPlayList({ list, index: 0 });
            } else {
              this.batchActionServe.insertSongs(list);
            }
          }
        });
      }
      // 收藏歌单
      onLikeSheet(id: string) {
        this.memberServe.likeSheet(id).subscribe(() => {
          this.alertMessage('success', '收藏成功');
        }, error => {
          this.alertMessage('error', error.msg || '收藏失败');
        });
      }
      // 收藏歌曲
      onLikeSong(id: string) {
        this.batchActionServe.likeSong(id);
      }
      // 分享
      shareResource(resource: Song | SongSheet, type = 'song') {
        let txt = '';
        if (type === 'playlist') {
          txt = this.makeTxt('歌单', resource.name, (resource as SongSheet).
              creator.nickname);
        } else {
          txt = this.makeTxt('歌曲', resource.name, (resource as Song).ar);
        }
          this.store$.dispatch(SetShareInfo({ info: { id: resource.id.toString(),
              type, txt } }));
      }
       private makeTxt(type: string, name: string, makeBy: string | Singer[]):
          string {
        let makeByStr = '';
        if (Array.isArray(makeBy)) {
          makeByStr = makeBy.map(item => item.name).join('/');
        } else {
          makeByStr = makeBy;
        }
        return `${type}: ${name} -- ${makeByStr}`;
      }
      private alertMessage(type: string, msg: string) {
        this.messageServe.create(type, msg);
      }
      ngOnDestroy(): void {
        this.destroy$.next();
        this.destroy$.complete();
      }
    }
```

在 sheet-info.component.html 页面中渲染详情页数据：

```html
<div class="sheet-info wrap feature-wrap">
  <div class="g-wrap6">
    <div class="m-info clearfix">
      <div class="cover">
        <img [src]="sheetInfo.coverImgUrl" [alt]="sheetInfo.name">
        <div class="mask"></div>
      </div>
      <div class="cnt">
        <div class="cntc">
          <div class="hd clearfix">
            <i class="f-pr"></i>
            <div class="tit">
              <h2 class="f-ff2 f-brk">{{sheetInfo.name}}</h2>
            </div>
          </div>
          <div class="user f-cb">
            <a class="face" [hidden]="!sheetInfo.creator" [href]="'//music.163.
              com/artist?id=' + sheetInfo.userId">
                <img [src]="sheetInfo.creator?.avatarUrl" [alt]="sheetInfo.
                  creator?.nickname">
            </a>
            <span class="name">
                <a [href]="'//music.163.com/artist?id=' + sheetInfo.userId"
                  class="s-fc7">{{sheetInfo.creator?.nickname}}</a>
            </span>
            <span class="time s-fc4">{{sheetInfo.createTime | date: 'yyyy-MM-
              dd'}} 创建</span>
          </div>
          <div class="btns">
            <nz-button-group class="btn">
                    <button class="play" nz-button nzType="primary"
                      (click)="onAddSongs(sheetInfo.tracks, true)">
                 <i nz-icon nzType="play-circle" nzTheme="outline"></i>播放
              </button>
                    <button class="add" nz-button nzType="primary"
                      (click)="onAddSongs(sheetInfo.tracks)">+</button>
            </nz-button-group>
                <button class="btn like" nz-button [disabled]="sheetInfo.
                  subscribed" (click)="onLikeSheet(sheetInfo.id.toString())">
              <span>收藏</span>({{sheetInfo.subscribedCount}})
            </button>
             <button class="btn share" nz-button (click)="shareResource(sheetIn
              fo, 'playlist')">
              <span>分享</span>({{sheetInfo.shareCount}})
            </button>
          </div>
          <div class="tags clearfix">
            <span>标签</span>
            <div class="tag-wrap">
              <nz-tag *ngFor="let item of sheetInfo.tags">{{item}}</nz-tag>
            </div>
          </div>
          <div class="intr f-brk" [class.f-hide]="controlDesc.isExpand">
            <p [innerHTML]="description.short"></p>
          </div>
          <div class="intr f-brk" [class.f-hide]="!controlDesc.isExpand">
            <p [innerHTML]="description.long"></p>
          </div>
          <div class="expand" (click)="toggleDesc()" *ngIf="description.long">
```

```
        <span>{{controlDesc.label}}</span>
        <i nz-icon [nzType]="controlDesc.iconCls" nzTheme="outline"></i>
      </div>
    </div>
  </div>
</div>
<div class="wy-sec">
  <div class="u-title wy-sec-wrap clearfix">
    <h3 class="wy-sec-tit">
      <span class="f-ff2">歌曲列表</span>
    </h3>
    <span class="sub s-fc3">
      {{sheetInfo.tracks.length}} 首歌
    </span>
    <div class="more s-fc3">
      播放:
      <strong class="s-fc6">{{sheetInfo.playCount}}</strong>
      次
    </div>
  </div>
  <nz-table
    class="wy-table"
    #basicTable
    [nzData]="sheetInfo.tracks"
    [nzFrontPagination]="false"
    nzBordered
    nzNoResult="暂无音乐! ">
    <thead>
      <tr>
        <th nzWidth="80px"></th>
        <th>标题</th>
        <th nzWidth="120px">时长</th>
        <th nzWidth="80px">歌手</th>
        <th>专辑</th>
      </tr>
    </thead>
    <tbody>
      <tr *ngFor="let item of basicTable.data; index as i">
        <td class="first-col">
         <span>{{i + 1}}</span>
         <i class="ico play-song" title="播放" [class.current]="currentIndex
         === i" (click)="onAddSong(item, true)"></i>
        </td>
        <td class="song-name">
          <a [routerLink]="['/songInfo', item.id]">{{item.name}}</a>
        </td>
        <td class="time-col">
          <span>{{item.dt / 1000 | formatTime}}</span>
          <p class="icons">
            <i class="ico add" title="添加" (click)="onAddSong(item)"></i>
                <i class="ico like" title="收藏" (click)="onLikeSong(item.
                id.toString())"></i>
                        <i class="ico share" title="分享"
                        (click)="shareResource(item)"></i>
          </p>
        </td>
        <td>
          <ng-container *ngFor="let singer of item.ar; last as isLast">
            <a [routerLink]="['/singer', singer.id]">{{singer.name}}</a>
```

```
                <em [hidden]="isLast"/></em>
              </ng-container>
            </td>
            <td>{{item.al.name}}</td>
          </tr>
        </tbody>
      </nz-table>
    </div>
  </div>
</div>
```

歌单详情页在谷歌浏览器中的显示效果如图 16-20 所示。

图 16-20　歌单详情页效果

16.13　歌曲的详情页面

在歌单详情页面中，单击歌曲列表中的任意一首歌曲，可进入到该歌曲的详细页面。
在模块文件夹（pages）中再创建一个 song-info 模块，用来设计歌曲详情：

```
ng g m pages/song-info --routing
```

再创建一个 song-info 页面组件，用来显示歌曲详情页面的内容：

```
ng g c pages/song-info
```

首先需要在 song-info-routing.module.ts 文件中配置路由：

```
import { NgModule } from '@angular/core';
import { Routes, RouterModule } from '@angular/router';
import { SongInfoComponent } from './song-info.component';
import { SongInfoResolverService } from './song-info-resolver.service';
const routes: Routes = [{
```

```
  path: '', component: SongInfoComponent, data: { title: '歌曲详情' }, resolve: {
    songInfo: SongInfoResolverService }
}];
@NgModule({
  imports: [RouterModule.forChild(routes)],
  exports: [RouterModule],
  providers: [SongInfoResolverService]
})
export class SongInfoRoutingModule { }
```

在 song-info.component.ts 中获取歌曲详情页数据：

```
import { Component, OnInit, OnDestroy } from '@angular/core';
import { ActivatedRoute } from '@angular/router';
import { map, takeUntil } from 'rxjs/internal/operators';
import { BaseLyricLine, WyLyric } from '../../share/wy-ui/wy-player/wy-player-
  panel/wy-lyric';
import { Song, Singer } from 'src/app/services/data-types/common.types';
import { SongService } from '../../services/song.service';
import { Subject } from 'rxjs';
import { Store, select } from '@ngrx/store';
import { AppStoreModule } from 'src/app/store';
import { BatchActionsService } from 'src/app/store/batch-actions.service';
import { NzMessageService } from 'ng-zorro-antd';
import { getCurrentSong } from 'src/app/store/selectors/player.selector';
import { SetShareInfo } from 'src/app/store/actions/member.actions';
@Component({
  selector: 'app-song-info',
  templateUrl: './song-info.component.html',
  styleUrls: ['./song-info.component.less']
})
export class SongInfoComponent implements OnInit, OnDestroy {
  song: Song;
  lyric: BaseLyricLine[];
  controlLyric = {
    isExpand: false,
    label: '展开',
    iconCls: 'down'
  };
  currentSong: Song;
  private destroy$ = new Subject<void>();
  constructor(
    private route: ActivatedRoute,
    private songServe: SongService,
    private store$: Store<AppStoreModule>,
    private batchActionServe: BatchActionsService,
    private nzMessageServe: NzMessageService
  ) {
    this.route.data.pipe(map(res => res.songInfo)).subscribe(([song, lyric]) => {
      this.song = song;
      this.lyric = new WyLyric(lyric).lines;
      this.listenCurrent();
    });
  }
  ngOnInit() {
  }
  private listenCurrent() {
    this.store$
```

```
      .pipe(select('player'), select(getCurrentSong), takeUntil(this.destroy$))
      .subscribe(song => this.currentSong = song);
  }
  toggleLyric() {
    this.controlLyric.isExpand = !this.controlLyric.isExpand;
    if (this.controlLyric.isExpand) {
      this.controlLyric.label = '收起';
      this.controlLyric.iconCls = 'up';
    } else {
      this.controlLyric.label = '展开';
      this.controlLyric.iconCls = 'down';
    }
  }
  onAddSong(song: Song, isPlay = false) {
    if (!this.currentSong || this.currentSong.id !== song.id) {
      this.songServe.getSongList(song)
      .subscribe(list => {
        if (list.length) {
          this.batchActionServe.insertSong(list[0], isPlay);
        } else {
          this.nzMessageServe.create('warning', '无url!');
        }
      });
    }
  }
  // 收藏歌曲
  onLikeSong(id: string) {
    this.batchActionServe.likeSong(id);
  }
  // 分享
  onShareSong(resource: Song, type = 'song') {
    const txt = this.makeTxt('歌曲', resource.name, resource.ar);
      this.store$.dispatch(SetShareInfo({ info: { id: resource.id.toString(),
        type, txt } }));
  }
  private makeTxt(type: string, name: string, makeBy: Singer[]): string {
    const makeByStr = makeBy.map(item => item.name).join('/');
    return `${type}: ${name} -- ${makeByStr}`;
  }
  ngOnDestroy(): void {
    this.destroy$.next();
    this.destroy$.complete();
  }
}
```

在 song-info.component.html 页面中渲染歌曲详情数据：

```html
<div class="song-info wrap feature-wrap">
  <div class="g-wrap6">
    <div class="m-info clearfix">
      <div class="cover">
        <img [src]="song.al.picUrl" [alt]="song.name">
        <div class="mask"></div>
      </div>
      <div class="cnt">
        <div class="cntc">
          <div class="hd clearfix">
            <i class="f-pr"></i>
            <div class="tit">
              <h2 class="f-ff2 f-brk">{{song.name}}</h2>
```

```
          </div>
        </div>
        <div class="user f-cb">
          <div class="singers clearfix">
            <span>歌手: </span>
            <ul class="clearfix">
              <li *ngFor="let singer of song.ar; last as isLast">
                <a [routerLink]="['/singer', singer.id]">{{singer.name}}</a>
                <i [hidden]="isLast">/</i>
              </li>
            </ul>
          </div>
          <div class="al">
            <span>所属专辑: </span>
            <span class="al-name">{{song.al.name}}</span>
          </div>
        </div>
        <div class="btns">
          <nz-button-group class="btn">
                <button class="play" nz-button nzType="primary"
                    (click)="onAddSong(song, true)">
              <i nz-icon nzType="play-circle" nzTheme="outline"></i>播放
            </button>
                <button class="add" nz-button nzType="primary"
                    (click)="onAddSong(song)">+</button>
          </nz-button-group>
              <button class="btn like" nz-button (click)="onLikeSong(song.
                  id.toString())">
            <span>收藏</span>
          </button>
          <button class="btn share" nz-button (click)="onShareSong(song)">
            <span>分享</span>
          </button>
        </div>
        <div class="lyric-info f-brk">
          <div class="lyric-content" [class.expand]="controlLyric.isExpand">
            <div class="lyric-line" *ngFor="let item of lyric">
              <p>{{item.txt}}</p>
              <p>{{item.txtCn}}</p>
            </div>
          </div>
              <div class="toggle-expand" (click)="toggleLyric()"
                  [hidden]="!lyric.length">
            <span>{{controlLyric.label}}</span>
            <i nz-icon [nzType]="controlLyric.iconCls" nzTheme="outline"></i>
          </div>
        </div>
      </div>
    </div>
  </div>
</div>
```

歌曲详情页在谷歌浏览器中的显示效果如图 16-21 所示。

歌单 시간의 바깥

歌手: IU

所属专辑: Love poem

播放 + 收藏 分享

作曲: 이민수
作词: IU
서로를 닮아 기울어진 삶
彼此相似而倾斜的人生
소원을 담아 차오르는 달
装载愿望而丰盈的月亮
화려디 만 물포 속의 말
来自港口的话 括号中的话
이제야 봄 봄 봄
现在好 春 春 春
어디도 닿지 않는 나의 맛
不曾在任何地方落下的我的嘴
년 영원히 포착할 수 없는 성 같아
你却像永远到到达不了的尾
展开 ∨

图 16-21 歌曲详情页效果

16.14 搜索功能

对于搜索功能，在 share/wy-ui/ 路径下创建一个 wy-search 模块进行设计：

```
ng g m share/wy-ui/wy-search
```

在相同的路径下，再创建一个 wy-search 页面组件，显示搜索页面的内容：

```
ng g c share/wy-ui/wy-search
```

wy-search.component.html 页面代码如下：

```
<ng-template #defaultView>
  <div class="search" #search>
    <nz-input-group nzSuffixIcon="search">
        <input type="text" #nzInput nz-input placeholder="歌单/歌手/歌曲"
          (focus)="onFocus()" (blur)="onBlur()" />
    </nz-input-group>
  </div>
</ng-template>
<ng-container *ngTemplateOutlet="customView ? customView : defaultView"></ng-
  container>
```

在 **wy-search.component.ts** 中获取搜索中输入的内容：

```
import { Component, OnInit, Input, TemplateRef, ViewChild, ElementRef,
  AfterViewInit, Output, EventEmitter, OnChanges, SimpleChanges, ViewContainerRef
  } from '@angular/core';
import { fromEvent } from 'rxjs';
import { pluck, debounceTime, distinctUntilChanged } from 'rxjs/internal/
  operators';
import { SearchResult } from '../../../services/data-types/common.types';
import { isEmptyObject } from 'src/app/utils/tools';
import { Overlay, OverlayRef } from '@angular/cdk/overlay';
```

```
import { ComponentPortal } from '@angular/cdk/portal';
import { WySearchPanelComponent } from './wy-search-panel/wy-search-panel.
  component';
@Component({
  selector: 'app-wy-search',
  templateUrl: './wy-search.component.html',
  styleUrls: ['./wy-search.component.less']
})
export class WySearchComponent implements OnInit, AfterViewInit, OnChanges {
  @Input() customView: TemplateRef<any>;
  @Input() searchResult: SearchResult;
  @Input() connectedRef: ElementRef;
  @Output() onSearch = new EventEmitter<string>();
  private overlayRef: OverlayRef;
  @ViewChild('search', { static: false }) private defaultRef: ElementRef;
  @ViewChild('nzInput', { static: false }) private nzInput: ElementRef;
  constructor(
    private overlay: Overlay,
    private viewContainerRef: ViewContainerRef
  ) {}
  ngOnInit() {
  }
  ngAfterViewInit() {
    fromEvent(this.nzInput.nativeElement, 'input')
    .pipe(debounceTime(300), distinctUntilChanged(), pluck('target', 'value'))
    .subscribe((value: string) => {
      this.onSearch.emit(value);
    });
  }
  ngOnChanges(changes: SimpleChanges): void {
    if (changes.searchResult && !changes.searchResult.firstChange) {
      if (!isEmptyObject(this.searchResult)) {
        this.showOverlayPanel();
      } else {
        this.showOverlayPanel();
      }
    }
  }
  onFocus() {
    if (this.searchResult && !isEmptyObject(this.searchResult)) {
      this.showOverlayPanel();
    }
  }
  onBlur() {
    this.hideOverlayPanel();
  }
  showOverlayPanel() {
    this.hideOverlayPanel();
    const positionStrategy = this.overlay.position()
    .flexibleConnectedTo(this.connectedRef || this.defaultRef)
    .withPositions([{
      originX: 'start',
      originY: 'bottom',
      overlayX: 'start',
      overlayY: 'top'
    }]).withLockedPosition(true);
    this.overlayRef = this.overlay.create({
      // hasBackdrop: true,
      positionStrategy,
```

```
        scrollStrategy: this.overlay.scrollStrategies.reposition()
      });
        const panelPortal = new ComponentPortal(WySearchPanelComponent, this.
viewContainerRef);
      const panelRef = this.overlayRef.attach(panelPortal);
      panelRef.instance.searchResult = this.searchResult;
      this.overlayRef.backdropClick().subscribe(() => {
        this.hideOverlayPanel();
      });
    }
  hideOverlayPanel() {
      if (this.overlayRef && this.overlayRef.hasAttached) {
        this.overlayRef.dispose();
      }
    }
  }
```

然后新建一个搜索的面板组件：

```
ng g c share/wy-ui/wy-search/wy-search-panel
```

在 wy-search-panel.component.ts 中编辑搜索面板的逻辑：

```typescript
import { Component, OnInit } from '@angular/core';
import { SearchResult } from '../../../../services/data-types/common.types';
import { Router } from '@angular/router';
@Component({
  selector: 'app-wy-search-panel',
  templateUrl: './wy-search-panel.component.html',
  styleUrls: ['./wy-search-panel.component.less']
})
export class WySearchPanelComponent implements OnInit {
  searchResult: SearchResult;
  constructor(private router: Router) { }
  ngOnInit() {
  }
  // 跳转
  toInfo(path: [string, number]) {
    if (path[1]) {
      this.router.navigate(path);
    }
  }
}
```

在 wy-search-panel.component.html 页面渲染搜索面板数据：

```html
<div class="search-panel">
  <div class="list-wrap">
    <div class="list-item clearfix" [hidden]="!searchResult?.songs">
      <div class="hd">
        <i class="ico ico-song"></i>
        <span>单曲</span>
      </div>
      <ul>
        <li class="ellipsis" *ngFor="let item of searchResult?.songs"
(mousedown)="toInfo(['/songInfo', item.id])" [innerHTML]="item.name"></li>
      </ul>
    </div>
    <div class="list-item clearfix" [hidden]="!searchResult?.artists">
```

```
      <div class="hd">
        <i class="ico ico-singer"></i>
        <span>歌手</span>
      </div>
      <ul>
            <li class="ellipsis" *ngFor="let item of searchResult?.artists"
(mousedown)="toInfo(['/singer', item.id])" [innerHTML]="item.name"></li>
      </ul>
    </div>
    <div class="list-item clearfix" [hidden]="!searchResult?.playlists">
      <div class="hd">
        <i class="ico ico-sheet"></i>
        <span>歌单</span>
      </div>
      <ul>
            <li class="ellipsis" *ngFor="let item of searchResult?.playlists"
(mousedown)="toInfo(['/sheetInfo', item.id])" [innerHTML]="item.name"></li>
      </ul>
    </div>
  </div>
</div>
```

在搜索框中输入内容时，将显示搜索面板，效果如图 16-22 所示。

图 16-22　搜索效果